现代工程机械理论与设计

张　锦　著

吉林科学技术出版社

图书在版编目（CIP）数据

现代工程机械理论与设计 / 张锦著. -- 长春 : 吉林科学技术出版社, 2023.7

ISBN 978-7-5744-0824-1

Ⅰ. ①现… Ⅱ. ①张… Ⅲ. ①工程机械—机械设计 Ⅳ. ① TU602

中国国家版本馆 CIP 数据核字 (2023) 第 177110 号

现代工程机械理论与设计

著　　张　锦
出 版 人　宛　霞
责任编辑　周振新
封面设计　树人教育
制　　版　树人教育
幅面尺寸　185mm × 260mm
开　　本　16
字　　数　254 千字
印　　张　11.75
印　　数　1–1500 册
版　　次　2023年7月第1版
印　　次　2024年2月第1次印刷

出　　版　吉林科学技术出版社
发　　行　吉林科学技术出版社
地　　址　长春市福祉大路5788号
邮　　编　130118
发行部电话/传真　0431-81629529 81629530 81629531
81629532 81629533 81629534
储运部电话　0431-86059116
编辑部电话　0431-81629518
印　　刷　三河市嵩川印刷有限公司

书　　号　ISBN 978-7-5744-0824-1
定　　价　82.00元

前　言

本书是在习近平新时代中国特色社会主义思想指导下，落实“新工科”建设要求，适应高等院校转型发展课程改革需求，在满足应用型本科机械类及近机类专业机械理论与设计课程教学基本要求的前提下，以学生就业所需的专业知识和岗位技能为着眼点编写而成的。

本书首先讲述了机械基础理论知识，其次介绍了机械零件、机械制造工艺以及机械节能环保与安全防护，最后研究了机械创新设计和机械系统精度设计。本书可供机械相关领域的工程技术人员学习、参考。

本书在编写的过程中借鉴了一些专家学者的研究成果和资料，在此特向他们表示感谢。由于编写时间仓促，编写水平有限，不足之处在所难免，恳请专家和广大读者提出宝贵意见，予以批评指正，以便改进。

前言

目　录

第一章　机械基础理论

机械是现代社会进行生产和服务的五大要素（即人、资金、能量、材料和机械）之一。不仅日常生活中接触到的电灯、电话、电视机、冰箱、电梯中包含机械的成分，企业生产中接触到的各种机床、自动化装备、飞机、轮船、飞船中更缺少不了机械。因此，机械是现代社会的一个基础，更是现代工业和工程领域的基础。

第一节　认识机械

“机械”一语由“机”与“械”两个汉字组成。“机”是指局部的关键机件；“械”在中国古代是指某一整体器械或器具。这两字连在一起，组成“机械”一词，便构成一般性的机械概念。

一、机械概述

（一）机械的概念

机械是机器与机构的总称。机械能够将能量（或力）从一个地方传递到另一个地方，它是帮助人们省力或降低工作难度的工具或装置，如吃饭用的筷子、清扫卫生的扫帚，以及夹取物品的镊子等都可以称为机械，它们也是最简单的机械。复杂机械通常是由两种或两种以上的简单机械构成的。通常将比较复杂的机械称为机器。

（二）机械的分类

机械的种类繁多，可以从不同的方面进行分类。按机械的功能进行分类，机械可分为动力机械、加工机械、运输机械、信息机械等；按机械的服务产业进行分类，机械可分为农业机械、矿山机械、纺织机械、包装机械等；按机械的工作原理进行分类，机械可分为热力机械、流体机械、仿生机械等。可以说，在我们的日常生活和生产中，有各种类型的机械在为我们工作。

1. 动力机械

它是用来实现机械能与其他形式能量之间转换的机械，如电动机、内燃机、发电机、液压泵、压缩机等都属于动力机械。

2. 加工机械

它是用来改变物体的状态、性质、结构和形状的机械，如金属切削机床、粉碎机、压力机、纺织机、轧钢机、包装机等都是加工机械。

3. 运输机械

它是用来改变人或物料的空间位置的机械，如汽车、火车、飞机、轮船、缆车、电梯、起重机、输送机等都是运输机械。

4. 信息机械

它是用来获取或处理各种信息的机械，如复印机、打印机、绘图机、传真机、数码相机、数码摄像机、智能手机等都是信息机械。

机械（machinery）是机器（machine）和机构（mechanism）的总称。各种机构都是用来传递与变换运动和力的可动装置。至于机器则都是根据某种使用要求而设计的执行机械运动装置，可用来传递和变换能量、物料和信息，机械是人类生活和生产的基本要素之一，是人类物质文明最重要的组成部分。机械的发明是人类区别于其他动物的一项主要标志。人类自从用机械代替简单的工具，手和足的“延长”在更大程度上得到发展。而经过三次工业革命的洗礼，机械的飞速发展，更是使人类达到了前所未有的境地，可以说，世界机械的发展史与人类文明的发展史紧密相连，是人类超越自我、探索未知领域的发展史。

根据人类文明的发展历程，世界机械的发展史可以分为四个阶段：第一个阶段发生在200万年前至50万年前，这一阶段称为原始阶段；第二个阶段发生在公元前7000年至18世纪初，这一阶段称为古代机械发展阶段；从18世纪中叶到20世纪初，这一阶段称为近代机械发展阶段；20世纪初到现代，这一阶段称为现代机械发展阶段。

中国机械行业将主要机械产品分为12大类，它包括农业机械、重型矿山机械、工程机械、石化通用机械、电工机械、机床、汽车、仪器仪表、基础机械、包装机械、环保机械、矿山机械。

农业机械包括拖拉机、播种机、收割机械等。

重型矿山机械包括冶金机械、矿山机械、起重机械、装卸机械、工矿车辆、水泥设备等。

工程机械包括叉车、铲土运输机械、压实机械、混凝土机械等。

石化通用机械包括石油钻采机械、炼油机械、化工机械、泵、风机、阀门、气体压缩机、制冷空调机械、造纸机械、印刷机械、塑料加工机械、制药机械等。

电工机械包括发电机械、变压器、高低压开关、电线电缆、蓄电池、电焊机、家用电器等。

机床包括金属切削机床、锻压机械、铸造机械、木工机械等。

汽车包括商用车（如货车、城市客车、长途客车等）、乘用车（如轿车、救护车、旅行车等）、改装汽车、摩托车等。

仪器仪表包括自动化仪表、电工仪器仪表、光学仪器、成分分析仪、汽车仪器仪表、电料装备、电教设备、照相机等。

基础机械包括轴承、液压件、密封件、粉末冶金制品、标准紧固件、工业链条、齿轮、模具等。

包装机械包括包装机、装箱机、输送机等。

环保机械包括水污染防治设备、大气污染防治设备、固体废物处理设备等。

矿山机械包括岩石分裂机、顶石机等。

（三）人类对机械的基本要求

机械可以完成人用双手、双目，以及双足、双耳直接完成和不能直接完成的工作，而且完成得更快、更好。人类对机械的基本要求是使用功能要求、经济性要求、劳动保护要求、环境保护要求以及特殊要求。例如，金属切削机床应在使用过程中，在较长时期内保持加工精度；食品和药品加工机械应不污染产品；运输机械应自重轻、安全高效；信息机械应快速、准确等。

二、机器概述

机器是由各种金属和非金属部件组装成的执行机械运动的装置，它消耗能源，可以运转和做功，用来代替人进行工作，进行能量变换，进行物料传递，进行信息传递（或处理），以及产生有用功。机器贯穿人类发展历史的全过程。但是近代真正意义上的“机器”却是在西方工业革命后才逐步被发明出来的。

（一）机器的特征

机器是执行机械运动的装置，可用来变换或传递能量与信息，从而减轻甚至代替人类劳动。机器的种类很多，其结构、性能和用途等各不相同，但从机器的组成、运动的确定性以及机器的功能来分析，机器都具有三个共同特征。

1. 任何机器都是由许多机构组合而成的。例如，汽车发动机（如图 1-1）就是由曲柄连杆机构和配气机构等组合而成的。

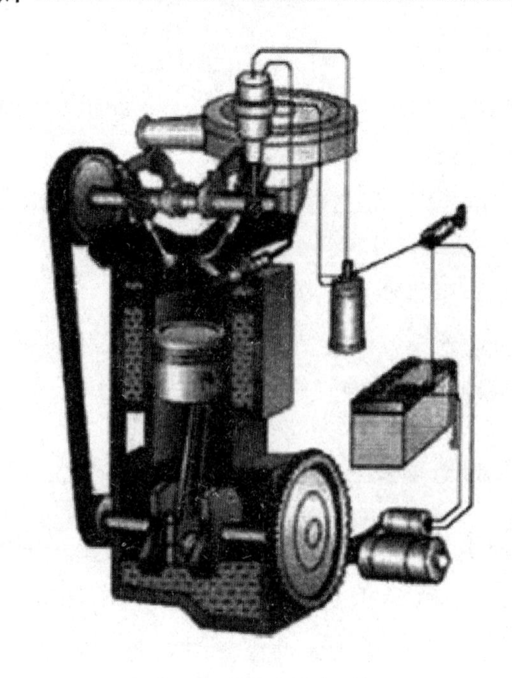

图1-1　汽车发动机原理图

2. 组成机器的各部分实物之间具有确定的相对运动。例如，内燃机配气机构（如图 1-2）中的凸轮连续转动而阀杆做间歇往复移动，从而实现气体的交换过程。

图1-2　内燃机配气机构

3. 所有机器都能做有效的机械功，可以代替人或减轻人类的劳动，或进行能量转换。例如，发电机可以将机械能转换为电能；运动机器可以改变物体在空间的位置；金属切削机床可以改变工件的尺寸、形状；计算机可以存储、传输和处理信息等。

（二）机器的组成

机器的种类和品种很多，而且构造、功能和用途也各不相同，但它们都是由动力部分、执行（工作）部分、传动部分和控制部分组成，如图 1-3 所示。表 1-1 是常用机器的组成分析。

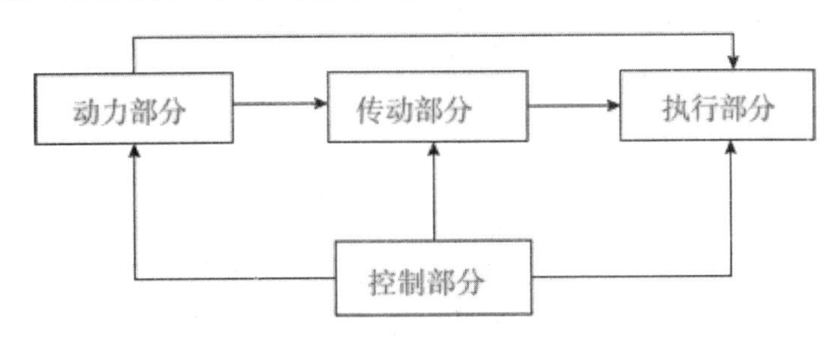

图1-3　机器的组成

表1-1　常用机器组成分析

机器名称	动力部分	执行部分	传动部分	控制部分
波轮洗衣机	电动机	波轮	带	程序控制器
摩托车	内燃机	车轮	链、飞轮	电器
汽车	内燃机	车轮	变速箱、差速器	电器、电子控制单元
数控车床	电动机	卡盘与刀具	齿轮、带等	电器、微型计算机

1. 动力部分

它是机器的动力来源。

2. 执行部分

它是直接完成工作任务的部分，处于整个传动路线的终端。

3. 传动部分

它是将动力部分的运动和动力传递给执行部分的中间装置，它将原动机的运动和动力传递给执行（或工作）部分，但也有一些机器是由原动机直接驱动执行（或工作）部分的。

4. 控制部分

它是使动力部分、传动部分、执行部分按一定的顺序和规律实现预期运动，完成给定的工作循环。有些机器可能无此部分。

由上面的分析可知，电动自行车、电动缝纫机可以称为机器，而普通自行车、普通缝纫机由于缺少动力部分，则不能称为机器。另外，随着伺服机构、检测传感技术、自动控制技术、信息处理技术、材料及精密机械技术、系统总体技术的飞速发展，现代意义的机器的内涵还应包括信息处理功能、影像处理功能和数据处理功能等。

（三）机器的结构

机器一般由零件、部件组成一个整体，或者由几个独立机器构成联合体。由两台或两台以上机器机械地连接在一起的机械设备称为机组。

零件是构成机器的不可拆的制造单元。零件包括通用零件和专用零件。在各种机器中普遍使用的零件称为通用零件，如螺栓、螺母、垫圈、轴、齿轮、弹簧、销等；仅在某些机器中使用的零件称为专用零件，如冲压机中的曲轴、连杆、滑块，车床上的卡盘，电风扇的叶片，手表的指针等。

部件是机器中由若干零件装配在一起构成的具有独立功能的部分，如轴承、联轴器、离合器、减速器等，为简便起见，通常用“零件”一词泛指零件和部件。

三、构件和机构

（一）构件

构件是构成机器的各个相对独立的运动单元。构件可以是单一的零件，也可以由若干个零件刚性连接而成，但刚性连接的零件之间不能产生相对运动。例如，汽车发动机连杆（如图 1-4）就是由连杆小端、连杆盖（大端）、连杆体、衬套、连杆瓦、螺栓与螺母等零件刚性连接而成的，并形成独立的运动构件。

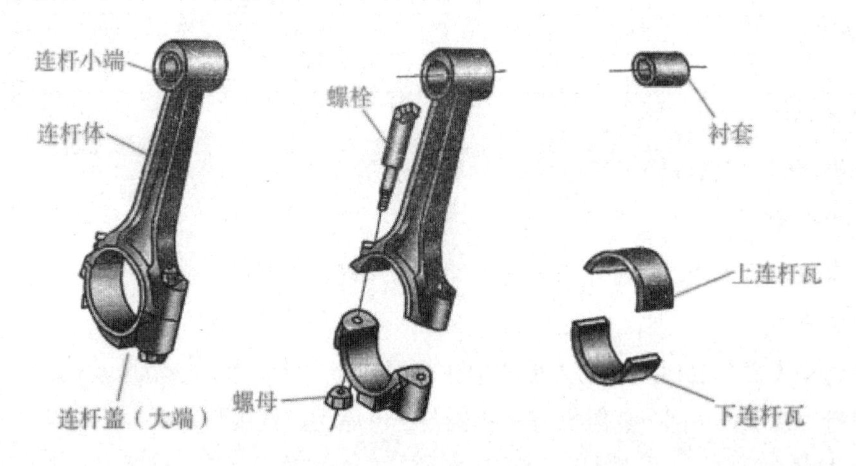

图1-4 连杆构件

（二）机构

为了将机器动力部分所输出的运动变换为机器执行部分所需的运动规律和方式，首先需要认识机器传动部分的结构和特性，因此，引入了“机构”概念。机构是指两个或两个以上的构件通过活动连接以实现规定运动的构件组合。或者说，机构是具有确定的相对运动构件的组合体，是用来传递运动和力的构件系统。

复杂的机器由多种机构构成，而简单的机器可能只含有一种机构。例如，图 1-5 所示的曲柄压力机中，其传动部分由 V 带及带轮组成的带传动机构、小齿轮和大齿轮组成的齿轮传动机构、曲轴和连杆及滑块组成的曲柄滑块机构等构成，它们协同作用，将电动机的等速转动变换为凸模的直线冲压运动。再如，机械手表中的原动机构、调速机构等；车床、刨床等中有走刀机构；汽车中的带传动、齿轮变速器、差速器等也都是机构。

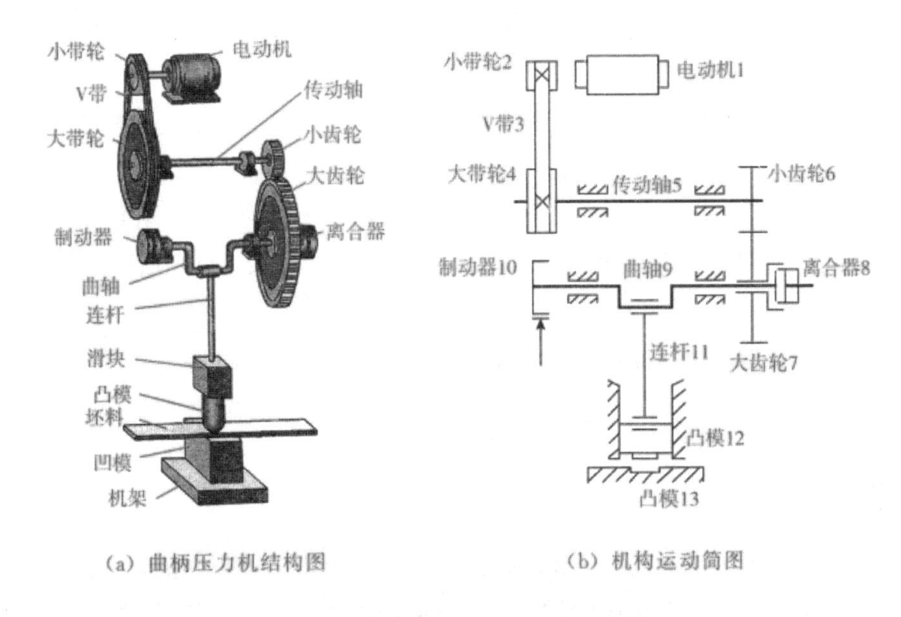

图1-5　曲柄压力机结构图与机构运动简图

由机器的结构可见，机构的性能和零件的质量决定着机器的完善程度。无论从制造机器还是从使用机器的角度来说，都必须将机构和零件作为基础来学习。另外，如果仅从结构和运动的角度来分析，机构与机器之间并无区别，因此，机构和机器总称为机械。

第二节　金属材料

零件的材料将影响机器的性能。以我们生活中常见的汽车、轮船、飞机等为例，80%为金属材料。从它们的设计、选材、制造，到维护、维修，掌握金属材料知识都十分重要。

一、金属材料的力学性能

（一）金属材料及力学性能

金属是指具有良好的导电性和导热性，有一定的强度和塑性，并具有特殊金属光泽的物质。金属材料是指由金属元素或以金属元素为主要材料构成的，并具有金属特性的工程材料，它一般包括纯金属和合金两类。

纯金属在工业生产中虽然具有一定的用途，但是由于它的强度、硬度一般都较低，而且冶炼技术复杂，价格较高，因此在使用上受到很大的限制。目前在汽车工业生产中广泛使用的是合金状态的金属材料。

合金是指由两种或两种以上的金属元素或金属与非金属元素组成的金属材料。与纯金属相比，合金除具有良好的力学性能，还可以通过调整组成元素之间的比例，获得一系列性能各不相同的合金，从而满足不同的性能要求。

力学性能是指金属材料在力的作用下所显示的性能，主要包括强度、塑性、硬度、韧性和疲劳强度等。物体受外力作用后导致物体内部之间产生的相互作用的力称为内力，而单位面积上的内力则称为应力 σ（N/mm^2 或 MPa）。应变是指由外力所引起的物体原始尺寸或形状的相对变化。

金属材料的力学性能是评定金属材料质量的主要依据。

（二）金属材料的强度、塑性、硬度

1. 强度

强度是金属材料抵抗永久变形和断裂的能力。金属材料的强度指标可以通过拉伸试验测得，如图 1-6 所示。拉伸试验是指用静（缓慢）拉伸力对试样进行轴向拉伸，通过测量拉伸力和伸长量来测定试样强度、塑性等力学性能的试验。在进行拉伸试验时，拉伸力（F）和试样伸长量 Δ（即 l-10）之间的关系曲线，称为力 - 伸长曲线，如图 1-7 所示。从图中曲线可以看出，试样从开始拉伸到断裂要经过弹性变形阶段、屈服阶段、变形强化阶段、颈缩与断裂阶段。金属材料抵抗拉伸力的强度指标主要有屈服强度（或规定残余伸长应力）和抗拉强度等。

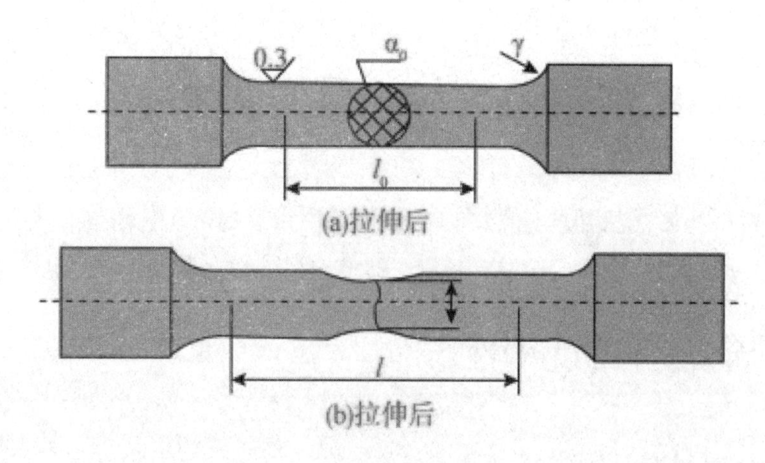

图1-6 圆柱形拉伸试样

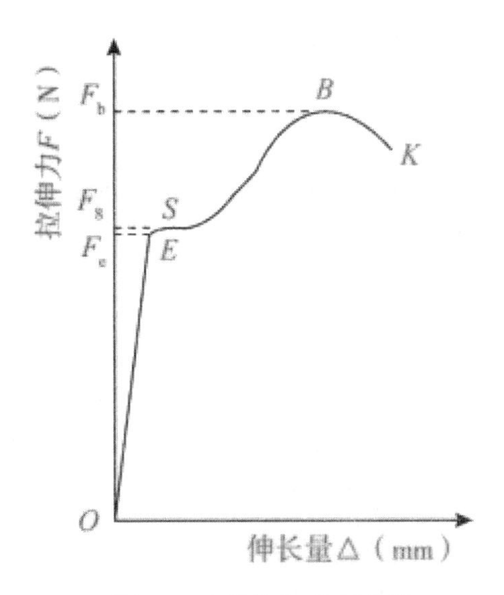

图1-7 金属的力-伸长曲线

（1）屈服强度和规定残余伸长应力。屈服强度是指在拉伸试验过程中拉力（或载荷）不增加（保持恒定）的情况下，拉伸试样仍然能继续伸长（变形）时的应力。

工业上使用的部分金属材料（如高碳钢、铸铁等）在进行拉伸试验时，没有明显的屈服现象，也不会产生颈缩现象，这就需要规定一个相当于屈服强度的指标，即规定残余伸长应力。规定残余伸长应力是指拉伸试样在卸除拉伸力后，其标距部分的残余伸长与原始标距比值达到规定的百分比时的应力。

（2）抗拉强度。抗拉强度是表征金属材料由均匀塑性变形向局部集中塑性变形过渡的临界值，也是表征金属材料在静拉伸条件下的最大承载能力。对于塑性较好的金属材料来说，拉伸试样在承受最大拉应力之前，变形是均匀一致的；但超过抗拉强度后，金属材料便开始出现颈缩现象，即产生集中塑性变形。

2. 塑性

塑性是金属材料在断裂前发生不可逆永久变形的能力。金属材料的塑性可以用拉伸试样断裂时的最大相对变形量来表示，如断后伸长率和断面收缩率。它们是表征材料塑性优劣的主要力学性能指标。

金属材料的塑性对零件的加工和使用具有重要的意义，塑性好的金属材料容易进行锻压、轧制等成型加工。所以，大多数机械零件除要求具有较高的强度外，还要求有一定的塑性。

3. 硬度

硬度是指金属材料抵抗局部变形，特别是塑性变形、压痕或划痕的能力。它是衡量金属材料软硬程度的一种性能指标。硬度对于机械零件的耐磨性有直接影响，金属材料的硬度值越高，其耐磨性也越高。

（三）金属材料的韧性和疲劳强度

1. 韧性

汽车上的部分零件是在冲击载荷作用下工作的，如连杆、气门等。这些零件除要求具备足够的强度、塑性、硬度以外，还应有足够的韧性。韧性是金属材料在断裂前吸收变形能量的能力。

2. 疲劳强度

载荷的形式不仅有静载荷（或静应力）、冲击载荷（或冲击应力），还有循环载荷（或循环应力）。汽车上部分机械零件，如轴、齿轮、弹簧等，是在循环载荷（循环应力、循环应变）作用下工作的。零件在低于其金属材料的屈服强度或规定残余伸长应力的循环应力作用下，经过一定工作时间后会突然发生断裂，这种现象称为金属材料的疲劳。

金属材料在循环应力作用下能经受多次循环而不断裂的最大应力值称为金属材料的疲劳强度。

由于大部分机械零件的损坏是由疲劳造成的，因此消除和减少疲劳失效对于延长零件使用寿命有着重要意义。

二、碳素钢与合金钢

（一）碳素钢

碳素钢（简称碳钢）是指含碳量小于 2.11% 的铁碳合金。碳钢中除了含有铁和碳元素之外，还含有少量的杂质元素，如硅、锰、硫、磷等元素，它们对钢的性能都有一定的影响。

1. 杂质元素对钢性能的影响

（1）锰（Mn）元素的影响。锰是炼钢时脱氧而残留在钢中的元素。锰是一个有益的元素，在钢中的含量一般为 0.25% ~ 0.8%。锰具有一定的脱氧能力，能使钢中的氧化铁还原成铁，锰还能溶于铁素体中强化铁素体以改善钢的质量。锰与硫化合成为 MnS（熔点为 1620℃），高温时 MnS 有一定塑性，因此可减轻硫的有害作用，降低钢的脆性，改善钢的热加工性能。

（2）硅（Si）元素的影响。硅也是作为脱氧剂加入钢中的。硅的脱氧能力比锰还要强，能消除氧化铁夹杂对钢质量的不良影响。硅与锰一样，能溶解于铁素体中，使铁素体强化，从而提高钢的强度和硬度，但降低塑性和韧性，所以钢中硅的含量一般小于 0.4%。

（3）硫（S）元素的影响。硫是在炼铁时由矿石和燃料带入的杂质，炼钢时难以除尽。硫在钢中是有害杂质，它不溶于铁，而与铁形成化合物（FeS），易使钢材变脆，因而在锻压时，使钢材强度大幅度降低，这种现象称为热脆。为了避免热脆，必须严格控制钢中的含硫量。

硫虽然产生热脆，但对改善钢材的切削加工性却有利。如在含硫较高的钢（含硫量$\overline{\omega}$s=0.08%～0.30%）中适当提高含锰量（$\overline{\omega}$Mn=0.6%～1.55%），使硫与锰结合成MnS，则切削时切屑易于碎断，能降低零件的表面粗糙度，这种含硫较高的钢称为易切削钢，广泛应用于螺栓等标准件的生产中。

（4）磷（P）元素的影响。磷是从矿石中带入钢中的杂质，在炼钢时也难以除尽。磷在钢中是有害杂质，它能使室温下钢的塑性、韧性急剧降低。在低温时，磷会使钢的塑性、韧性降得更低，这种现象称为冷脆。含磷量过高的钢，焊接时易产生裂纹，降低了钢的可焊性。因此，要严格控制钢中的含磷量。

此外，钢在整个冶炼过程中，都与空气接触，因而钢液中总会吸收一些气体，如氮、氧、氢等。它们对钢的质量都会产生不良影响。尤其是氢对钢的危害性更大，它使钢变脆（称为氢脆），也可使钢中产生微裂纹（称为白点），严重影响钢的力学性能，使钢易于脆断。

2. 碳素钢的分类

碳素钢的分类主要有以下3种方法。

（1）按含碳量分类。低碳钢$\overline{\omega}$c≤0.25%；中碳钢$\overline{\omega}$c=0.25%～0.6%；高碳钢$\overline{\omega}$c＞0.60%。

（2）按质量分类（主要根据有害杂质硫、磷在钢中含量的多少）。

①普通碳素钢$\overline{\omega}$s≤0.05%，$\overline{\omega}$p≤0.045%；

②优质碳素钢$\overline{\omega}$s、$\overline{\omega}$p≤0.035%；

③高级优质碳素钢$\overline{\omega}$s≤0.02%，$\overline{\omega}$p≤0.03%。

（3）按用途分类。

①碳素结构钢：主要用作各种工程构件、桥梁、建筑构件和机器零部件等，一般为中、低碳钢。

②碳素工具钢：主要用于制作各种刃具、量具、模具，一般为高碳钢。

3. 碳素钢的牌号、性能及主要用途

（1）碳素结构钢。这一类钢碳含量较低，而硫、磷等有害杂质的含量较高，故强度不高，但塑性、韧性较好，焊接性能好，价格低廉，大多数在供应状态下使用，不做专门的热处理。

碳素结构钢通常分为热轧钢板、钢带、钢棒和型钢。可用于制造焊、铆、螺栓连接的一般工程构件和不重要的机械零件，如发动机支架、后视镜支杆等。

碳素结构钢牌号表示方法，由代表屈服点的字母“Q”、屈服点值（σs，单位MPa）、质量等级符号（A、B、C、D）及脱氧方法符号（F-沸腾钢；B-半镇静钢；Z-镇静钢，一般不标注）按顺序排列组成。其中A级的硫、磷等杂质的含量最高。D级的硫、磷等杂质的含量最少。例如，Q235A表示最低屈服强度是235MPa，质量为A级的碳素结构钢。

碳素结构钢的规定牌号有Q195、Q215、Q235、Q255、Q275五类。

（2）优质碳素结构钢。优质碳素结构钢中含有害杂质比碳素结构钢少，其力学性能优于碳素结构钢，主要用来制造较重要零件。其中 45 钢常用来制造中等强度、韧性的零件，如齿轮、曲轴、螺栓、螺母、连杆等。65 钢常用来制造直径小于 12mm 的弹簧。

优质碳素结构钢的牌号用两位数字表示，数字表示钢中平均含碳量的万分数，例如 20、45 钢等，分别表示钢中平均含碳量为 0.20% 和 0.45% 的优质碳素结构钢。

优质碳素结构钢按含锰量不同，分为普通含锰量（$\overline{\omega}$ Mn=0.25% ~ 0.8%）和较高含锰量（$\overline{\omega}$ Mn=0.7% ~ 1.2%）两组。较高含锰量的一组在牌号后面加注“Mn”符号。若为沸腾钢，则在钢的牌号尾部加注“F”。例如 15Mn，30Mn、08F、10F 等。

优质碳素结构钢牌号、化学成分、力学性能及用途如表 1-2 所示。

表1-2 常用碳素结构钢的牌号、性能及用途

<table>
<tr><th>类别</th><th>钢号</th><th>抗拉强度σb（MPa）</th><th>布氏硬度（HBS）</th><th>工艺性</th><th>淬火硬度范围（HRC）</th><th>汽车中应用举例</th></tr>
<tr><td>普通碳素钢</td><td>Q235A</td><td>235</td><td></td><td>焊接性好，切削加工性不好，良好的韧性和锻造性</td><td></td><td>车厢板件、制动器底板、拉杆、销、键、法兰轴、螺钉等</td></tr>
<tr><td rowspan="4">优质碳素钢</td><td>08</td><td>327</td><td>131</td><td rowspan="2">焊接性好、切削加工性差，良好的韧性和冷冲性</td><td></td><td>驾驶室、油箱、离合器等</td></tr>
<tr><td>15</td><td>372</td><td>143</td><td rowspan="2">56~62（渗碳）</td><td rowspan="2">离合器分离杠杆、风扇叶片、驻车制动杆等</td></tr>
<tr><td>35</td><td>529</td><td>187</td><td rowspan="2">切削加工性好</td></tr>
<tr><td>45</td><td>597</td><td>197</td><td>30~40
45~55</td><td>凸轮轴、曲轴、转向节主销等</td></tr>
</table>

（3）碳素工具钢。这类钢常用于制造刃具、量具、模具等，在使用时应经淬火加低温回火，使其具有高的硬度和耐磨性。

碳素工具钢牌号在“T”后标出平均含碳量的千分数。T12 表示含碳量是 1.2% 的碳素工具钢。

碳素工具钢牌号、性能及用途如表 1-3 所示。

表1-3 常用碳素工具钢的牌号、性能及用途

牌号	布氏硬度（HBS）	淬火硬度（HRC）	特性与应用
T10、T10A	197	62	有一定的韧性和较高硬度，用作不受突然冲击并且刃口有韧性要求的刀具，如丝锥、冷冲模等
T12、T12A	207	62	韧性较小，具有较高的耐磨性，用作不受振动的高硬度工具，如钻头、铰刀、量规等

（4）铸造碳钢（简称铸钢）。铸钢中的含碳量为 0.15% ~ 0.6%。常用来制造一些形状复杂、难以进行锻造加工且要求有较高强度和塑性的零件。但铸钢的铸造性差，故近几年来有以球墨铸铁代替的趋势。

铸造碳钢的牌号是由铸钢两字的汉语拼音首写字母“ZG”和两组数字组成的，第一组数字代表屈服强度（σs），单位为MPa；第二组数字代表抗拉强度（σb），单位为MPa。例如，ZG230-450就表示屈服强度为230MPa，抗拉强度为450MPa的铸造碳钢。

（二）合金钢

为了改善钢的性能，炼钢时加入一些合金元素所形成的钢称为合金钢。

碳素钢的价格便宜、冶炼方便，通过热处理可得到不同的性能，以满足工业生产的需要。

但是碳素钢的淬透性差，缺乏良好的综合性能。制造重型机械的传动轴、汽轮机叶片、汽车和拖拉机的一些重要零件，碳素钢就达不到性能要求，因此广泛采用合金钢。合金钢通过热处理能获得优良的力学性能及一些特殊的物理、化学性能。

合金钢的主要合金元素有钛（Ti）、钒（V）、铌（Nb）、钨（W）、钼（Mo）、铬（Cr）、锰（Mn）、铝（Al）、钴（Co）、硅（Si）、硼（B）、氮（N）及稀土元素。但是合金钢的冶炼、加工困难，价格较贵，所以应合理选用。

合金钢的种类繁多，通常按合金元素含量多少分为低合金钢（含量＜5%）、中合金钢（含量5%～10%）、高合金钢（含量＞10%）；按特性和用途又分为合金结构钢、合金工具钢、特殊性能钢等。

1. 合金钢编号

（1）低合金高强度结构钢。低合金高强度结构钢的牌号是用代表屈服强度的汉语字母“Q”、屈服强度值（单位MPa）、质量等级符号（A、B、C、D、E）三个部分按顺序排列。其中Q345各种性能配合较好，故应用最广泛。

（2）合金结构钢。除了低合金高强度结构钢外，其他合金结构钢的牌号由三部分组成，即两位数字＋元素符号＋数字。前两位数字表示合金结构钢的平均含碳量的万分数，合金元素符号后两数字表示该合金元素平均含量的百分数。当合金元素平均含量小于1.5%时，只标注出合金元素符号，不标注数字。如是高级优质钢，则在钢号后面加符号“A”。特级优质钢则加符号“E”。例如60Si2Mn表示平均含碳量为0.6%，平均含硅量≥1.5%，平均含锰量小于1.5%的合金结构钢。

（3）合金工具钢。合金工具钢中的平均含碳量＜1%时，用一位数字表示平均含碳量的千分数，当平均含碳量＞1%时，不标注含碳量。合金元素的标注方法同合金结构钢。如9SiCr，表示平均含碳量为0.9%，硅、铬含量均小于1.5%的合金工具钢：Cr12MoV表示平均含碳量＞1%，平均铬含量约12%，钼、钒含量小于1.5%的合金工具钢。

（4）滚动轴承钢。高碳铬轴承钢，在牌号前冠以“G”符号。当含碳量小于1%时，在“G”符号前用一位数字表示含碳量的千分数；当含碳量大于1%时，不标注含碳量。含铬量用千分数表示（两位数）。其他合金元素表示方法同合金结构钢。如9GCr18表示平均含碳量为0.9%，平均含铬量为1.8%的高碳铬滚动轴承钢。

（5）特殊用途钢。特殊用途钢中，耐热钢、不锈钢牌号表示方法和合金工具钢基本相同，只是当其平均含碳量 ωC ≤ 0.03% 和平均含碳量 ωC ≤ 0.08% 时，在牌号前分别冠以“00”和“0”。如 0Cr19Ni9 表示平均含碳量小于或等于 0.08%，平均含铬量约等于 19%，平均含镍量约等于 9% 的不锈钢。

2. 合金结构钢

（1）低合金高强度结构钢。低合金高强度结构钢也称为“普低钢”，强度比普通碳素钢高 30% ~ 50%。低合金高强度结构钢是在碳素结构钢的基础上，加入了少量的合金元素。其化学成分为：含碳量 ωC=0.10% ~ 0.20%，合金总量 ωMe < 3%，以锰为主要添加元素（ωMn=0.8% ~ 1.7%），并辅助加入 V、Ti、Nb、Si、Cu、P 及稀土元素。低合金高强度结构钢和含碳量相同的碳素结构钢相比较，屈服极限高于碳钢 25% ~ 50% 以上，屈强比（σs/σb）明显提高，韧性也高于碳钢。

低合金高强度结构钢一般在供应状态下使用，不再进行热处理。其组织为铁素体 + 珠光体，被广泛用于桥梁、船舶、汽车纵横梁、建筑、锅炉、高压容器、输油输气管道、井架等。

（2）合金渗碳钢。渗碳钢是指经过渗碳、淬火、低温回火后使用的钢。按其化学成分分为碳素渗碳钢和合金渗碳钢。碳素渗碳钢含碳量为 0.1% ~ 0.2%，由于淬透性低，心部得不到强化，故只适用于较小的渗碳件。合金渗碳钢平均含碳量在 0.1% ~ 0.25%，添加的合金元素有 Mn、Cr、Ni、Mo、V、Ti、B 等。目的是提高钢的淬透性，形成合金碳化物，细化晶粒，使得零件在渗碳淬火以后表面和心部都能得到强化，达到外硬内韧的性能。合金渗碳钢主要用于制造既有优良耐磨性、耐疲劳性，又能承受冲击载荷作用的零件，如汽车、拖拉机中的变速齿轮，内燃机中的凸轮和活塞销等。20CrMnTi 是最常用的合金渗碳钢，可用于截面径向尺寸小于 30mm 的高强度渗碳零件。

（3）合金调质钢。调质钢通常是指经调质后使用的钢，一般为优质中碳结构钢与中碳合金结构钢。有很好的强度，很好的塑性和韧性，其综合力学性能较好。主要用来制造承受多种载荷、受力复杂的零件，如机床主轴、汽车半轴、连杆、曲轴和重要螺栓等。

合金调质钢含碳量为 0.25% ~ 0.5%，主要添加元素有 Ti、Mn、Mo、Cr、Ni、B、W、V 等。合金元素的加入可以提高钢的淬透性和回火稳定性，并可以强化铁素体。因此，合金调质钢具有良好的淬透性、热处理工艺性。40Cr 是最常用的合金调质钢。

合金调质钢的预先热处理一般为退火或正火。最终热处理是调质（淬火 + 高温回火），组织为回火索氏体。若零件表面要求有很高的耐磨性，可在调质后再进行表面淬火或化学热处理（常用氮化处理）。

（4）合金弹簧钢。弹簧钢是指用来制造各种弹簧和弹性元件的钢。碳素弹簧钢含碳量 ωC=0.62% ~ 0.9%，合金弹簧钢含碳量 ωC=0.45% ~ 0.7%，加入的合金元素有 Si、Mn、Cr、V、W 等。其目的是细化晶粒、强化铁素体，以提高钢的淬透性、回火稳定性和屈强比。

弹簧钢根据弹簧尺寸、成型方法不同，其热处理方法也不同。当弹簧丝直径或钢板厚度大于 10 ~ 15mm 时，一般采用热成型，其热处理工艺是成型后进行淬火 + 中温回火，获得回火屈氏体。

对于直径小于 8 ~ 10mm 的弹簧，一般采用冷拔钢丝卷制。若弹簧钢丝是退火状态，则冷卷成型后需进行淬火 + 中温回火。若弹簧钢丝是铅浴索氏体化状态或油淬回火状态，则在冷卷成型之后不需进行淬火 + 回火处理，只进行去应力退火处理。

重要弹簧经热处理后，还应进行喷丸处理，使表面强化，提高弹簧的疲劳强度和使用寿命。

55Si2Mn、60Si2Mn、55SiVB 等广泛用于制造汽车、拖拉机、机车车辆用螺旋弹簧和板弹簧及其他重要弹簧等。

50CrVA、30W4Cr2VA 等，用于制造如气门弹簧、阀门弹簧等重要弹性零件。

（5）滚动轴承钢。滚动轴承钢是用来制造滚动轴承的滚动体（滚珠、滚柱、滚针）、内外套圈的专用钢。

目前，一般滚动轴承钢是高碳铬钢，平均含碳量 ωC=0.95% ~ 1.35%，以保证轴承钢有足够的强度、硬度，并形成足够的碳化物，增加钢的耐磨性。钢中主要加入合金元素有 Cr、Si、Mn。合金元素 Cr 的作用是提高钢的淬透性并形成细小均匀分布的合金渗碳体，合金元素 Si、Mn 起到固溶强化作用，并提高钢的回火稳定性。

滚动轴承钢预先热处理是球化退火，最终热处理是淬火 + 低温回火，热处理后的组织为极细回火马氏体 + 细小均匀分布的颗粒状碳化物。

GCr9、GCr9SiMn、GCr15、GCr15SiMn 等，是广泛应用于汽车、拖拉机、内燃机的滚动轴承钢。

滚动轴承钢也可用来制造工具、量具、冷冲模及性能要求与滚动轴承相似的耐磨件。

3. **合金工具钢**

合金工具钢是在碳素工具钢的基础上加入合金元素（Si、Mn、Cr、V 和 Mo 等）制成的。

合金元素的加入改善了热处理性能，因而提高了材料的热硬性、耐磨性。合金工具钢按主要用途分为刃具钢、模具钢和量具钢三大类。

（1）合金刃具钢。合金刃具钢分为低合金刃具钢和高速钢两类，主要用来制造刀具，如车刀、铣刀、钻头、丝锥、铰刀等。

①低合金刃具钢。低合金刃具钢是在碳素工具钢的基础上加入少量合金元（ωMe ≤ 5%）。

其含碳量 ωC=0.75% ~ 1.5%，以保证钢的淬透性和形成合金碳化物。加入的合金元素 Si、Mn、Cr 主要作用是提高钢的淬透性，增加钢的强度；W、V 形成高硬度、高稳定性的合金碳化物，细化晶粒并提高钢的硬度、耐磨性和热硬性，因此低合金刃具钢的淬透性和热硬性高于碳素工具钢，但由于合金含量少，故低合金刃具钢的热硬性仍不高，一般工作温度不高于 300℃。低合金刃具钢毛坯锻造后的预先热处理采用球化退火，最终热处理采用淬火 + 低温回火。

②高速钢。高速钢含碳量较高，ωC=0.75% ~ 1.6%，并在低合金刃具钢的基础上加入大量的合金元素，如 W、Cr、Mo、V 等，因此具有较好的淬透性，淬火冷却时，在空气中也可以得到马氏体组织，且刃口锋利，故又称为锋钢、风钢或白钢。高速钢比低合金刃具钢具有更高的热硬性，当切削温度高达 600℃左右时，其硬度仍无明显下降，此外，它还具有足够的强度、韧性和耐磨性，所以它是重要的切削刀具材料。常用的高速钢有 W18Cr4V、W6Mo5Cr4V2 和 W9Mo3Cr4V。高速钢一般采用球化退火作为预先热处理，淬火后再进行三次回火作为最终热处理。

（2）合金模具钢。根据工作条件不同，模具钢分为冷作模具钢和热作模具钢。

①冷作模具钢。冷作模具钢用于制造使金属在冷态下产生变形的模具，如冷冲模、冷挤压模、冷镦模、拉丝模等。工作条件要求冷作模具钢具有高硬度和耐磨性、足够的韧性和强度。冷作模具钢的化学成分、热处理特点和刃具钢相似。大型模具常采用 Cr12 和 Cr12MoV 等钢制造。

②热作模具钢。热作模具钢用于制造在受热状态下对金属进行变形加工的模具，如热锻模、热挤压模、压铸模等。工作条件要求热作模具钢具有很高的热硬性和高温耐磨性，良好的综合力学性能，较高的热疲劳性和较好的抗氧化性，同时还具有较高的淬透性和导热性。

目前，制作热锻模具的典型钢有 5CrMnMo 和 5CrNiMo 钢，制作热压模具的典型钢是 3Cr2W8V。

（3）量具钢。量具钢用来制造测量和检验零件尺寸的量具（工具），如千分尺、量块、样板、量规等。

量具钢必须具备高硬度、高耐磨性、高尺寸稳定性，同时热处理后变形也应小。量具钢没有专用钢种，碳素工具钢、渗碳钢、中碳钢、合金工具钢和滚动轴承钢均可用来制造量具。

3. 特殊性能钢

特殊性能钢是指具有特殊物理、化学或力学性能的合金钢。在工业中使用较多的有不锈钢、耐热钢和耐磨钢。

（1）不锈钢。在空气中和某些侵蚀性介质中耐腐蚀不易生锈的钢，称为不锈钢。不锈钢的主要合金元素是铬和镍。铬在氧化性介质中能形成致密而完整的氧化膜（Cr2O3），可阻止氧或减缓腐蚀介质向金属内层侵蚀从而抵御化学腐蚀；另外，不锈钢中含铬量较高（一般大于 13%）时，具有较高的电极电位，可以抵抗电化学腐蚀。常用的不锈钢有 1Cr13、2Cr13、3Cr13、1Cr17、1Cr18Ni9Ti、0CrI9Ni9Ti，适用于制造化工设备、医疗和食品器械等。

（2）耐热钢。金属材料的耐热性包含高温抗氧化性和高温强度两方面的性能。具有抗高温介质腐蚀能力的钢称为抗氧化钢，在高温下仍具有足够机械性能的钢称为热强钢。耐热钢是抗氧化钢和热强钢的总称。耐热钢用于制造在高温条件下工作的零件，如内燃机气阀、汽轮机叶片等。

在汽车上常用的耐热钢是 4Cr9Si2、4Cr10Si2Mo 等，用于制造发动机排气门等。

（3）耐磨钢。耐磨钢是指在巨大压力和强烈冲击作用下产生硬化从而具有良好耐磨性的钢。最常用的耐磨钢是高锰钢，牌号为 ZGMn13，含碳量很高（$>1\%$），锰含量$>13\%$。高锰钢难以切削加工，一般采用铸造方法成型，因此，高锰钢的牌号用铸钢的汉语拼音字首“ZG”、锰元素符号及其百分含量、序号表示。耐磨钢主要用于制造在严重磨损和强烈冲击条件下工作的零件，如坦克、拖拉机用履带、破碎机上颚板、挖掘机上的铲齿、铁路上的道岔、防弹钢板、保险箱等。

三、铸铁

含碳量为 2.11% ~ 6.69% 的铁碳合金称为铸铁。工业铸铁中，碳含量 2.5% ~ 4.0%，锰 0.5% ~ 1.5%、硅 1.0% ~ 3.5%、硫$<0.15\%$、磷$<0.2\%$。有时为了进一步提高铸铁的力学性能或得到某些特殊性能，常加入 Cr、Mo、Cu、V、Al 等合金元素或提高硅、锰、磷等元素的质量分数，这种铸铁称为合金铸铁。

铸铁的强度、塑性等力学性能不如钢材，但它具有良好的铸造性能、切削加工性能、耐磨性、减振性，且价格低廉。因此，铸铁仍然是工业生产中最重要的金属材料之一，广泛应用于汽车制造业。一些力学性能要求不高、形状复杂、锻造困难的零件如发动机缸体、缸盖、活塞环、飞轮、后桥壳等都是由铸铁制造的。特别是经过球化和孕育处理后，铸铁的力学性能已接近结构钢，可取代碳钢、合金钢制造一些重要的结构零件，如曲轴、连杆、齿轮等。

（一）铸铁分类及铸铁石墨化

1. 铸铁的分类

铸铁的分类形式主要有以下两种。

（1）根据碳在铸铁中存在形式不同分类。

①白口铸铁。白口铸铁中的碳除少量溶于铁素体外，其余碳均以渗碳体的形式存在于铸铁中，其断面呈银白色，故称白口铸铁。由于大量 Fe3C 存在，故白口铸铁性能硬而脆，很难进行切削加工。除少量用于制造要求高硬度和高耐磨性的零件之外（如轧辊、犁铧），其余大部分用作炼钢原料或可锻铸铁的毛坯。

②麻口铸铁。麻口铸铁中的碳主要以渗碳体形式存在，少部分以石墨形式存在。其断面呈灰白色相间成麻点，故称麻口铸铁，应用价值不大。

③灰铸铁。灰铸铁中的碳主要以片状石墨形态存在于金属基体中，断口呈灰白色，故称灰铸铁。它是应用最广泛的一类铸铁。

（2）根据铸铁中石墨的形态不同分类。铸铁中，根据石墨的形态不同分为灰铸铁、球墨铸铁、蠕墨铸铁、可锻铸铁。

2. 铸铁的石墨化

（1）铸铁的石墨化过程。铸铁在冷却过程中既可以从液态中或奥氏体中直接析出石墨，也可以先结晶出渗碳体，再由渗碳体在一定条件下分解得到石墨。铸铁组织中石墨的形成过程称为石墨化过程，石墨化过程是一个原子扩散过程。

（2）影响铸铁石墨化的因素。影响铸铁的主要因素是冷却速度和铸铁的化学成分。

①冷却速度的影响。在化学成分相同的情况下，缓慢冷却有利于原子扩散，有利于石墨化的充分进行，已得到灰铸铁；冷却速度加快，不利于石墨化，甚至使石墨化来不及进行而得到白口铸铁。

②化学成分的影响。碳和硅对铸铁的石墨化有决定性作用。含碳量越多越易形成石墨晶核，而硅可促进石墨成核。综合考虑碳和硅对铸铁的影响，将硅量折合成相当的碳量，把实际的含碳量与折合成的含碳量之和称为碳当量。碳、硅含量高，析出的石墨多，且石墨片粗大，适当降低碳、硅含量可使石墨细化。钼、钒、钨、铬、锰等元素会阻碍渗碳体分解，阻碍石墨化。

（二）常见铸铁

1. 灰铸铁

灰铸铁是应用最广泛的铸铁。在铸铁总产量中，灰铸铁件要占 80% 以上。

（1）灰铸铁的组织与性能。灰铸铁的组织由金属基体和片状石墨两部分组成。灰铸铁的力学性能主要由基体组织和石墨的分布状态决定。由于硅、锰元素对基体组织的强化作用，因此灰铸铁的基体的强度、硬度并不低于相应的碳钢。但石墨强度、硬度低，并以片状形式存在于基体组织中，不仅割裂了基体的连续性，减小了承载的有效面积，而且在石墨片的尖端处还会产生应力集中。使基体的力学性不能充分发挥，从而表现为灰铸铁的抗拉强度很低，塑性、韧性几乎为零。石墨片的数量越多，尺寸越粗大，分布越不均匀，其影响也越大。灰铸铁的抗压强度、硬度及耐磨性主要取决于基体组织，石墨的存在形式对其影响不大。灰铸铁的抗压强度远高于抗拉强度（3 ~ 4 倍）。

石墨虽然降低了灰铸铁抗拉强度、韧性和塑性，但却使铸铁获得了钢所不具备的优良性能，具体表现如下。

①灰铸铁熔点低，流动性好，石墨的比容大，当铸件凝固时，石墨的析出可以部分补偿基体的收缩，使得灰铸铁收缩率小于钢，故灰铸铁具有良好的铸造性。

②石墨是良好的固体润滑剂，它从铸件表面脱落后能起润滑作用。脱落后留下的孔洞

有吸附和存油作用，所以灰铸铁具有良好的减摩性。

③切削加工时，石墨起着减摩和断屑作用，而且塑性、韧性低，切削力小、刀具磨损小，故具有良好的切削加工性。

④石墨组织松软，能够吸收振动，因而灰铸铁有良好的减振性。

⑤片状石墨本身就相当于许多微小缺口，故对外界缺口敏感性小。

由于灰铸铁具有以上特点，因此适用于制作在压应力条件下工作的箱体：壳体、底座、床身及支架类零件，如内燃机汽缸体、汽缸盖、汽车变速箱壳体等。

（2）灰铸铁牌号及用途。灰铸铁牌号用“HT”（即“灰铁”两字的汉语拼音首写字母）及后面三位数字组成。后面三位数字表示为单铸 φ30mm 试棒的最小抗拉强度 σb 值（MPa）。

（3）灰铸铁的热处理。灰铸铁的热处理只能改变基体组织，不能改变石墨的形状、大小、数量和分布情况，故对灰铸铁的力学性能影响不大。生产中主要是为了减小铸件内应力，改善切削加工性能等。

常用热处理有以下几种。

①去应力退火（人工时效）。去应力退火的目的是消除铸件铸造冷却时产生的内应力。通常安排在切削加工之前。

②高温退火。高温退火的目的是消除铸件中出现的白口铸铁，使硬度降低 20 ~ 40HBS，从而改善了切削加工性。

③表面淬火。对于需要有较高硬度和耐磨性的铸件表面，如机床导轨面、汽缸孔内壁面等，应进行表面淬火处理。表面淬火方法常用火焰加热淬火、接触电阻加热表面淬火、感应加热表面淬火和激光加热表面淬火。淬火后硬度可达 59 ~ 61HRC。

2. 球墨铸铁

球墨铸铁是指一定成分的铁水在浇注前，经过球化处理，获得具有球状石墨的铸铁。

（1）球墨铸铁的组织与性能。球墨铸铁的组织特征是球状石墨分布在几种不同的基体上，常见的有铁素体球墨铸铁、铁素体 + 珠光体球墨铸铁、珠光体球墨铸铁和贝氏体球墨铸铁。

在所有铸铁中，球墨铸铁的力学性能最高，与相应组织的铸钢相似，如疲劳强度接近一般中碳钢；冲击疲劳抗力高于中碳钢；屈强比几乎是钢的 2 倍。但球墨铸铁的塑性和韧性低于铸钢。球墨铸铁的力学性能与基体组织和球状石墨的状态及分布有关。石墨球越细小，越圆整，分布越均匀，则强度、塑性、韧性越好。球墨铸铁具有近似于灰铸铁的某些优良性能。

如铸造性、减摩性、切削加工性等。但是，球墨铸铁也存在一些缺点，如白口倾向大，凝固时收缩率大，化学成分要求严格等。因而对熔炼、铸造工艺要求高，生产成本高。

（2）球墨铸铁牌号和用途。球墨铸铁因其力学性能接近于钢，铸造性能和其他性能优于钢。因此，在机械制造业中已得到广泛应用，部分场合代替了铸钢和锻钢，用来制造一些受力较大、受冲击和耐磨的铸件，如内燃机曲轴、凸轮轴、汽车驱动桥壳等。

（3）球墨铸铁热处理。球墨铸铁热处理和钢大致相同，通过改变基体组织以获得所需性能。目前，球墨铸铁常用的热处理有以下几种。

①退火。球墨铸铁常见的退火方式有去应力退火和石墨化退火。去应力退火的目的是消除铸件内应力，石墨化退火的目的是获得高韧性的铁素体球墨铸铁，并可改善切削加工性能和消去应力。

②正火。球墨铸铁正火的目的是获得珠光体组织的基体，并细化组织，提高强度、硬度和耐磨性。球墨铸铁正火以后，应进行一次去应力退火，以消除正火引起的铸件内应力。

③淬火和回火。球墨铸铁可通过不同的淬火和回火工艺，获得不同的基体组织。

由于球墨铸铁经过调质（淬火后再进行高温回火）以后获得了回火索氏体＋球状石墨组织，具有优良的综合力学性能，所以广泛用于制造内燃机曲轴、凸轮轴等零件。球墨铸铁也可进行等温淬火，等温淬火主要用于要求具有较高综合力学性能、良好耐磨性且外形复杂、热处理易开裂的零件，如齿轮、凸轮轴等。

3. 蠕墨铸铁

蠕墨铸铁是在一定成分的铁水中加入孕育剂和蠕化剂进行孕育处理和蠕化处理，获得具有蠕虫状石墨的铸铁。它是近几十年发展起的新型材料。

（1）蠕墨铸铁的组织及性能。蠕墨铸铁组织中特有的石墨状态，其力学性能介于相同基体组织的灰铸铁和球墨铸铁之间。强度、韧性、抗疲劳强度、耐磨性高于灰铸铁，但小于球墨铸铁；铸造性能、减振性、导热性、切削加工性都优于球墨铸铁，接近灰铸铁。

（2）蠕墨铸铁的牌号及用途。我国蠕墨铸铁牌号中的“RuT”代表蠕墨铸铁，数字表示蠕墨铸铁单铸试件的抗拉强度值。蠕墨铸铁可用来制造复杂大型铸件，如RuT380、RuT420主要用于制造汽车刹车鼓、活塞环、汽缸套、制动盘等；RuT340可用于制造汽车刹车鼓、飞轮、汽缸盖等；RuT260可制造汽车、拖拉机的某些底盘零件等，也可代替高强度灰铸铁。

4. 可锻铸铁

可锻铸铁是由白口铸铁通过退火处理得到的一种石墨呈絮状的铸铁。它具有较高强度、塑性和韧性。值得注意的是，可锻铸铁实际上不可锻造。

（1）可锻铸铁的组织及性能。根据退火工艺的不同，可锻铸铁分为黑心可锻铸铁（铁素体可锻铸铁）、珠光体可锻铸铁、白心可锻铸铁。目前我国主要使用前两类可锻铸铁。可锻铸铁的力学性能优于灰铸铁，并接近于同类基体的球墨铸铁。与球墨铸铁相比，可锻铸铁具有铁水处理简单、质量稳定、废品率低等优点。

（2）可锻铸铁的牌号及用途。黑心可锻铸铁和珠光体可锻铸铁牌号中“KT”是“可铁”的汉语拼音首写字母，其后“H”表示黑心可锻铸铁，“Z”表示珠光体可锻铸铁。符号后面两组数据分别代表可锻铸铁最小抗拉强度（单位 MPa）和拉伸率。

可锻铸铁常用于薄壁、形状复杂、承受冲击和振动载荷的零件。如汽车、拖拉机驱动桥壳、管接头、低压阀门等。但由于生产周期长，需要连续退火设备，因此在使用上受到一定限制，有些可锻铸铁件已由球墨铸铁代替。

四、有色金属及其合金

（一）铜及铜合金

1. 纯铜

纯铜呈紫红色，故又称紫铜。纯铜的导电性和导热性仅次于金和银，是最常用的导电、导热材料。它的塑性非常好且无低温脆性，易于冷、热压力加工，在大气及淡水中有良好的抗蚀性能。纯铜的密度为 8.9g/cm3，熔点为 1083℃，纯铜经轧制和退火后的力学性能为 σb=196 ~ 250MPa，δ=45% ~ 50%，HBS=100 ~ 120。纯铜中常含有 0.05% ~ 0.38% 的杂质（主要有铅、铋、氧、硫和磷等），它们对铜的力学性能和工艺性能都有很大的影响，尤其是铅和铋的危害最大。

纯铜的加工产品按化学成分分为纯铜和无氧铜两类。纯铜的牌号有 T1、T2、T3 等。“T”为“铜”字汉语拼音字母开头，编号越大，纯度越低。无氧铜的含氧量极低，代号为 TU1、TU2 等。

在机械中主要应用紫铜的导热性、塑性及耐蚀性。用它制造发动机的输油管、缸头垫、火花塞垫等。紫铜或其他型材经反复弯曲、锤击或其他冷加工后，会显著硬化。为使之恢复塑性，须进行退火。对已经发硬了的紫铜管，如欲使之软化，可用喷灯加热使其发红并立即水冷。

2. 铜合金

工业上广泛采用的铜合金可分为黄铜、青铜和白铜三类。

（1）黄铜。黄铜是以锌为主要添加元素的铜合金，具有良好的力学性能，易于加工成型，并且对大气、海水、淡水、蒸汽有相当高的抗蚀能力。按合金元素种类，可把黄铜分为普通黄铜和特殊黄铜。

①普通黄铜。普通黄铜是铜和锌的合金，其组织和力学性能随含锌量的变化而变化。黄铜具有极高的塑性、铸造性能、耐蚀性和良好的冷、热加工性。同时，它与有机氟化物（如氟 -12）不起作用，故黄铜又可制造冷冻设备。加工和使用黄铜时应该注意以下几点。

以冷加工方式制成的黄铜零件直接使用时，由于残余内应力存在，将造成晶间腐蚀。当受湿气、氨、海水的作用时，便会自动发生裂缝，称为黄铜的时效开裂，也叫季裂。锌含量大于 20% 的合金最易发生季裂现象。所以经冷加工的黄铜零件，必须在 200℃ ~ 400℃进行 1 ~ 5h 的消除内应力退火处理。

黄铜制件在淡水或海水中使用了相当长时间，其表面氧化膜破坏时，黄铜的表层便发生溶解。因锌具有较铜低的电极电位，故不断溶解于介质中，残留的铜将以海绵状的形式沉淀出红斑，加速黄铜制件的腐蚀过程。

黄铜不宜与铁、铅和锌接触使用，因为后者是负电位，会迅速遭到破坏，但它们都可作为黄铜冷藏管的保护装置。

普通黄铜的牌号用“黄”字汉语拼音字母的字头“H”加数字组成，数字表示平均含铜量的百分数。例如，H62 表示含铜量为 62%，含锌为 38% 的普通黄铜。

②特殊黄铜。在普通黄铜中加入其他的合金元素所组成的合金，称为特殊黄铜。常加入的合金元素有锡、硅、锰、铅和铝等，分别称为锡黄铜、硅黄铜、锰黄铜等。

特殊黄铜的编号为：H+ 主加元素符号 + 含铜量 + 主加元素含量。例如，HSn70-1 表示主加元素 Sn 的含量为 1%、铜含量为 70%，其余为锌的锡黄铜。

锡黄铜中的锡，可以显著提高黄铜在海洋大气和海水中的抗蚀性，也可以提高强度。例如，HSn70-1 又称为海军黄铜，用于制作接触海水的热交换器和冷凝器的管子。锰黄铜中的锰能提高黄铜的强度和在海水、氨化物、过热蒸汽中的耐蚀性，同时使黄铜耐热性和冷加工性能得到改善。锰黄铜常用于制造螺旋桨、螺旋桨轴的轴套、蒸汽泵的活塞。

铸造黄铜的牌号表示方法用“ZCu+ 主加元素符号 + 主加元素含量 + 其他元素符号和含量”组成，如 ZCu2n38、ZCuZn40Mn2 等。

（2）青铜。除黄铜和白铜（铜和镍的合金）外，所有的铜基合金都称为青铜。青铜又可以分为锡青铜（普通青铜）和无锡青铜。

①锡青铜。以锡为主要合金元素的铜合金称为锡青铜。锡的含量一般为 3% ~ 14%。锡青铜的铸造性好，收缩率小，适用于铸造形状复杂的零件。锡青铜强度较黄铜低，但是抗腐蚀性优于紫铜和黄铜，在大气、淡水、海水和蒸汽中的抗腐蚀性能较高，而在盐酸、硫酸及氨水中的抗腐蚀性较差。锡青铜还具有优良的耐磨性能。

②无锡青铜。除锡以外，用其他元素作为添加剂的二元或多元铜基合金，称为无锡青铜。例如，加入 Al、Mn、Si 及 Be，则取名为铝青铜、锰青铜、硅青铜和铍青铜。大多无锡青铜比锡青铜具有更高的力学性能、耐蚀性、耐磨性和耐热性，故常作为锡青铜的代用品而被广泛使用。

铝青铜有比黄铜和锡青铜还高的耐磨性、耐蚀性及强度，属于高耐磨、耐热青铜，主要用作在海水及高温下工作的高耐磨零件和弹性零件，如泵轴套、隔水圈、阀体及摇臂衬套等。硅青铜有较高的弹性和耐磨性，常用作在海水中工作的弹性零件。

青铜的牌号由“青”字的汉语拼音字母字头“Q”加主添加元素符号和含量组成。例如，QSn4-3 表示含锡 4%、含锌 3%，其余为铜的锡青铜。QA17 表示含铝 7% 的青铜。铸造青铜的和铸造黄铜的牌号表示方法相同。

2. 铝及铝合金

（1）纯铝。纯铝是银白色的金属，密度小（2.7g/cm3），导电性和导热性仅次于铜、银、金而居第四位。强度低（σb≈80MPa），塑性很高（δ=50%、ψ=80%），可以冷热变形加工，具有良好的抗大气腐蚀能力。因此铝及其合金广泛用于电气工程、航天部门和汽车等机械制造部门。我国工业纯铝的牌号是用其纯度来编号的，如L1、L2、L3等，L为“铝”字的拼音字首，编号数字越大，纯度越低。

（2）铝合金。铝合金的强度很低，不适于制作承受载荷的结构零件，加入一定量的合金元素，可得到强度较高、耐蚀性较好的铝合金。根据其成分和工艺的特点，铝合金分形变铝合金（或称压力加工铝合金）和铸造铝合金两类。

①形变铝合金。适宜于压力加工的铝合金称为形变铝合金。常用的形变铝合金有防锈铝合金、硬铝合金、超硬铝合金及锻铝合金等。

a. 防锈铝合金。防锈铝合金属于铝-锰系和铝-镁系合金。这类合金具有适中的强度、优良的塑性及良好的耐蚀性。主要用于制造耐蚀性好的容器，如防锈蒙皮及受力小的结构件。防锈铝代号为“LF”（“铝”及“防”的汉语拼音字头）和一组顺序号表示。常用的有LF5，LF11及LF21等。

b. 硬铝合金。硬铝合金主要是铝铜镁合金，强度、硬度较高。硬铝合金的代号用LY（Y是“硬”字的汉语拼音字母字头）和一组顺序号来表示，常用的有LY1、LY11、LY12等。硬铝合金在飞机制造中应用较广。

c. 超硬铝合金。超硬铝合金主要是铝铜镁锌合金，经热处理后的强度和硬度比硬铝还高，代号用LC和一组顺序号表示，如LC4，主要用于高强度零件。

d. 锻铝合金。锻铝合金是铝镁硅铜合金，其力学性能和硬铝合金相近，代号用LD和一组顺序号表示。例如，LD2在较高温度下（250℃～300℃），仍具有满意的强度和热压加工性能。锻铝合金主要用做高温零件，如活塞、汽缸盖。

②铸造铝合金。铸造铝合金按主加合金元素的不同，可分为铝硅合金、铝铜合金、铝镁合金及铝锌合金等。铝硅合金使用最广，俗称硅铝明，具有良好的铸造性能，广泛用来制造形状复杂的零件。铝硅合金常用来制造发动机活塞、汽缸体、水冷的汽缸头、汽缸套等。

铸造铝合金的牌号由铝及主要合金元素符号组成，主要合金元素符号后跟有表示其名义百分含量的数字（名义百分含量为该元素的平均百分含量的修约化整值），如果合金化学A素的名义百分含量小于1，一般不标数字，必要时可用一位小数表示。牌号前加Z表示铸造合金，如ZAISi7Mg。

铸造铝合金的代号用汉语拼音字头“ZL”（铸铝）与三个数字组成，ZL后面第一个数字表示合金类别，1表示铝硅合金，2、3、4分别表示铝铜、铝镁、铝锌合金。ZL后第二、三位数字表示顺序号。

在滑动轴承中，用来制造轴瓦内衬的合金，称为轴承合金。滑动轴承起支撑作用，而且在运转中轴与轴瓦之间有强烈的摩擦。由于轴是机器的重要的零件，且造价高，更换难。在磨损不可避免的情况下，轴承材料应尽量减少磨损和摩擦。因此轴承合金必须满足下列条件：

在轴瓦工作温度下具有足够的疲劳强度、抗压强度、硬度及足够的塑性和韧性；

具有低的摩擦系数、良好的磨合性、抗咬合性及亲油性；

具有良好的导热性、耐蚀性及较小的膨胀系数；

具有良好的工艺性能，即易于铸造和切削加工；

价格低廉，易于获得。

为满足上述要求，轴承合金的组织最好是在软基体组织上分布着硬质点，或是在硬基体组织上分布着软颗粒，如图 1-6 所示。这样在运转一定的时间后，轴承的软基体或软颗粒被磨损而凹下去，可以储存润滑油，以便能形成连续油膜。而硬质点或硬基体则凸起，以支承轴所施加的压力，从而保证轴的正常工作。

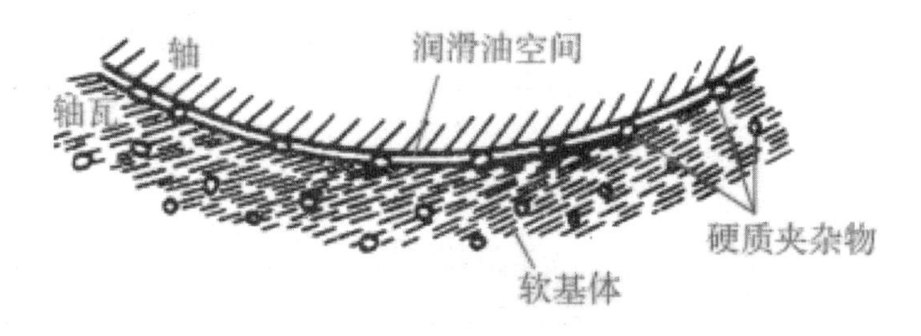

图1-6　轴承合金的理想组织示意图

（3）巴氏合金。巴氏合金是锡基巴氏合金和铅基巴氏合金的总称，是浇铸在轴瓦上的低熔点轴承合金，因呈白色并含有多种合金元素，所以习惯上称为白合金或乌金。

①锡基巴氏合金。锡基巴氏合金是以锡为基体，加入锑（Sb）、铜等元素组成的合金，呈银白色。这类合金的牌号表示法为“ZCh”加基体元素和主加元素的化学元素符号加主加元素与辅加元素的含量。例如，ZChSnSb11-6 为锡基轴承合金，主加元素锑的含量为11%，附加元素铜的含量为 6%，其余为锡。锡基巴氏合金常用牌号有 ZChSnSbll-6、ZChSnSb8-4、ZChSnSb4-4 等。这种轴承合金具有低的摩擦系数、良好的韧性、导热性和耐蚀性，并能承受较大的冲击载荷。其缺点是疲劳强度低，当工作温度超过 100℃时，强度和硬度均降低一半左右，因而缩短了使用寿命。锡基轴承合金广泛应用于低速和中速发动机主轴承、曲柄销轴承。

②铅基巴氏合金。铅基巴氏合金是以铅为基体，加入锑、锡、铜元素组成的合金。这类合金的牌号与锡基巴氏合金相同。例如牌号为 ZChPbSn16-16-2，其中 Pb 为基体元素，Sb 为主加元素，其含量为 16%，附加元素锡的含量为 16%，铜的含量为 2%，其余为铅。

铅基轴承合金的强度、硬度、疲劳强度、韧性均低于锡基轴承合金，但成本低。一般作为中、低载荷和低速机器的轴瓦材料。

（4）铜基轴承合金。铜基轴承合金包括铅青铜和锡青铜。

①铅青铜。铅青铜作为轴承合金的典型牌号是 ZCuPb30，它是在铜的硬基体上分布较软的铅颗粒。铅青铜与巴氏合金相比，具有较高的疲劳强度和较大的承载能力；优良的导热性，能在 250℃下正常工作；具有较低的摩擦系数和较高的耐磨性。其缺点是耐蚀性、磨合性及抗咬合性均较巴氏合金差。

ZCuPb30 可以用来制造高转速、高载荷、承受交变载荷、冲击载荷，并在高温条件（300℃ ~ 320℃）下工作的重要轴承，如高速发动机的主轴承和连杆轴承。

②锡青铜。常用的锡青铜牌号有 ZCuSn10P1、ZCuSn5Pb52n5、ZCuSn6Pb6Zn3。ZCuSn10P1 具有优良的耐磨性、较高的强度和疲劳强度，此外耐蚀性、热稳性也很好。常用作高速、高载柴油机轴承，并且常制成整体衬套式轴承。

ZCuSn6Pb6Zn3 和 ZCuSn5Pb5Zn5 的特点是疲劳强度高、耐磨性和耐蚀性好，工作温度可达 280℃，但抗咬合性、磨合性均较差。这两种锡青铜常用于制作整体衬套式轴承，适合于中等稳定载荷，如减速器、电动机的轴承，发动机连杆小端和摇臂的轴瓦。

（5）铝基轴承合金。铝基轴承合金具有比重小，导热性好，疲劳强度高及耐蚀性好等优点，并且原料丰富，价格低廉。铝基轴承合金包括低锡铝合金和高锡铝合金。

①低锡铝合金。低锡铝合金承载能力强，疲劳强度和耐蚀性高，有较好的耐磨性，但其承载能力不大。适用于低速、中等负荷的发动机的轴承，如农机、拖拉机、柴油机轴承。

②高锡铝合金。20 高锡铝合金承载能力大，疲劳强度高，耐热性、耐磨性和耐蚀性良好。此外，还具有使用寿命长、切削加工性好、硬度低不伤轴等优点。所以可以替代巴氏合金、铜基轴承合金和铝锑镁轴承合金。广泛应用于高速、高负荷发动机主轴承和连杆轴承。

30 高锡铝合金抗咬合能力比 20 高锡铝合金强，但疲劳强度稍低。40 高锡铝合金具有与巴氏合金相近的磨合性、抗咬合性，但疲劳强度更低。主要用于船用的大型低速柴油机上。

第二章 机械零件

第一节 键联接和销联接

一、键联接

键联接主要用来联接轴和轴上的传动零件，实现周向固定并传递转矩；有的键也可以实现零件的轴向固定或轴向滑动。键是标准件，常用的材料是45钢，由专门工厂生产制造。

根据装配时的松紧状态不同，键联接可分为松键联接和紧键联接两类。其中，松键联接的特点是工作时靠键的两侧面传递转矩，装配时不需打紧，键的上表面与轮毂键槽底面之间留有间隙，因而定心良好、装拆方便。常用的松键联接有平键和半圆键联接两种。紧键联接的特点是在键的上表面具有一定的斜度，装配时需将键打入轴与轴上零件的键槽内联接成一个整体，从而传递转矩。紧键联接能够轴向固定零件，并能承受单方向轴向力，但定心较差。常用的紧键联接有楔键联接和切向键联接两种。

（一）平键联接

按键的用途不同，平键联接可分为普通型平键、导向平键和滑键联接。

1. **普通型平键联接**

普通型平键联接的结构如图2-1a所示。按端部形状不同，普通型平键可分为圆头（A型）、平头（B型）和单圆头（C型）三种，如图2-1b所示。采用圆头或单圆头普通型平键时，轴上的键槽是用面铣刀加工出的，如图2-2a所示。其中，圆头普通型平键应用最广，单圆头普通型平键多用于轴的端部。当采用平头普通型平键时，轴上的键槽是用盘铣刀加工出的，如图2-2b所示。普通型平键由于结构简单、装拆方便、对中性好，因此广泛用于传递精度要求较高、高速或承受变载、冲击的场合。但普通型平键对轴上零件只能起到周向固定作用，为了防止零件的轴向窜动，必须采取其他轴向固定的措施。普通型平键的标准为GB/T 1096—2003。

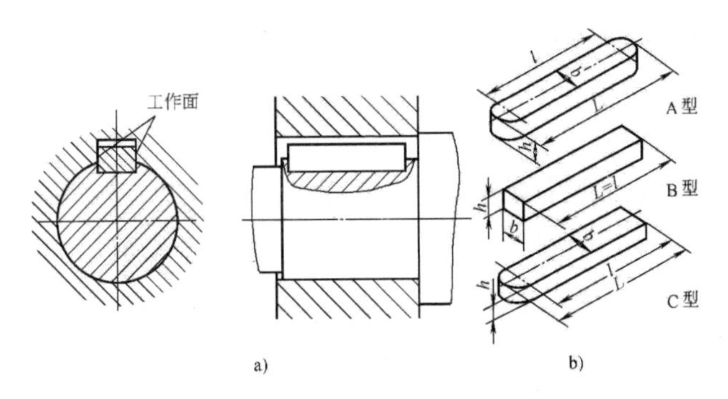

图2-1　普通型平键联接

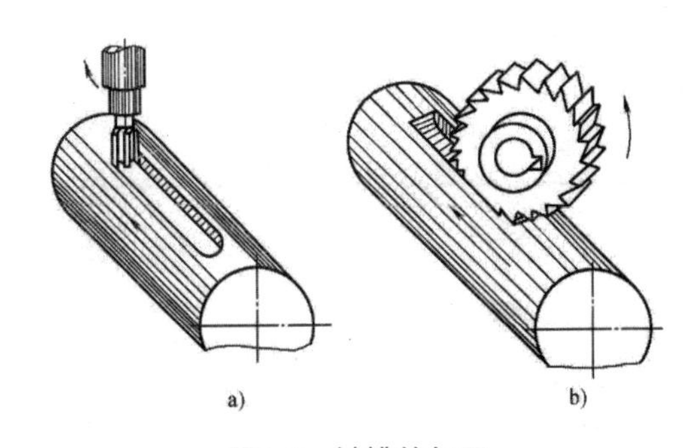

图2-2　键槽的加工

a）端铣加工；b）盘铣加工

2. 导向型平键和滑键联接

当轴上安装的零件需要沿轴向移动时，可采用导向型平键或滑键联接。

导向型平键就是加长了的普通平键，也靠两侧面传递转矩，但配合较松。由于轴上零件要沿轴向移动，且键又较长，因此要用螺钉将键固定在轴上（图 2-3a）。为了拆卸方便，在键的中部设有起键用的螺孔。导向型平键的端部有 A 型和 B 型两种（图 2-3b）。导向型平键联接适用于轴上零件轴向移动量不大的场合，如变速箱中的滑移齿轮等。导向型平键的标准为 GB/T 1097—2003。

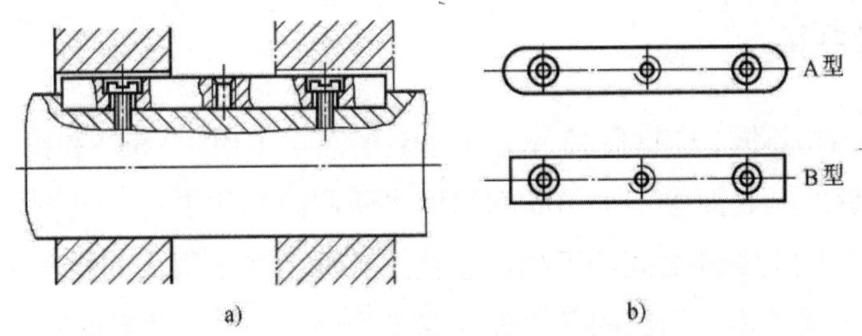

图2-3　导向型平键联接

滑键联接如图 2-4 所示，这种联接是将滑键固定在轴上零件的轮毂内，工作时轮毂带着键一起沿轴上的键槽滑动，这样可以避免采用过长的导向平键。滑键联接适用于轴上零件轴向移动量较大的场合，如车床中光杠与溜板箱中零件的联接等。

（二）普通型半圆键联接

半圆键联接如图 2-5 所示。普通型半圆键的两个侧面为两个相互平行的半圆形，工作时靠两侧面传递转矩。普通型半圆键的特点是键在轴槽中能绕槽底圆弧曲率中心摆动，自动适应轮毂上键槽的斜度，装拆方便。但轴上的键槽较深，对轴的强度削弱较大，故一般用于轻载，尤其适用于锥形轴端部的联接。普通型半圆键的标准为 GB/T 1099.1—2003。

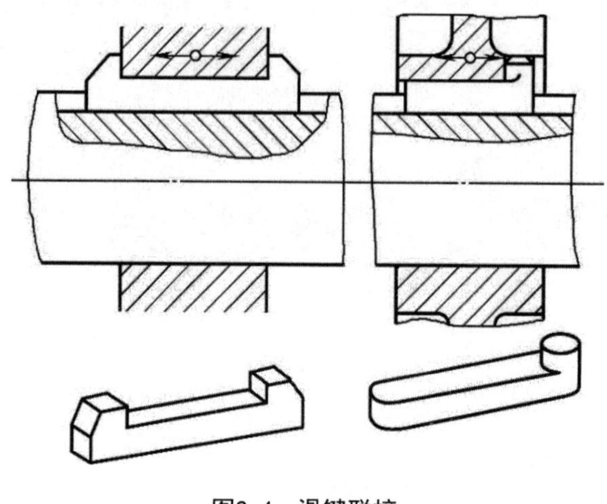

图2-4　滑键联接

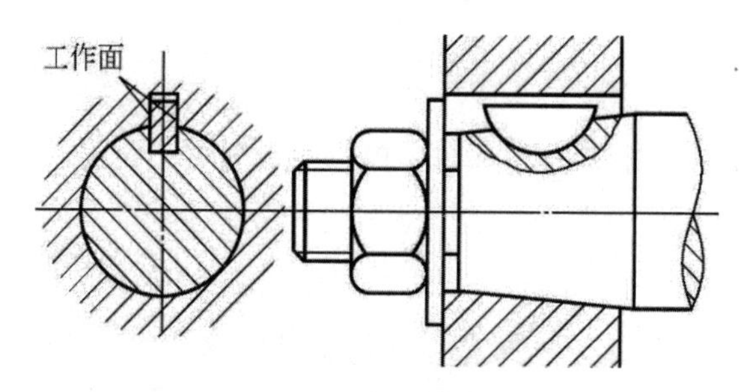

图2-5　普通型半圆键联接

（三）楔键联接

根据楔键的结构不同，楔键联接分为普通型楔键联接（图 2-6a）和钩头型楔键联接（图 2-6b）两种。楔键的上表面有 1 ∶ 100 的斜度，两侧面互相平行，上下两面是工作面。装配时将键打入轴与轴上零件之间的键槽内，使工作面上产生很大的挤压力。工作时靠接触面间的摩擦力来传递转矩，而键的两侧面为非工作面，与键槽留有间隙。

由于楔键在装配时被打入轴和轮毂之间的键槽内，所以造成轮毂与轴的偏心与偏斜。另外，当受到冲击、变载荷作用时，容易造成联接的松动。因此，楔键联接通常用于精度要求不高、转速较低的场合，如农业机械和建筑机械等。钩头型楔键易于拆卸，故应用较多，但因其随轴转动，容易发生事故，所以在采用时应加防护罩。普通型楔键和钩头型楔键的标准分别为 GB/T 1564—2003 和 GB/T 1565—2003。

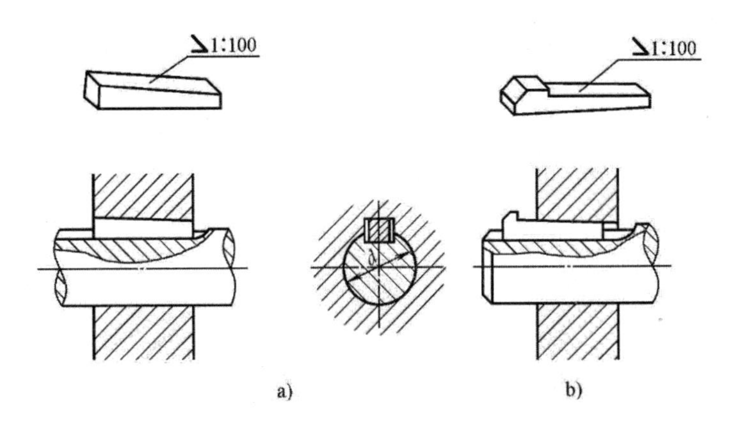

图2-6 楔键联接

a）普通型楔键联接；b）钩头型楔键联接

（四）切向键联接

切向键是由两个具有 1 ： 100 斜度的普通型楔键组合而成的，其结构如图 2-7 所示。装配时两个键以其斜面相互贴合，分别从轮毂的两端打入，使键楔紧在轴与轮毂的键槽中。装配后上、下两个工作面是平行的，且使其中一个工作面处于包含轴线的平面内（图 2-7a、b），工作时依靠沿轴的切线方向的挤压力来传递转矩。切向键的标准为 GB/T 1974—2003。

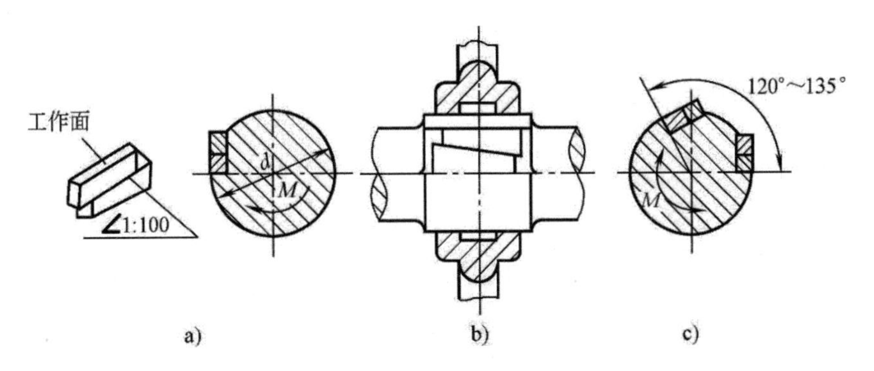

图2-7 切向键联接

一个切向键只能传递单方向的转矩，若需传递双向转矩时必须用两个切向键。采用两个切向键时，为了不致严重削弱轴的强度和使受力均衡，通常使两个切向键在轴上互成 120° ~ 135° 分布（图 2-7c）。切向键联接能够传递很大的转矩，常用于对中要求不高的重型机械。

（五）花键联接

花键联接是由带多个纵向凸齿的轴和带有相应齿槽的轮毂孔组成的，如图 2-8 所示。齿的侧面为工作面，依靠这些齿侧面的相互挤压来传递转矩。与平键联接相比，花键联接由于键齿较多、齿槽较浅，因此能传递较大的转矩，对轴的强度削弱较小，且使轴上零件与轴的对中性和沿轴移动的导向性都较好，但其加工复杂、制造成本高。花键联接一般用于定心精度要求高、载荷大或需要经常滑移的重要联接，在机床、汽车、拖拉机等机器中得到广泛应用。

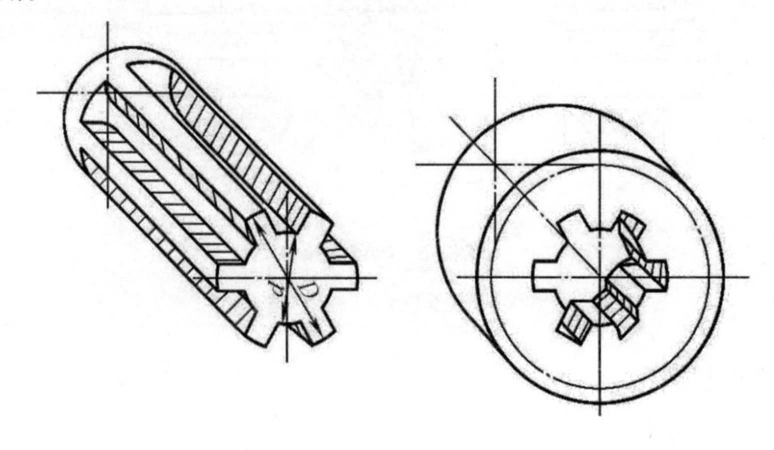

图2-8　花键

花键联接按其剖面形状不同，可分为矩形花键（图2-9a）和渐开线花键（图2-9b）两种。

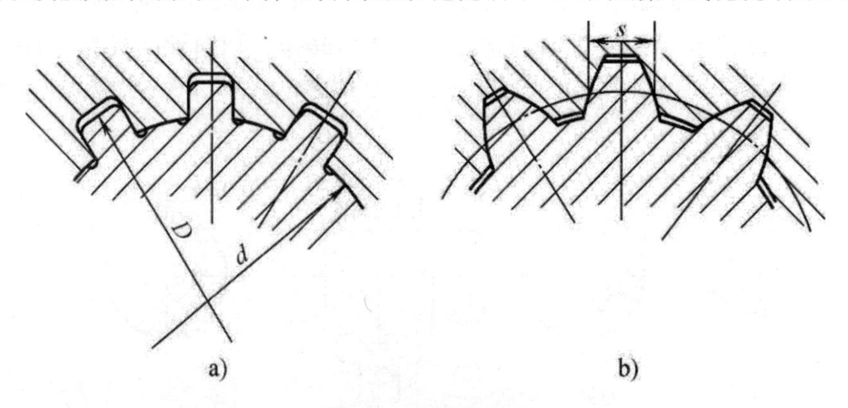

图2-9　花键的类型

a）矩形花键；b）渐开线花键

1. 矩形花键

矩形花键的齿侧为直线，齿廓形状简单。其互换性由小径 d、大径 D 和键（槽）宽 B 三个联接尺寸及相互的位置关系确定。但是，要同时保证三个联接尺寸是很困难的，在 GB/T1144—2001 中规定以小径 d 为定心尺寸，用它来保证同轴度要求。采用小径 d 定心，使内、外花键的小径均可通过磨削来得到高的定心精度和稳定性。

2. 渐开线花键

渐开线花键是采用渐开线作为花键齿廓，可用加工齿轮的方法来获得齿形，因而工艺性好。与矩形花键相比，它具有自动定心、齿面接触好、强度高、寿命长等特点。所以渐开线花键有取代矩形花键的趋势，世界上许多国家在航天、航空、造船、汽车等行业中，应用渐开线花键越来越多。渐开线花键的齿形有压力角为 30° 、37.5° 和 45° 三种。其中，前者主要用于重载和尺寸较大的联接；而后者则用于轻载和小直径的静联接，特别适用于薄壁零件的联接。渐开线花键的标准为 GB/T 3478.1 ～ 9—2008。

二、销联接

销是标准件，可用来作为定位零件，用以确定零件间的相互位置（图 2-10）；也可起联接作用，以传递横向力或转矩（图 2-11）；或作为安全装置中的过载切断零件（图 2-12）。

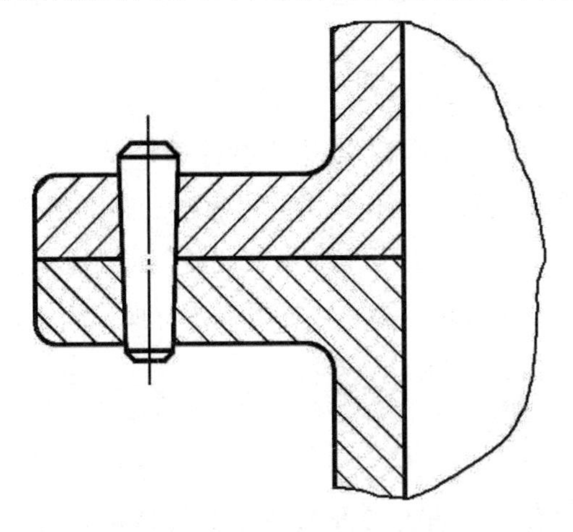

图2-10　作定位用的销

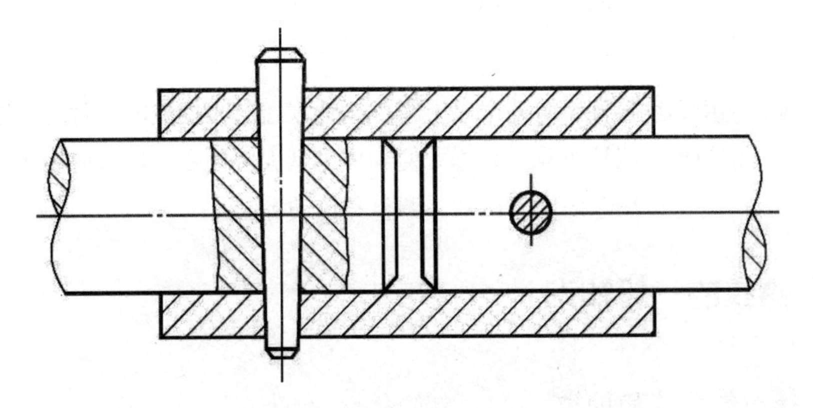

图2-11　传递横向力和转矩的销

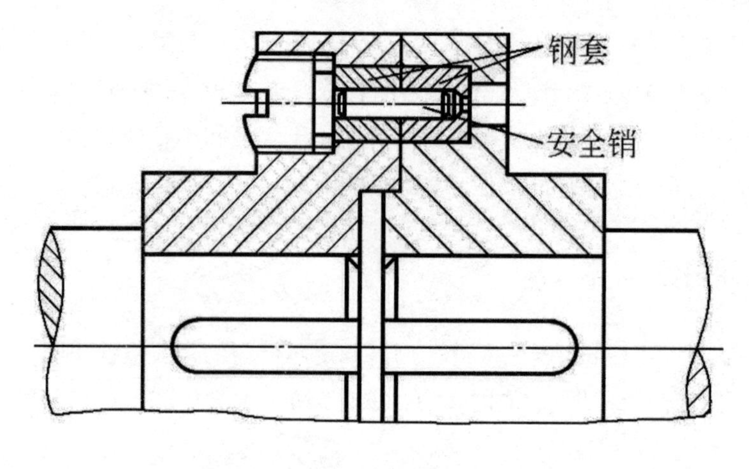

图2-12 安全销

销的材料一般采用 Q235、35 钢和 45 钢。圆柱销是靠微量过盈固定在销孔中的，故不宜经常装拆，否则会降低定位精度和联接的可靠性。圆锥销有 1 ：50 的锥度，其小端直径为标准值。圆锥销易于安装，有可靠的自锁性能，定位精度高于圆柱销，且在同一销孔中经过多次装拆不会影响定位精度和联接的可靠性，所以应用较为广泛。圆柱销和圆锥销的销孔一般均需铰制。

第二节 螺纹联接和螺旋机构

螺纹联接是利用螺纹零件，将两个以上零件刚性联接起来构成的一种可拆联接。螺纹联接由于具有结构简单、联接可靠、装拆方便和成本低廉等优点，所以应用极为广泛。螺纹除了用于联接，还可以用于固定、堵塞、调整和传动等。

一、螺纹的一般知识

（一）螺纹的形成和种类

如图 2-13 所示，将一直角三角形绕在一圆柱体上，三角形的底边与圆柱体底面圆周相重合，则此三角形的斜边在圆柱体的表面上就形成一条螺旋线。

如果用不同形状的车刀沿着螺旋线车削，便可切制出三角形、矩形、梯形和锯齿形螺纹，其截面形状如图 2-14 所示。

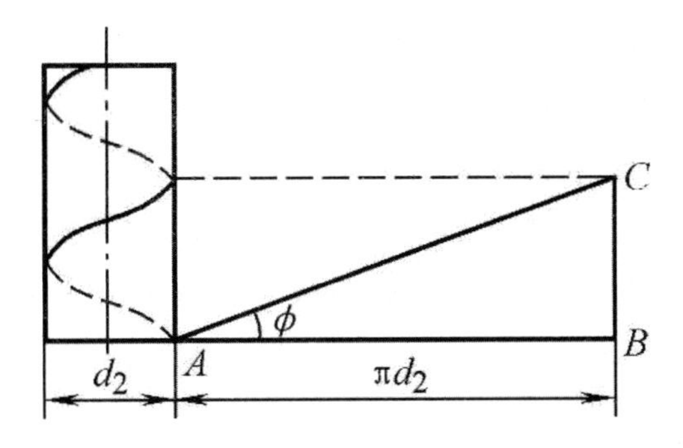

图2-13 螺纹的形成

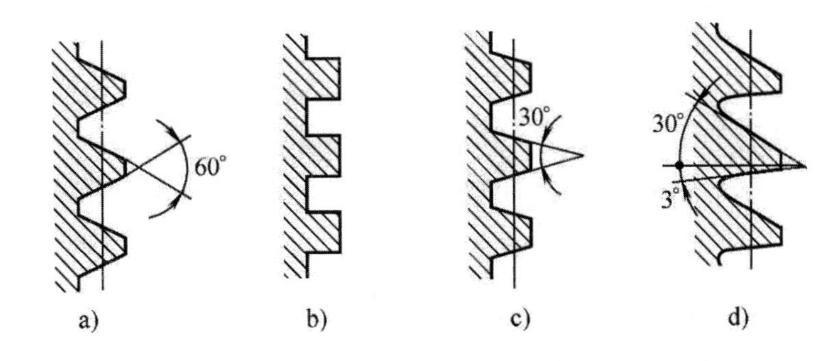

图2-14 螺纹的牙型

a）三角形螺纹； b）矩形螺纹； c）梯形螺纹； d）锯齿形螺纹

按螺旋线的旋向不同，螺纹可分为顺时针旋转时旋入的右旋螺纹和逆时针旋转时旋入的左旋螺纹两种。螺纹的旋向也可用右手判别，判别时手心对着自己，四个手指沿螺杆中心线，然后看螺纹的旋向：如果螺纹的旋向与右手拇指的指向一致，则该螺纹为右旋螺纹（图 2-15a 和 c），反之则为左旋螺纹（图 2-15b），一般多用右旋螺纹。

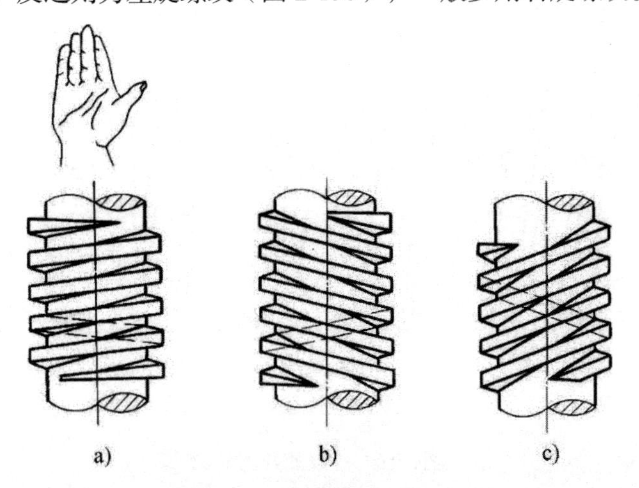

图2-15 螺纹的旋向和线数

a）单线右旋 b）双线左旋 c）三线右旋

根据螺纹的线数可分为单线螺纹和多线螺纹。沿一条螺旋线所形成的螺纹称为单线螺纹（图 2-15a），沿两条或两条以上的螺旋线所形成的螺纹称为多线螺纹（图 2-15b 和 c）。单线螺纹主要用于联接，也可用于传动；多线螺纹则多用于传动。

根据用途不同，螺纹又可分为联接螺纹和传动螺纹。联接螺纹采用三角形螺纹，如螺栓和螺母上的螺纹；传动螺纹采用梯形、锯齿形和矩形螺纹，如车床丝杠上的螺纹。

另外，螺纹还有内螺纹和外螺纹之分，两者共同组成螺纹副。

（二）螺纹的几何参数

螺纹的几何参数如图 2-16 所示。

1. 大径

大径是与外螺纹牙顶或内螺纹牙底相切的假想圆柱的直径。也就是螺纹的最大直径，外螺纹用 d 表示，内螺纹用 D 表示。标准规定大径为螺纹的公称直径。

2. 小径

小径是与外螺纹牙底或内螺纹牙顶相切的假想圆柱的直径。也就是螺纹的最小直径，外螺纹用 d1 表示，内螺纹用 D1 表示。

3. 中径

中径就是一个假想圆柱的直径，该圆柱的母线通过牙型上沟槽和凸起宽度相等的地方。外螺纹用 d2 表示，内螺纹用 D2 表示。

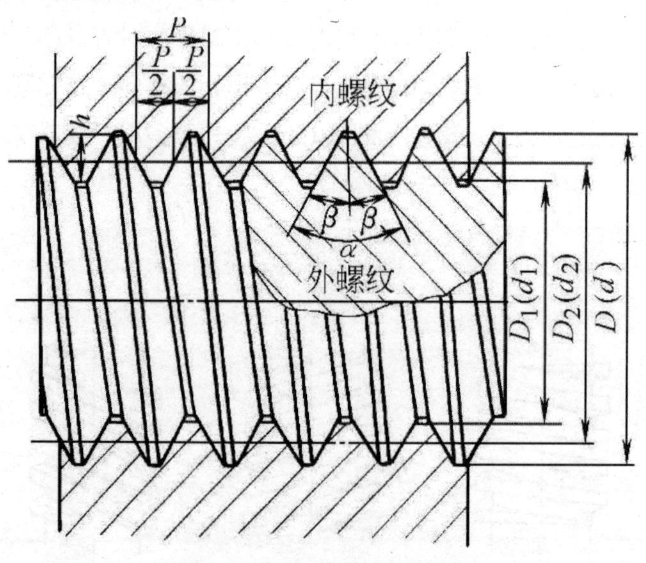

图2-16 螺纹的几何参数

4. 螺距

螺距是相邻两牙在中径线上对应两点间的轴向距离，用 P 表示。

5. 导程

导程就是同一条螺旋线上的相邻两牙在中径线上对应两点间的轴向距离。用 Ph 表示。对于单线螺纹，Ph=P，对于线数为 n 的多线螺纹，则 Ph=nP。

6. 牙型角

牙型角是在螺纹牙型上，两相邻牙侧间的夹角，用 α 表示。

7. 螺纹升角

螺纹升角（导程角），在中径圆柱上，螺旋线的切线与垂直于螺纹轴线的平面的夹角，用 ϕ 表示。

（三）常用螺纹的特点和应用

常用螺纹的特点和应用见表 2-2。

表2-2　常用螺纹的代号、特点和应用

种类	特征代号		特点	应用
连接螺纹	粗牙普通螺纹和细牙普通螺纹M		普通螺纹的牙型基本呈三角形，牙型角为60°，按螺距P的大小不同分为粗牙和细牙两种。细牙普通螺纹比同一公称直径的粗牙普通螺纹强度高，自锁性能好	应用最广。一般多用粗牙普通螺纹，细牙普通螺纹用于薄壁零件或受变载、振动及冲击载荷的联接，也可用于微调的装置中
	管螺纹	55° 非密封管螺纹G	牙型角为55°。内、外螺纹的牙顶和牙底为圆角，螺纹副本身为不具有密封性的圆柱管螺纹。若要求联接后具有密封性，须在螺纹副外采用其他密封措施。管子的内径是管螺纹的公称直径	多用于压力不大的水、煤气管路，润滑和电线管路系统。如用于管接头、旋塞、阀门及其他附件
		55° 密封管螺纹R	牙型角为55°。内、外螺纹的牙顶和牙底为圆角，它包括圆锥内螺纹与圆锥外螺纹和圆柱内螺纹与圆柱外螺纹两种联接方式。圆锥内、外螺纹分布在1:16的圆锥管壁上，螺纹副具有密封性	用于高温、高压系统和润滑系统。适用于管子、管接头、旋塞、阀门和其他螺纹管联接的附件
传动螺纹	梯形螺纹Tr		梯形螺纹牙型呈等腰梯形，牙型角为30°，加工工艺性好，牙根强度较高，对中性好，采用剖分式螺母可以调整间隙	是传动螺旋的主要螺纹形式，常用于丝杠、刀架丝杠和各种升降机构等
	锯齿形螺纹B		锯齿形螺纹牙型呈锯齿状，其牙型角为33°（两边不相等），工作面牙型角为3°，非工作面牙型角为30°。牙根强度高、对中性好、工艺性好，仅能承受单向压力	勇于承受单向压力的传力螺旋，例如螺旋压力机，起重机的吊钩等

二、螺纹代号与标记

螺纹的完整标记是由螺纹代号、螺纹公差带代号和螺纹旋合长度代号组成。其中螺纹代号是由螺纹特征代号和尺寸代号组成，螺纹公差带代号包括中径公差带代号与顶径（指外螺纹大径和内螺纹小径）公差带代号。螺纹旋合长度代号分为短旋合长度（S）、中等旋合长度（N）和长旋合长度（L）三种，在有特殊需要时，也可注明旋合长度的数值，对于一般性使用的螺纹，不标注旋合长度代号时，按中等旋合长度。标注时在螺纹代号、螺纹公差带代号和螺纹旋合长度代号之间用“-”分开。

（一）普通螺纹

粗牙普通螺纹的螺纹代号用字母 M 与公称直径表示，细牙普通螺纹的螺纹代号用字母 M 与公称直径 × 螺距表示。当螺纹为左旋时，在代号之后加“LH”。例如：

M24——表示公称直径为 24mm 的粗牙普通螺纹。

M24 × 1.5——表示公称直径为 24mm，螺距为 1.5mm 的细牙普通螺纹。

M24 × 1.5-LH——表示公称直径为 24mm，螺距为 1.5mm 的左旋细牙普通螺纹。

普通螺纹公差带代号是由表示公差等级的数字和表示基本偏差代号的字母组成。例如 5g、6H 等。如果螺纹的中径公差带代号与顶径公差带代号不同，则应依次分别标注，前者表示中径公差带，后者表示顶径公差带。如果中径公差带代号与顶径公差带代号相同，则只要标注一个代号即可。例如：

M10-5g6g-S——表示公称直径为 10mm 的粗牙普通外螺纹，其中径公差带代号为 5g，顶径公差带代号为 6g，短旋合长度。

M20 × 2-6H-LH——表示公称直径为 20mm，螺距为 2mm 的左旋细牙普通内螺纹，其中径公差带代号和顶径公差带代号均为 6H，中等旋合长度（不标 N）。

（二）管螺纹

1.55° 密封管螺纹 55° 密封管螺纹的标记由螺纹特征代号和尺寸代号组成。其中圆锥外螺纹的特征代号为“R”（R1 与 Rp 配合，R2 与 Rc 配合），圆锥内螺纹的特征代号为“Rc”，圆柱内螺纹的特征代号为“Rp”；尺寸代号用分数表示，其单位为 in（英寸）。例如：

R11/2-LH——表示公称直径为$\frac{1}{2}$in、与圆柱内螺纹配合的左旋圆锥外螺纹。

Rc11/2——表示公称直径为$\frac{1}{2}$in的圆锥内螺纹。

Rp1/2——表示公称直径为$\frac{1}{2}$in的圆柱内螺纹。

因为 55° 密封管螺纹其内、外螺纹均只有一种公差带，所以在标记中不必标出。

2.55° 非密封管螺纹 55° 非密封管螺纹的标记由螺纹特征代号 G、尺寸代号和公差等级代号组成。其中外螺纹公差等级分 A 级和 B 级两种；而内螺纹公差等级只有一种，故在标记中不必标出。例如：

G11/2A——表示公称尺寸为$1\frac{1}{2}$in，公差等级为 A 的 55° 非密封管螺纹（外螺纹）。

G1/2-LH——表示公称尺寸为$\frac{1}{2}$in的 55° 非密封管螺纹（左旋内螺纹）。

（三）梯形螺纹和锯齿形螺纹

梯形螺纹和锯齿形螺纹的标记方法与普通螺纹的标记方法相似，例如：

Tr40×7-LH-7H-L——表示公称直径为 40mm，螺距为 7mm 的左旋梯形螺纹（螺母），中径公差带代号为 7H（顶径公差带代号不注），旋合长度代号为长旋合长度。

Tr40×14（P7）-LH-7e——表示公称直径为 40mm，导程为 14mm（螺距为 7mm）的左旋梯形螺纹（外螺纹），中径公差带代号为 7e，中等旋合长度。

B40×7-7A——表示公称直径为 40mm，螺距为 7mm 的锯齿形螺纹（内螺纹），中径公差带代号为 7A，中等旋合长度。

B40×14（P7）-LH-8c-L——表示公称直径为 40mm，导程为 14mm（螺距为 7mm）的左旋锯齿形螺纹（外螺纹），中径公差带代号为 8c，长旋合长度。

三、螺纹联接的基本类型和常用螺纹联接件

螺纹联接的基本类型有螺栓联接、双头螺柱联接、螺钉联接和紧定螺钉联接四种。常用的螺纹联接件有螺栓、双头螺柱、紧定螺钉、螺母、垫圈等。这些零件的结构和尺寸都已标准化，并由专门工厂生产，设计时可根据标准选用。螺纹联接件的结构特点和应用场合可查阅有关手册。

四、螺纹联接的预紧与防松

（一）螺纹联接的预紧

螺纹联接在装配时一般都必须拧紧，使联接在承受工作载荷之前就受到了预紧力的作用。预紧的目的在于增强联接的刚度、可靠性和紧密性，防止受载后被联接件间出现缝隙或发生相对位移。适当地加大预紧力可以提高螺栓的疲劳强度，有利于联接的可靠性和紧密性。但是，过大的预紧力会导致螺纹联接件的损坏，因此对重要的螺纹联接，为了保证联接达到所需要的预紧力，又不致螺纹联接件过载，在装配时要控制预紧力。控制预紧力的方法很多，通常采用指针式扭力扳手（图 2-17）控制拧紧力矩的方法来控制预紧力的大小。

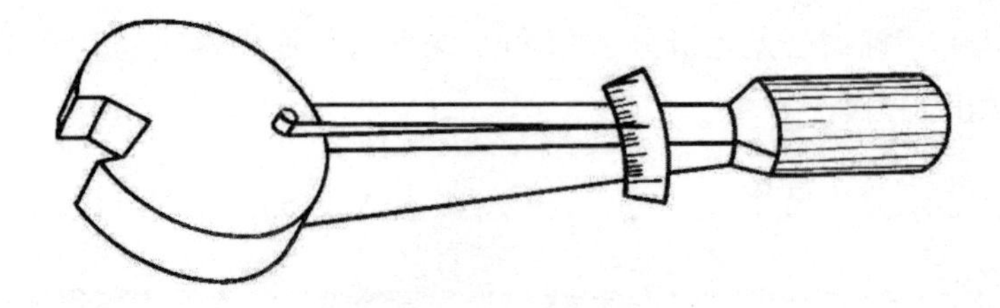

图2-17 指针式扭力扳手

（二）螺纹联接的防松

联接用的螺纹标准件都能满足自锁条件，拧紧螺母后，螺母或螺钉头部与被联接件支承面之间的摩擦力也有助于防止螺母松脱。因此在静载荷作用下，联接一般不会自动松脱。但是在冲击、振动或变载荷作用下，或当温度变化很大时，螺纹中的摩擦阻力会瞬间减小或消失，这种现象重复出现就会使联接逐渐松脱，甚至会造成重大事故，所以，必须考虑螺纹联接的防松措施。

五、滑动螺旋机构

螺旋机构由螺杆、螺母和机架组成，它能将旋转运动转变为直线运动。螺旋副为滑动摩擦的螺旋机构，称为滑动螺旋机构。滑动螺旋机构所采用的螺纹为矩形螺纹、梯形螺纹和锯齿形螺纹。它们具有结构简单、工作连续、平稳、传动精度高，承载能力大，易于自锁等优点，故在机械中应用十分广泛。其缺点是磨损大，传动效率低。按螺杆上螺旋副的数目不同，滑动螺旋机构分为单螺旋机构和双螺旋机构两种类型。

（一）单螺旋机构

单螺旋机构又称为普通螺旋机构，是由单一螺旋副组成的，它有以下四种形式：

1. 螺母不动

螺杆转动并做直线运动 。如图 2-18 所示的台式虎钳，螺杆 1 上装有活动钳口 2，螺母 4 与固定钳口 3 联接（固定在工作台上），当转动螺杆 1 时可带动活动钳口 2 左右移动，使之与固定钳口 3 分离或合拢。

螺母不动，螺杆转动并做直线运动的单螺旋机构，通常还应用于千斤顶、千分尺和螺旋压力机等。

2. 螺杆不动

螺母转动并做直线运动。 如图 2-19 所示的螺旋千斤顶，螺杆 1 被安置在底座上静止不动，转动手柄使螺母 2 旋转，螺母就会上升或下降，托盘 3 上的重物就被举起或放下。

螺杆不动，螺母转动并做直线运动的单螺旋机构还应用在插齿机刀架传动上等。

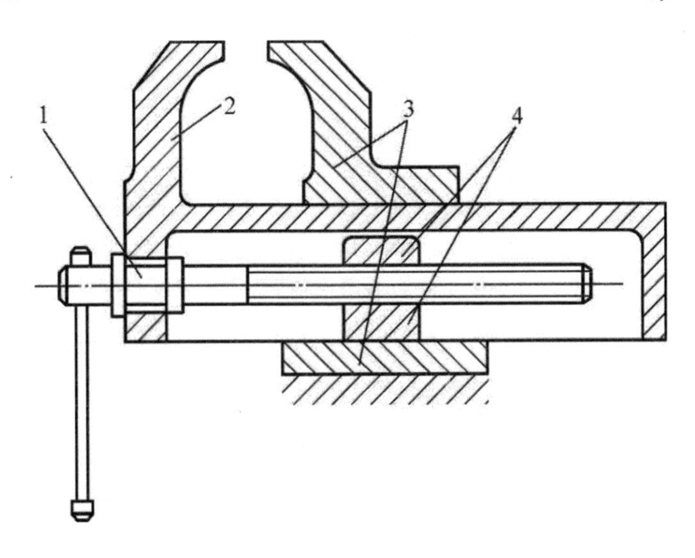

图2-18　台虎钳

1—螺杆 2—活动钳口 3—固定钳口 4—螺母

3. 螺杆原位转动

螺母做直线运动 。如图 2-20 所示的车床滑板丝杠螺母传动，螺杆 1 在机架 3 中可以转动而不能移动，螺母 2 与滑板 4 相联接只能移动而不能转动。当转动手轮使螺杆转动时，螺母 2 即可带动滑板 4 移动。

此外，摇臂钻床中摇臂的升降机构、牛头刨床工作台的升降机构等均属这种形式的单螺旋机构。

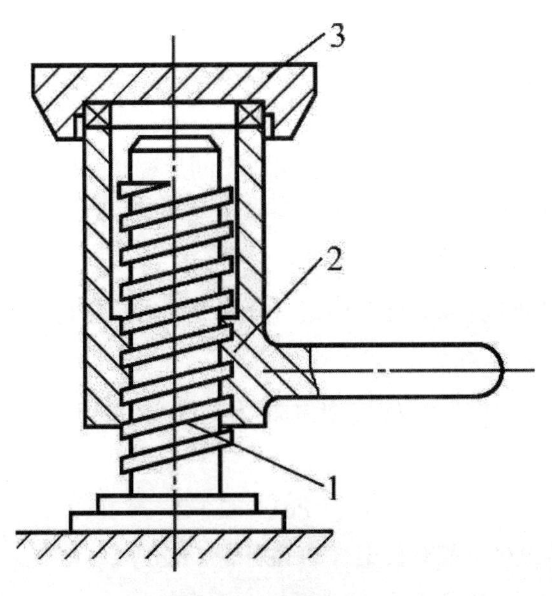

图2-19　螺旋千斤顶

1—螺杆 2—螺母 3—托盘

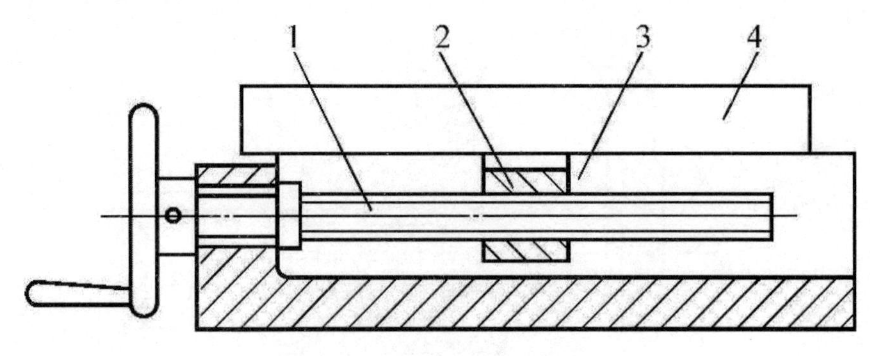

图2-20 车床滑板丝杠螺母传动

1—螺杆 2—螺母 3—机架 4—滑板

4. 螺母原位转动

螺杆直线运动。如图2-21所示应力试验机上的观察镜螺旋调整装置，由机架1、螺母2、螺杆3和观察镜4组成，当转动螺母2时便可使螺杆3向上或向下移动，以满足观察镜4的上下调整要求。

Ⅲ型游标卡尺中的微量调节装置也属于这种形式的单螺旋机构。

在单螺旋机构中，螺杆与螺母间相对移动的距离可按下式计算

$$L=nPZ$$

式中 L——移动距离（mm）；

n——螺旋线数；

P——螺纹的螺距（mm）；

Z——转过的圈数。

（二）双螺旋机构

图2-22所示为双螺旋机构，螺杆3上有两段不同导程Ph1和Ph2的螺纹，分别与螺母1、2组成两个螺旋副。其中螺母2兼作机架，当螺杆3转动时，一方面相对螺母2移动，一方面又使不能转动的螺母1相对螺杆3移动。

按两螺旋副的旋向不同，双螺旋机构又可分为差动螺旋机构和复式螺旋机构两种形式。

1. 差动螺旋机构

两螺旋副中螺纹旋向相同的双螺旋机构称为差动螺旋机构，差动螺旋机构可动螺母1相对机架移动的距离L可按下式计算

$$L=(Ph1-Ph2)Z$$

式中 L——可动螺母1相对机架移动的距离（mm）；

Ph1——螺母1的导程（mm）；

Ph2——螺母2的导程（mm）；

Z——螺杆转过的圈数。

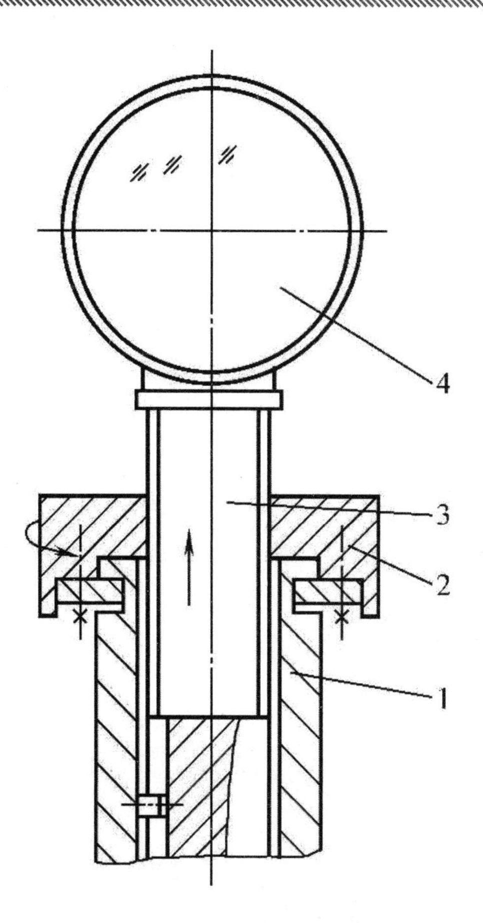

图2-21　应力试验机观察镜螺旋调整装置

1—机架 2—螺母 3—螺杆 4—观察镜

当 Ph1 和 Ph2 相差很小时，则移动量可以很小。利用这一特性，所以将差动螺旋应用于测微器、计算机、分度机，以及许多精密切削机床、仪器和工具中。

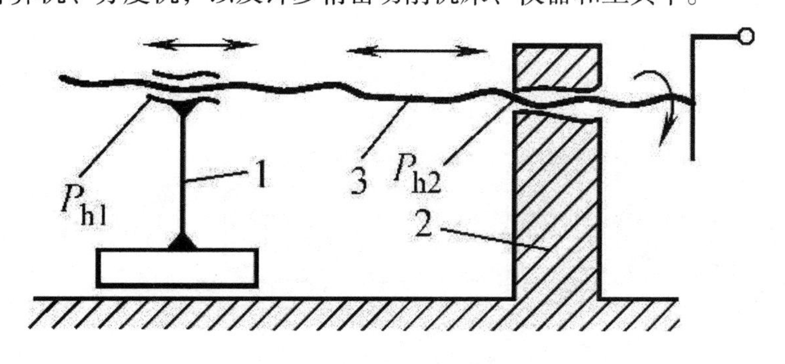

图2-22　双螺旋机构

1、2—螺母 3—螺杆

例 2-1 在图 2-22 所示的双螺旋机构中，若 Ph1=4mm，Ph2=3.5mm，两段螺旋的旋向均为右旋，当螺杆 3 转过 r/100 时，可动螺母 1 移动的距离是多少？

解 L=（Ph1-Ph2）Z=（4-3.5）× 1/100mm=0.005mm

即当螺杆 3 转 r/100 转时，可动螺母 1 实际移动 0.005mm。

2. 复式螺旋机构

两螺旋副中螺纹旋向相反时，该双螺旋机构称为复式螺旋机构。复式螺旋机构可动螺母 1 相对机架移动的距离 L 可按下式计算

$$L=(Ph1+Ph2)Z$$

式中　L——可动螺母 1 相对机架移动的距离（mm）；

Ph1——螺母 1 的导程（mm）；

Ph2——螺母 2 的导程（mm）；

Z——螺杆转过的圈数。

因为复式螺旋机构的移动距离 L 与导程的和（Ph1+Ph2）成正比，所以多用于需快速调整或移动两构件相对位置的场合。在实际应用中，若要求两构件同步移动，则只需使 Ph1=Ph2 即可。如图 2-23 所示的铣床快动夹紧装置和图 2-24 所示的电线杆钢索拉紧装置用的松紧螺套，都是复式螺旋机构的应用。

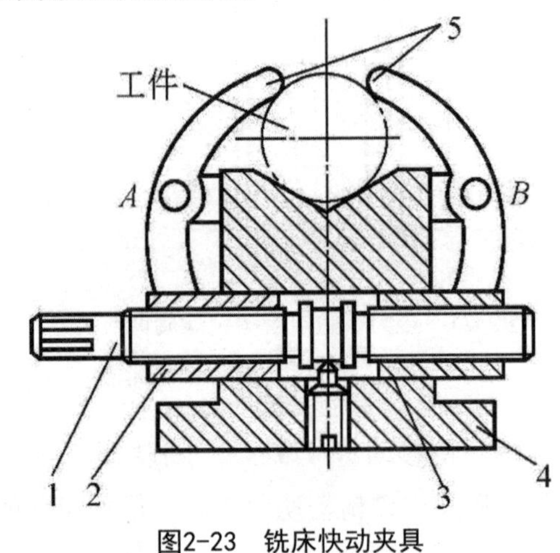

图2-23　铣床快动夹具

1—螺杆 2、3—螺母 4—机架 5—夹爪

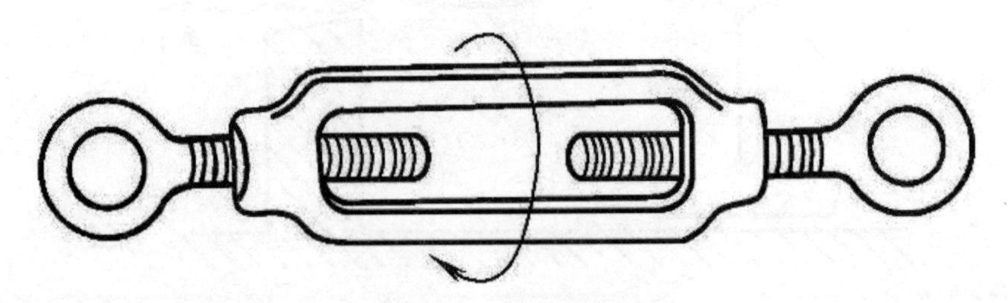

图2-24　松紧螺套

六、滚动螺旋传动机构

在螺杆和螺母之间设有封闭循环的滚道，在滚道间填充钢珠，使螺旋副的滑动摩擦变

为滚动摩擦，从而减少摩擦力，提高传动效率，这种螺旋传动称为滚动螺旋传动，又称滚珠丝杠副。

（一）滚珠丝杠的分类

1. 按用途分类

（1）定位滚珠丝杠。通过旋转角度和导程控制轴向位移量，称为 P 类滚珠丝杠。

（2）传动滚珠丝杠。用于传递动力的滚珠丝杠，称为 T 类滚珠丝杠。

2. 按滚珠的循环方式分类

（1）内循环滚珠丝杠。如图 2-25 所示，滚珠在循环回路中始终和螺杆接触，螺母上开有侧孔，孔内装有反向器将相邻两螺纹滚道连通，滚珠越过螺纹顶部进入相邻滚道，形成一个循环回路。一个螺母常装配 2 ～ 4 个反向器。当螺母上有两个封闭循环滚道时，两个反向器在圆周上相隔 180°；当螺母上有三个封闭循环滚道时，三个反向器在圆周上两两相隔 120°。内循环的每一封闭循环滚道只有一圈滚珠，滚珠的数量较少，因此流动性好、摩擦损失小、传动效率高、径向尺寸小，但反向器以及螺母上定位孔的加工要求较高。

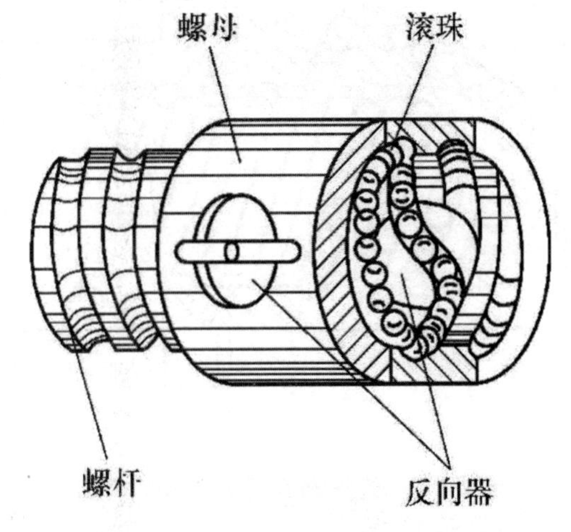

图2-25　内循环滚动螺旋传动

（2）外循环滚珠丝杠。滚珠在循环回路中脱离螺杆的滚道，在螺旋滚道外进行循环。常见的外循环形式有螺旋槽式和插管式两种。

图 2-26 所示为螺旋槽式外循环滚动螺旋传动。这是在螺母的外表面上铣出一个供滚珠返回的螺旋槽，其两端钻有圆孔，与螺母上的内滚道相通。在螺母的滚道上装有挡珠器，引导滚珠从螺母外表面上的螺旋槽返回滚道，循环到工作滚道的另一端。这种结构的加工工艺性比内循环滚珠丝杠好，故应用较广，但缺点是挡珠器的形状复杂且容易磨损。

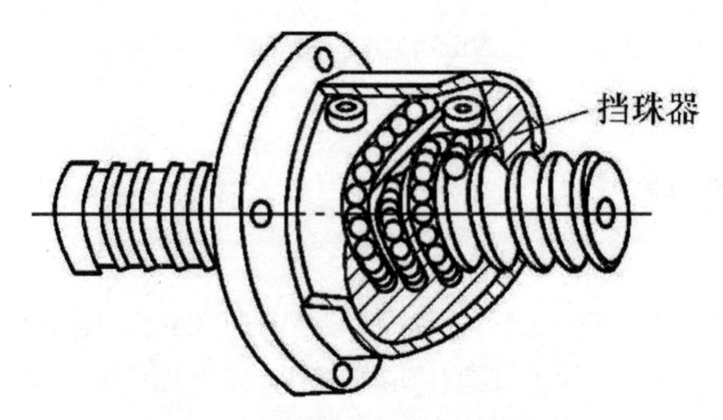

图2-26　螺旋槽式外循环滚动螺旋传动

图 2-27 所示为插管式外循环滚动螺旋传动，它用导管作为返回滚道，导管的端部插入螺母的孔中，与工作滚道的始末相通。当滚珠沿工作滚道运行到一定位置时，遇到挡珠器迫使其进入返回滚道（即导管内），循环到工作滚道的另一端。这种结构的工艺性较好，但返回滚道凸出于螺母外面，不便在设备内部安装。

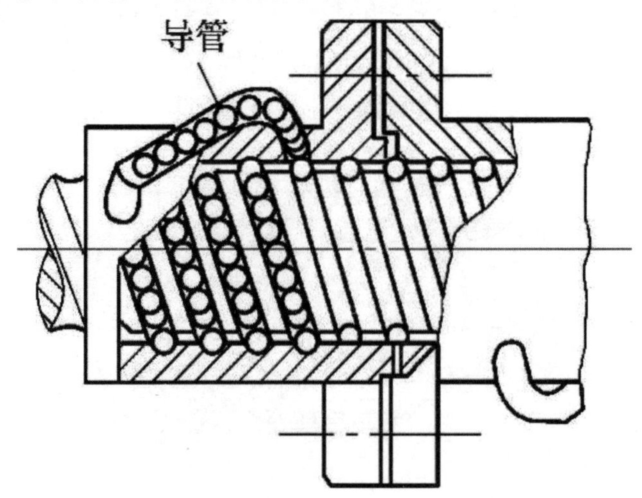

图2-27　插管式外循环滚动螺旋传动

（二）滚珠丝杠螺母结构间隙的调整方法

为了保证滚珠丝杠副的反向传动精度和轴向刚度，必须消除轴向间隙。常采用双螺母施加预紧力的办法消除轴向间隙，但必须注意预紧力不能太大，预紧力过大会造成传动效率降低、摩擦力增大、磨损增大，使用寿命降低。常用的双螺母消除间隙的方法有如下几种。

1. 双螺母垫片调整间隙法

如图 2-28 所示，调整垫片 4 的厚度，使左右两螺母 1 和 2 产生轴向位移，从而消除间隙并产生预紧力。这种方法结构简单、刚性好、装卸方便、可靠。但调整费时，很难在一次修磨中调整完成，调整精度不高，适用于一般精度数控机床的传动。

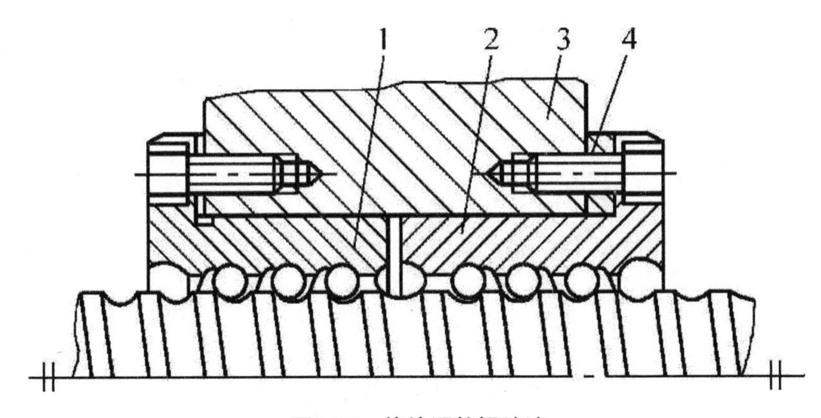

图2-28 垫片调整间隙法

1、2—螺母；3—螺母座；4—调整垫片

2. 双螺母齿差调整间隙法

如图 2-29 所示，两个螺母 1 和 2 的凸缘为圆柱外齿轮，而且齿数差为 1，两个内齿轮 3 和 4 用螺钉、定位销紧固在螺母座上。调整时，先将内齿轮 3 和 4 取出，根据间隙大小使两个螺母 1 和 2 分别向相同方向转过 1 个齿或几个齿，然后再插入内齿轮 3 和 4，使螺母 1 和 2 在轴向彼此移动相应的距离，从而消除两个螺母 1 和 2 的轴向间隙。这种方法的结构复杂，尺寸较大，但调整方便，可获得精确的调整量，预紧可靠不会松动，适用于高精度的传动。

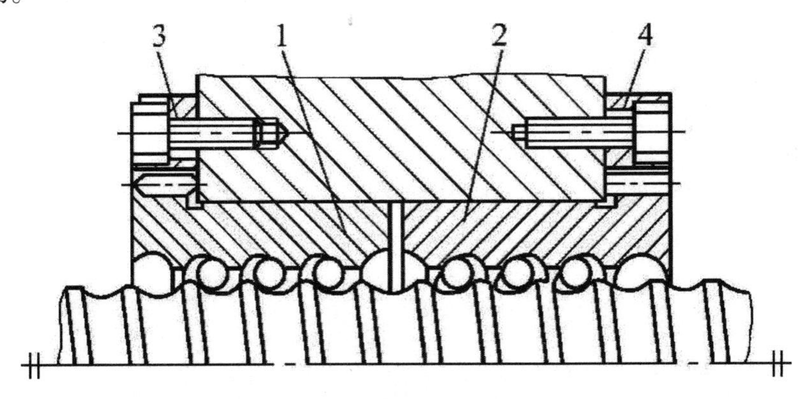

图2-29 齿差调整间隙法

1、2—螺母；3、4—内齿轮

3. 双螺母螺纹调整间隙法

如图 2-30 所示，右螺母 2 外圆上有普通螺纹，并用调整螺母 4 和锁紧螺母 5 固定。当转动调整螺母 4 时，即可调整轴向间隙，然后用锁紧螺母 5 锁紧。这种方法的结构紧凑，工作可靠，滚道磨损后可随时调整，但预紧力不准确。

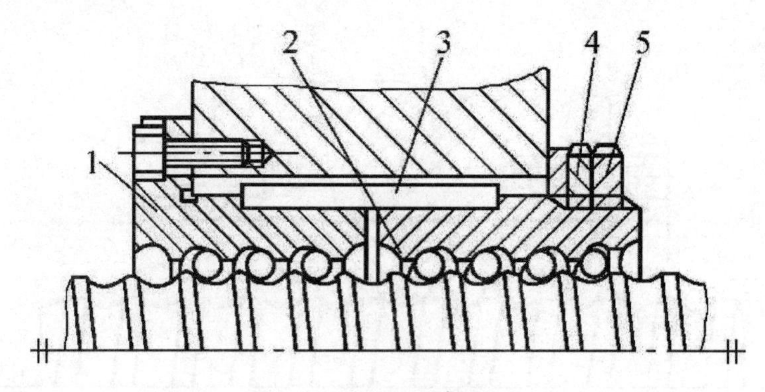

图2-30 螺纹调整间隙法

1、2—螺母；3—平键；4—调整螺母；5—锁紧螺母

（三）滚珠丝杠的特点和应用

滚珠丝杠的主要优点有：

1. 滚动摩擦因数小（f=0.002 ~ 0.005），传动效率高，其效率可达 90% 以上。

2. 摩擦因数与速度的关系不大，故起动转矩接近运转转矩，工作较平稳。

3. 磨损小且寿命长，可用调整装置调整间隙，传动精度与刚度均得到提高。

4. 不具有自锁性，可将直线运动变为回转运动。

滚珠丝杠的缺点有：

1. 结构复杂，制造困难。

2. 在需要防止逆转的机构中，要加自锁机构。

3. 承载能力不如滑动螺旋传动大。

滚珠丝杠多用在车辆转向机构及对传动精度要求较高的场合，如飞机机翼和起落架的控制机构、大型水闸闸门的升降机构及数控机床的进给机构等。

第三节 联轴器与离合器

联轴器和离合器是用来联接两轴，使其一同转动并传递转矩的装置。联轴器与离合器的主要区别是：用联轴器联接的两根轴，只有在机器停止运转后将其拆卸，才能使两轴分离；而用离合器联接的两根轴，则可以在机器的运转过程中随时进行分离或接合。

有的联轴器和离合器还可以用作安全装置，当轴传递的转矩超过规定值时，即自行断开或滑脱，以保证机器中的主要零件不致因过载而损坏。

常用联轴器和离合器的结构形式很多，其中大多已经标准化，设计时可查阅有关手册直接选用。

一、常用联轴器

（一）联轴器的分类

联轴器所联接的两根轴，由于制造、安装的误差，使两轴的轴线产生偏移；同时，由于工作时在载荷作用下发生变形和磨损等原因，使得两轴的轴线产生进一步的偏移。偏移的形式通常有轴向偏移、径向偏移、角向偏移和综合偏移四种，如图 2-31 所示。轴线的偏移将使机器的工作情况恶化，因此要求联轴器应具有补偿轴线偏移的能力。另外，在有冲击、振动的场合，还要求联轴器具有缓冲和吸振的能力。

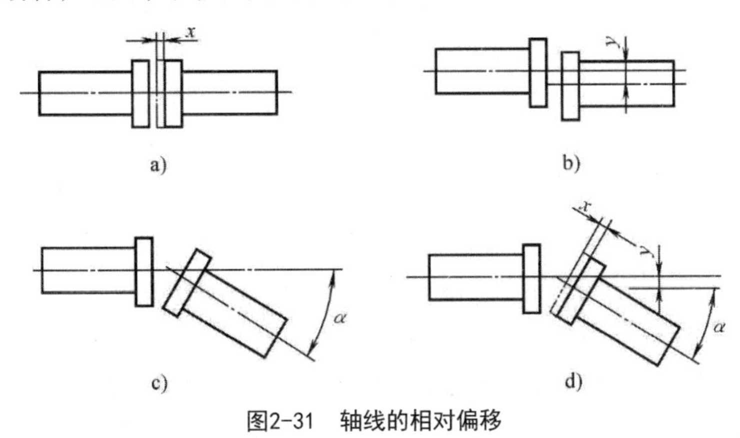

图2-31　轴线的相对偏移

a）轴向偏移x；b）径向偏移y；c）角向偏移α；d）综合偏移x、y、α

常用联轴器分类如下：

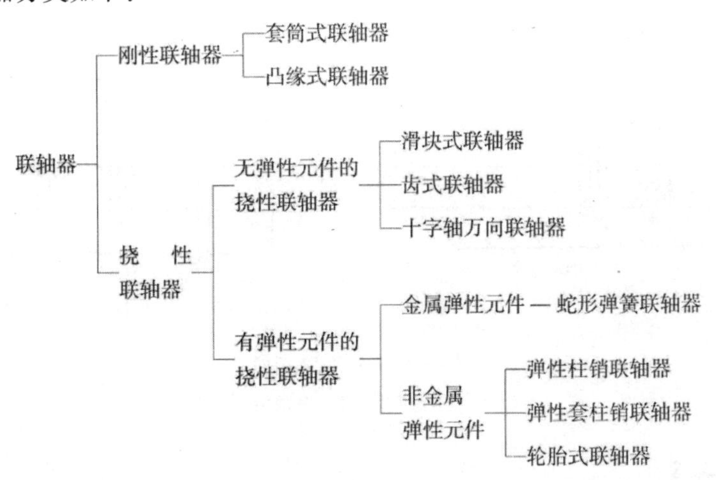

（二）常用联轴器分类

1. 凸缘式联轴器

凸缘式联轴器是一种应用最广的刚性联轴器（图 2-32），它由两个半联轴器通过键及联接螺栓组成。凸缘联轴器有两种对中方法，一种是利用两个半联轴器的凸肩和凹槽对中，装拆时轴需做轴向移动，多用于不常拆卸的场合；另一种是用铰制孔用螺栓对中，装拆时轴不需做轴向移动，可用于经常装拆的场合。

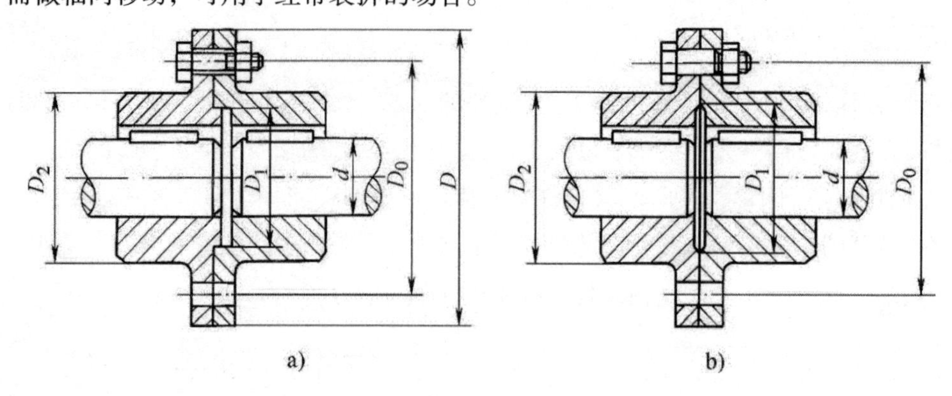

图2-32 凸缘联轴器

a）用凸肩和凹槽对中；b）用铰制孔用螺栓对中

凸缘式联轴器结构简单、对中精度高，传递转矩较大，但不能缓冲和吸振，并且要求两轴同轴度好。一般用于转矩较大、载荷平稳、两轴对中性好的场合。

2. 套筒式联轴器

套筒式联轴器是用一个套筒，通过键或销等零件把两轴相联（图 2-33）。

这种联轴器结构简单，径向尺寸小，但传递转矩较小，不能缓冲和吸振，被联接的两轴必须严格对中，装拆时需作轴向移动，常用于机床传动系统中。

另外，如果销的尺寸设计得恰当，过载时销就会被剪断，因此这种联轴器也可用作安全联轴器，以防止损坏机器中的其他重要零件。

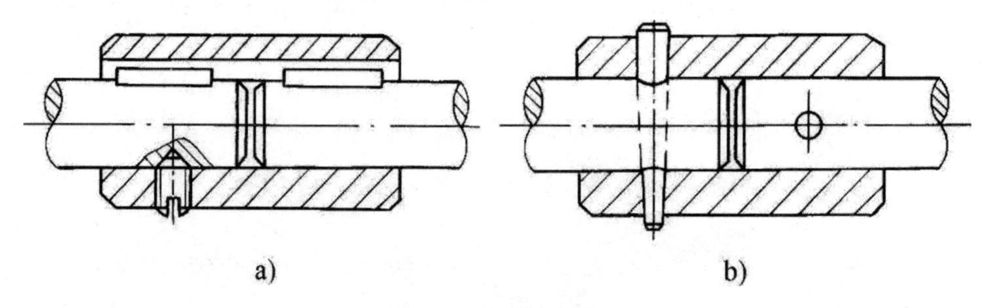

图2-33 套筒联轴器

a）键联接；b）销联接

3. 滑块联轴器

滑块联轴器是由两个带有凹槽的半联轴器和两端面都有凸榫的中间圆盘组成的。其中，中间圆盘两端面上的凸榫相互垂直，可以分别嵌入半联轴器相应的凹槽，见图 2-34。

滑块联轴器主要用于没有剧烈冲击载荷而又允许两轴线有一定径向偏移的低速轴（轴的转速不超过 250r/min）的联接。

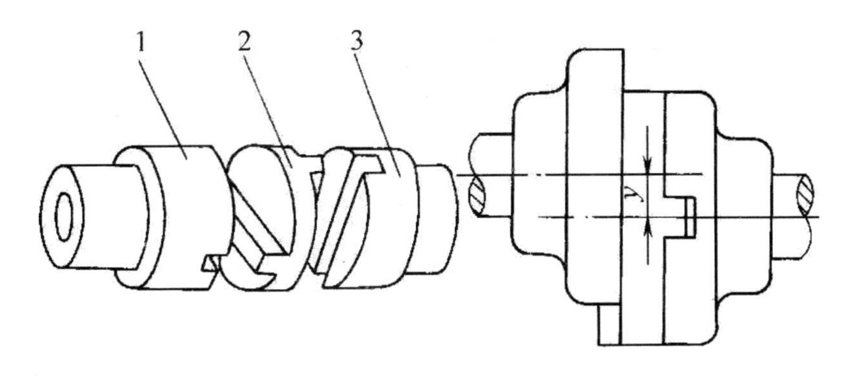

图2-34　滑块联轴器

1、3—半联轴器；2—中间圆盘

4. 齿式联轴器

齿式联轴器是由两个具有外齿轮的半联轴器和两个带有内齿轮的凸缘外壳组成的（图2-35）。两个半联轴器用键分别与两轴相联，两凸缘外壳用一组螺栓联接，工作时半联轴器和凸缘外壳通过内、外齿的相互啮合而相联。

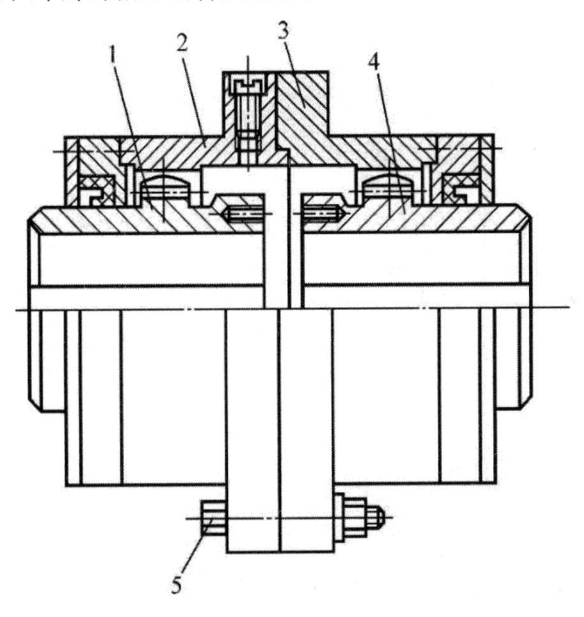

图2-35　齿式联轴器

1、4—半联轴器 2、3—凸缘外壳 5—螺栓

齿式联轴器承载能力大，工作可靠，有较大的综合补偿偏移能力。但结构较复杂，制造成本高，一般多用于起动频繁、经常正反转的重型机械。

5. 万向联轴器

万向联轴器的种类很多，最常见的是十字轴万向联轴器，它由两个叉形半联轴器和十字轴组成（图 2-36）。

十字轴万向联轴器允许两轴有较大的角偏移，最大偏移角 α 可达 35° ~ 45° 。其缺点主要是使主、从动轴的角速度不同步，从而引起冲击和振动，破坏了传动的平稳性。为了消除这一缺点，常将十字轴万向联轴器成对使用，组成双万向联轴器（图 2-37）。

万向联轴器结构紧凑、维护方便，能补偿较大的角偏移，广泛用于汽车、拖拉机、轧钢机和金属切削机床中。

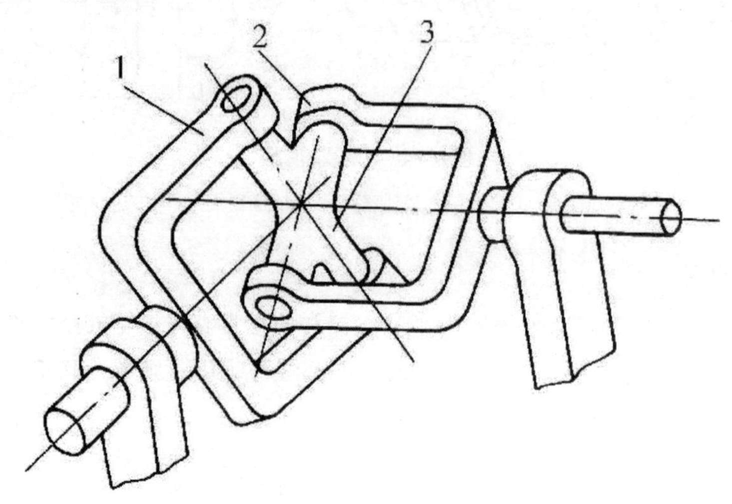

图2-36 十字轴万向联轴器

1、2—半联轴器；3—十字轴

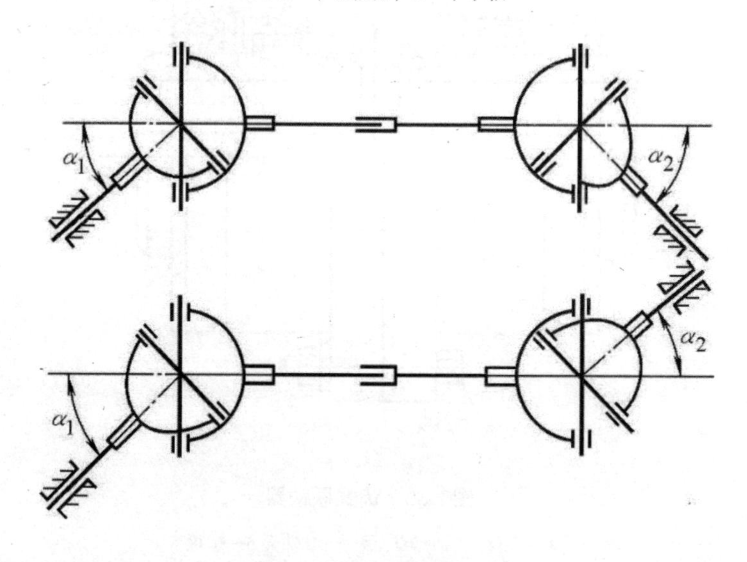

图2-37 双万向联轴器

6. 弹性套柱销联轴器

弹性套柱销联轴器是应用较为广泛的一种非金属弹性元件挠性联轴器，其构造与凸缘联轴器相似，只是用套有弹性圈的柱销代替了联接螺栓（图 2-38），因此可以缓冲、吸振。

弹性套柱销联轴器结构简单，成本较低，装拆方便，适用于转速较高、有振动和经常正反转、起动频繁的场合。

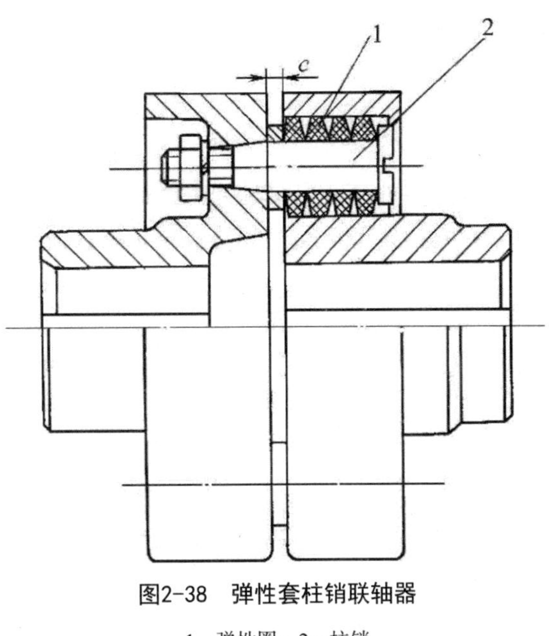

图2-38　弹性套柱销联轴器

1—弹性圈；2—柱销

7. 弹性柱销联轴器

弹性柱销联轴器的结构与弹性套柱销联轴器相似，只是用尼龙柱销代替弹性套柱销作为中间联接件（图 2-39）。为了防止柱销从半联轴器中滑出，在柱销的两端有用螺钉固定的挡板。这种联轴器结构简单、制造方便、维护方便，但尼龙柱销对温度的影响较敏感，常用于轴向窜动量较大，正反转或起动频繁的场合。

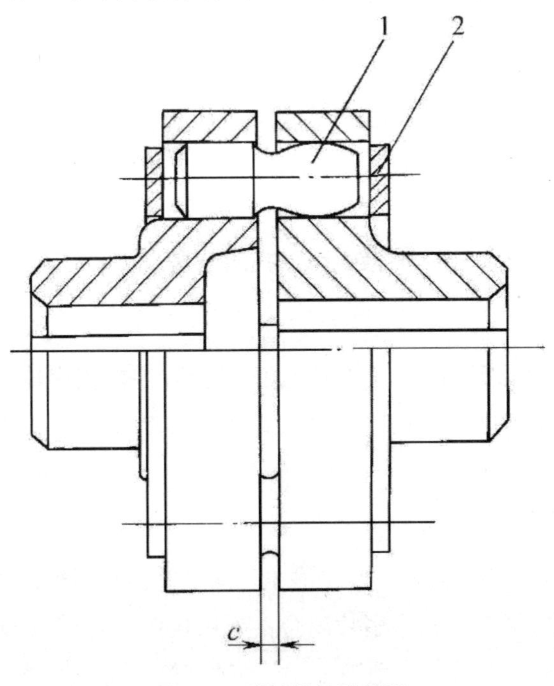

图2-39　弹性柱销联轴器

1—尼龙柱销；2—挡板

二、常用离合器

离合器的作用主要是用于主、从动轴的接合和分离，也可用于起动、停机、换向、变速、定向及过载保护等。对离合器的基本要求是：接合与分离要可靠，接合时迅速、平稳，分离时彻底，且操纵方便、省力，调整和维修简便，有足够的散热能力。

离合器的种类繁多，但常用的有牙嵌离合器、片式离合器和超越离合器。

（一）牙嵌离合器

牙嵌离合器由两个端面带牙的半联轴器组成，见图 2-40。其中一个半联轴器固定在主动轴上，另一个半联轴器利用导向平键或花键安装在从动轴上，并借助操纵机构（图中未画出）通过滑环使其做轴向移动，从而实现离合器的接合或分离。

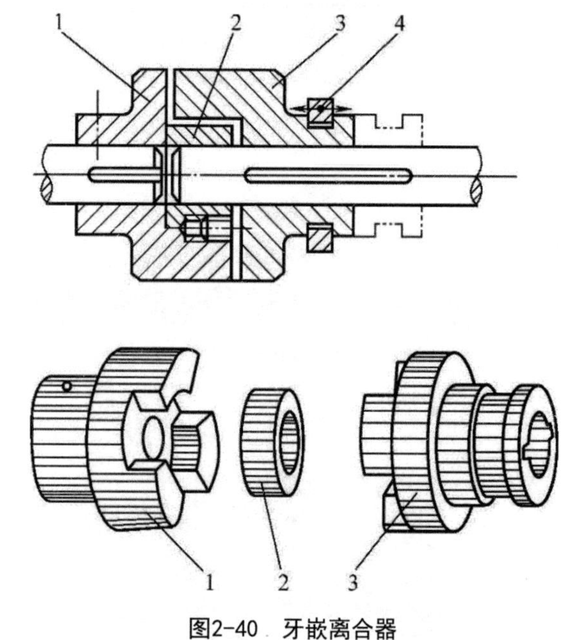

图2-40 牙嵌离合器

1、3—半离合器；2—对中环 4—滑环

牙嵌离合器结构简单，尺寸小，工作时无相对滑动，并能传递较大的转矩，故应用较多；其缺点是运转中接合时有冲击和噪声，必须在两轴不转动或转速差很小时进行接合或分离。

（二）片式离合器

片式离合器属于摩擦类离合器，它是靠主、从动摩擦片接触面间的摩擦力来传递转矩的。片式离合器的种类很多，其中多片离合器应用较广，其结构如图 2-41 所示。这种离合器有内、外两组摩擦片，其中主动轴 1、主动轴套筒 2 与外摩擦片 5 组成主动部分，外摩擦片可沿主动轴套筒的槽做轴向移动；从动轴 3、从动轴套筒 4 与内摩擦片 6 组成从动部分，内摩擦片可沿从动轴套筒的槽做轴向移动。当滑环 7 向左移动时，使杠杆 8 绕支点顺时针转动，将两组摩擦片压紧并产生摩擦力，使主、从动轴一起转动。当滑环 7 向右移动时，杠杆 8 下面的弹簧片 10 的弹力使杠杆绕支点反转，两组摩擦片则松开，于是主动轴与从动轴脱开。压紧力的大小可通过从动轴套筒上的调节螺母 9 来控制。

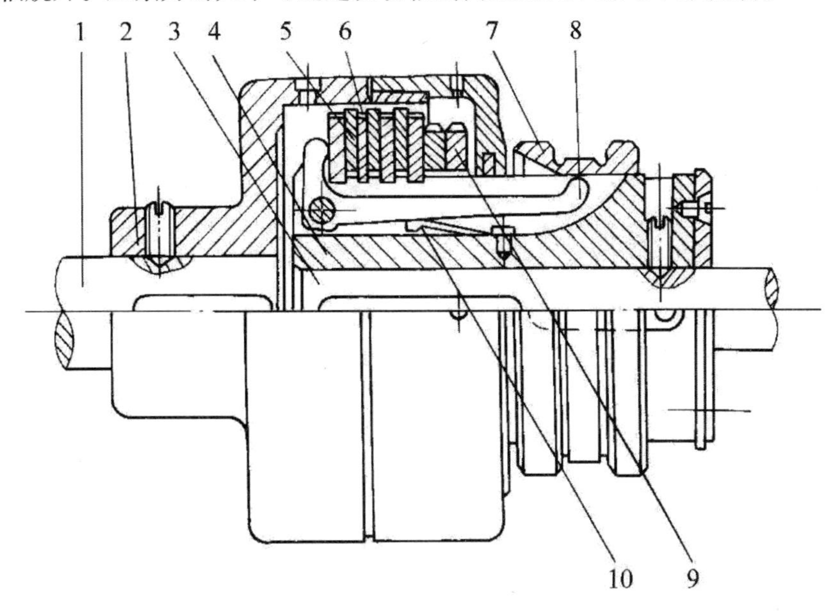

图2-41　多片离合器

1—主动轴；2—主动轴套筒；3—从动轴；4—从动轴套筒；5—外摩擦片；6—内摩擦片；7—滑环；8—杠杆；9—调节螺母；10—弹簧片

与牙嵌离合器相比较，多片离合器的优点是：

1. 被联接的两轴可以在任何速度下接合

2. 接合和分离的过程平稳。

3. 通过改变摩擦面间的压力，就能调节从动轴的加速时间和所传递的最大转矩。

4. 过载时将发生打滑，可避免其他零件受到损坏。

多片离合器的缺点是：结构复杂，外廓尺寸大；在接合和分离的过程中要产生滑动摩擦，所以磨损较大、发热量较大，且不能保证被联接的两轴精确地同步转动。

（三）超越离合器

超越离合器是一种自控离合器，可以使同一轴线上的两轴同时有两种不同的转速。图 2-42 所示为滚柱式超越离合器。当星轮 1 沿顺时针方向转动时，滚柱 3 在摩擦力作用下滚向楔形槽的小端而被楔紧在槽内，从而带动外圈 2 一起转动。如果在外圈 2 上加一个与星轮 1 无关的快速转动（转向与星轮 1 相同）时，由于外圈 2 的转速高于星轮 1，使滚柱 3 在摩擦力的作用下滚向楔形槽的大端，外圈 2 与星轮 1 便自动脱开，并按各自的转速转动而互不干扰。此时，若将加在外圈 2 上的快速转动撤除，则滚柱 3 又将被楔紧在楔形槽内，使星轮 1 又带动外圈 2 一起转动。所以超越离合器可以使同一轴线上两轴同时有两种不同的转速。

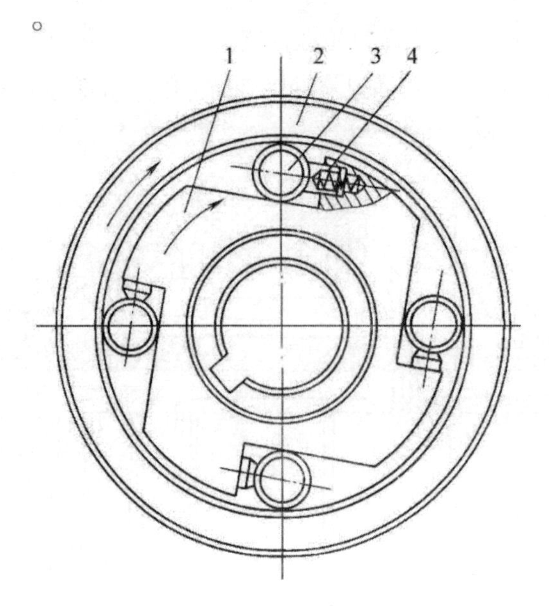

图2-42 滚柱式超越离合器

1—星轮；2—外圈；3—滚柱；4—弹簧顶杆

另外，由图 2-42 可知，当星轮 1 沿逆时针方向转动时，滚柱 3 在摩擦力作用下滚向楔形槽的大端，星轮 1 与外圈 2 处于分离状态，星轮带动不了外圈。由于外圈只能沿一个方向转动，所以又称为定向离合器。

第四节 轴

轴是组成机器的重要零件，它的功用是支持传动零件（如带轮、齿轮、链轮等）并传递运动和转矩。

一、轴的分类

按轴的受载情况不同，可分为心轴、传动轴和转轴三种。

（一）心轴

工作时只承受弯曲载荷而不传递转矩的轴称为心轴。根据心轴是否转动，可分为固定心轴和转动心轴两种。图 2-43a 所示的自行车前轮轴就是固定心轴；图 2-43b 所示的机车轮轴就是转动心轴。

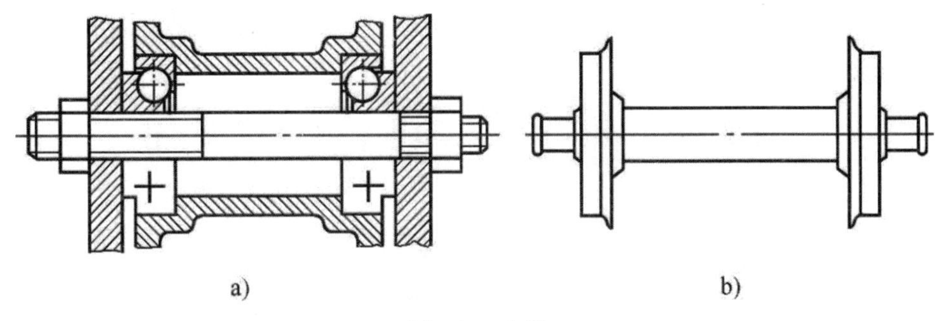

图2-43 心轴

a）固定心轴；b）转动心轴

（二）传动轴

工作时只传递转矩而不承受或承受很小弯曲载荷的轴称为传动轴。图 2-44 所示的汽车变速箱与后桥间的轴就是传动轴。

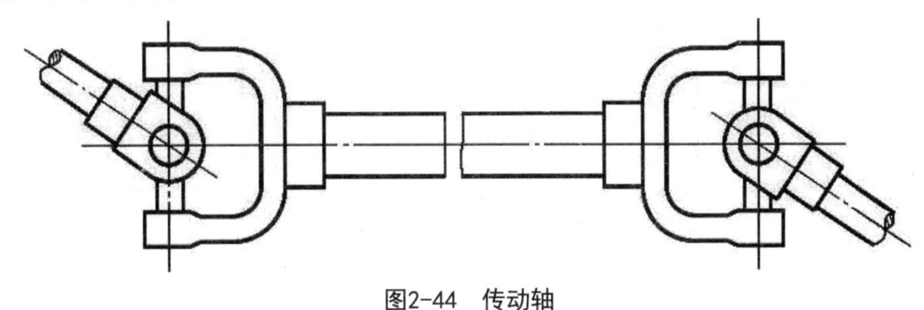

图2-44 传动轴

（三）转轴

工作时既承受弯曲载荷又传递转矩的轴称为转轴。图 2-45 所示单级齿轮减速器中的轴就是转轴。

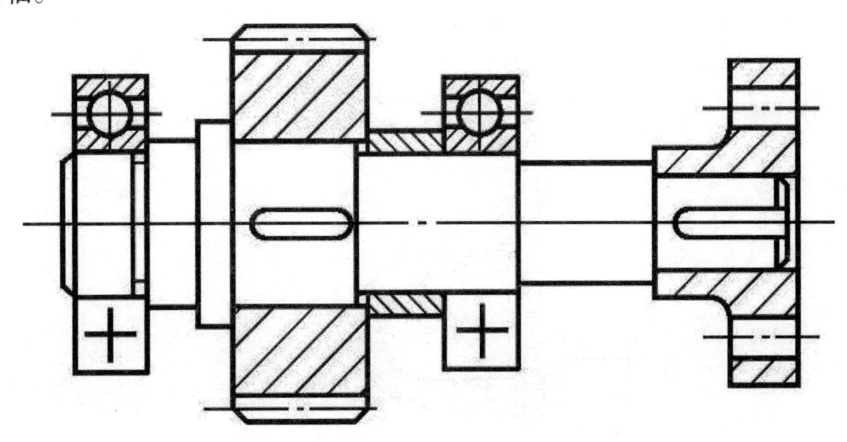

图2-45 转轴

按照轴的结构形状不同，又可分为：直轴（图 2-46）与曲轴（图 2-47）；光轴（图 2-46a）与阶梯轴（图 2-46b）；实心轴与空心轴（图 2-48）；刚性轴与挠性轴（图 2-49）等。其中阶梯轴在机械中广泛应用。

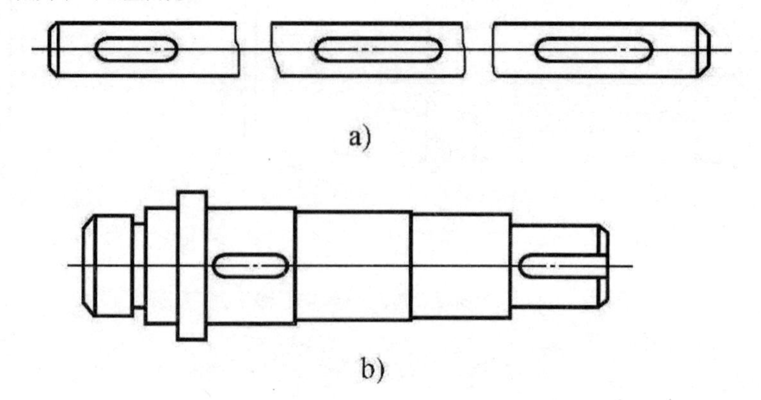

图2-46 直轴

a）光轴；b）阶梯轴

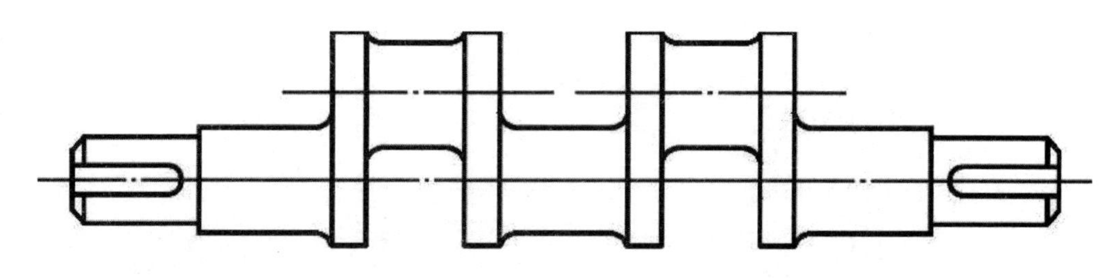

图2-47 曲轴

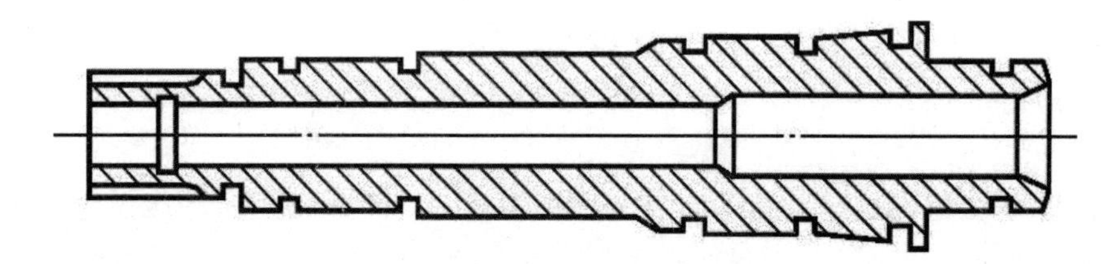

图2-48 空心轴

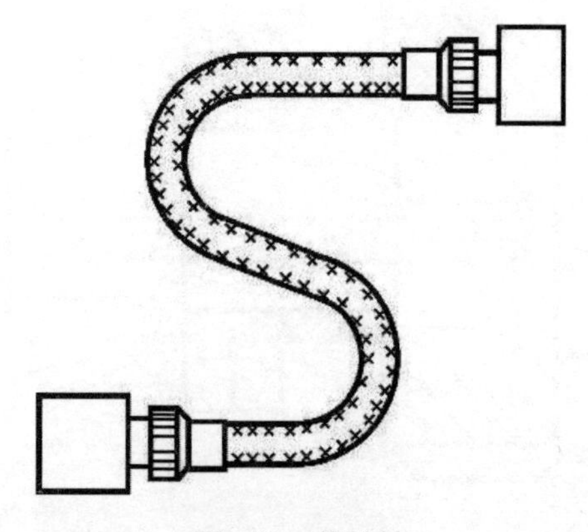

图2-49 挠性轴

二、轴的常用材料

轴的材料应满足强度、刚度、耐磨性和耐腐蚀性等方面的要求。轴的材料主要采用碳素钢和合金钢。

碳素钢比合金钢价廉，对应力集中的敏感性小，经热处理后可以提高其疲劳强度和耐磨性，故应用较广。对于较重要的轴可用 35、45、50 等优质碳素钢，其中以 45 钢应用最广。为提高轴的力学性能，一般对其进行调质或正火处理。对于受力较小或不重要的轴可采用 Q235 和 Q275 等普通碳素钢。

合金钢具有比碳素钢更好的力学性能和可淬性，但对应力集中的敏感性强，价格也较贵，常用于受力较大而要求直径较小、重量轻、耐磨性和抗腐蚀性能高，以及高温、低温下工作的轴。常用的合金钢有 20Cr、40Cr、35SiMn、40MnB 等。一般经过调质、淬火等热处理方法，来提高力学性能。采用合金钢材料的轴应尽可能地从结构外形和尺寸上减少应力集中。由于各种合金钢与碳素钢的弹性模量相差很小，因此，试图通过采用合金钢来提高轴的刚度是不恰当的。

球墨铸铁和合金铸铁具有良好的工艺性，并具有价廉、良好的吸振性和耐磨性以及对应力集中的敏感性小等优点，常被用来代替钢材制造大型转轴和结构形状复杂的曲轴、凸轮轴和空心轴等。

轴的毛坯多数为轧制的圆钢和锻件。当轴径较小而又不太重要时，可采用轧制圆钢；重要的轴以及阶梯尺寸变化大的轴应当采用锻造坯件；对于大型的低速轴，也可采用铸件。

三、阶梯轴的结构

（一）轴的结构应满足的基本要求

轴的结构应当满足下列基本要求，即：

1. 安装在轴上的零件要有准确的定位和牢固而可靠的固定。
2. 良好的工艺性，便于轴的加工和轴上零件的装拆和调整。
3. 轴上零件的位置和受力要合理，尽量减少应力集中，有利于提高轴的强度和刚度。
4. 有利于节省材料，减轻重量。

（二）阶梯轴的特点及各部分名称

阶梯轴的直径从轴端逐渐向中间增大，其剖面形状为中间粗两端细，这不仅便于轴上零件的定位、固定和装拆，也有利于各个轴段达到或接近等强度（使轴受载均衡），同时也便于满足不同轴段的不同配合特性、精度和表面粗糙度的要求。所以阶梯轴应用较广泛。

图 2-50 所示为某减速器中的阶梯轴，轴上安装传动零件的轴段称为轴头（图 2-50 中的①和④轴段），支承轴转动或安装轴承的轴段称为轴颈（图 2-50 中的③和⑦轴段），连接轴头和轴颈部分的轴段称为轴身（图 2-50 中的②和⑥轴段），轴上由于直径变化所形成的起固定零件位置作用的台阶称为轴肩（图 2-50 中轴段①至轴段②和轴段⑥至轴段⑦的单向变化）或轴环（图 2-50 中轴段④、⑤、⑥的双向变化）。

阶梯轴轴头部分的直径应取标准直径系列中的值（表 2-5），若与联轴器相配合，则必须符合联轴器的孔径尺寸；轴头部分的长度应略短于轮毂宽度 2 ~ 3mm，以保证轴上零件能可靠地固定（图 2-50 中的①、④轴段）。轴颈的直径必须符合轴承的孔径。

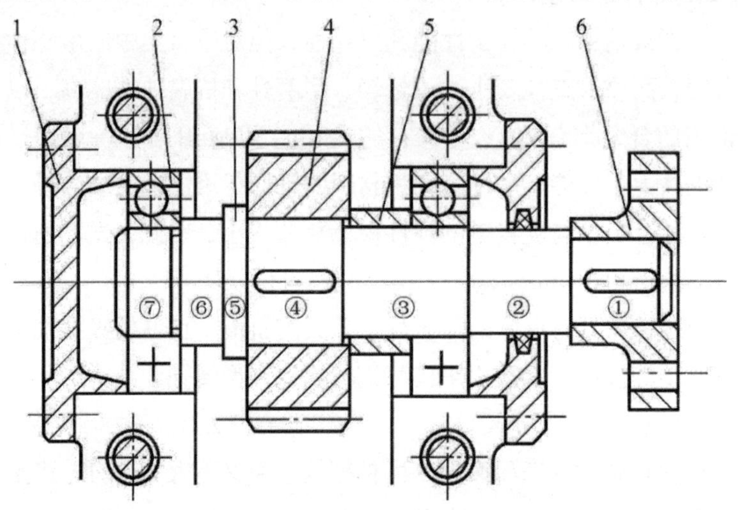

图2-50　阶梯轴的结构

1—轴承盖；2—轴承；3—轴；4—齿轮；5—套筒；6—半联轴器

表2-5　标准直径（摘自GB/T 2822—2005）　（单位：mm）

10	12	14	16	18	20	22	24	25	26	28	30	32	34	36	38	40	42	45
48	50	53	56	60	63	67	71	75	80	85	90	95	100					

（三）确定阶梯轴结构应考虑的几个问题

1. 轴上零件的周向固定是为了传递转矩时防止零件与轴产生相对转动。常用的周向固定方法有键联接、花键联接、销联接和轴与零件的过盈配合等。例如对于齿轮和轴，通常可采用平键联接作为周向固定；若工作中受到较大的冲击、振动或常有过载时，则可采用过盈配合加键联接作为周向固定。对于轻载或不重要的场合，可采用销联接或紧固螺钉联接作为周向固定。

2. 轴上零件的轴向固定是为了防止在轴向力作用下零件沿轴线移动，可采用轴肩、轴环、套筒、圆螺母、轴端挡圈、弹性挡圈、紧定螺钉等方式。

3. 轴的结构形状应便于加工、装配和维修，具体如下：

（1）对于需要磨削的轴段，应留有砂轮越程槽（图 2-51a）。

（2）对于需要车制螺纹的轴段，应留有螺纹退刀槽（图 2-51b）。

（3）在同一轴上直径相差不大的轴段上的键槽，应尽可能采用同样规格的键槽截面尺寸，并布置在同一加工直线上（图 2-51c）。

（4）为了便于轴上零件的装配，轴端均应加工成 45° 的倒角。对于过盈配合零件的装入端常加工成 10° 或 30° 的导向锥面（图 2-51d）。

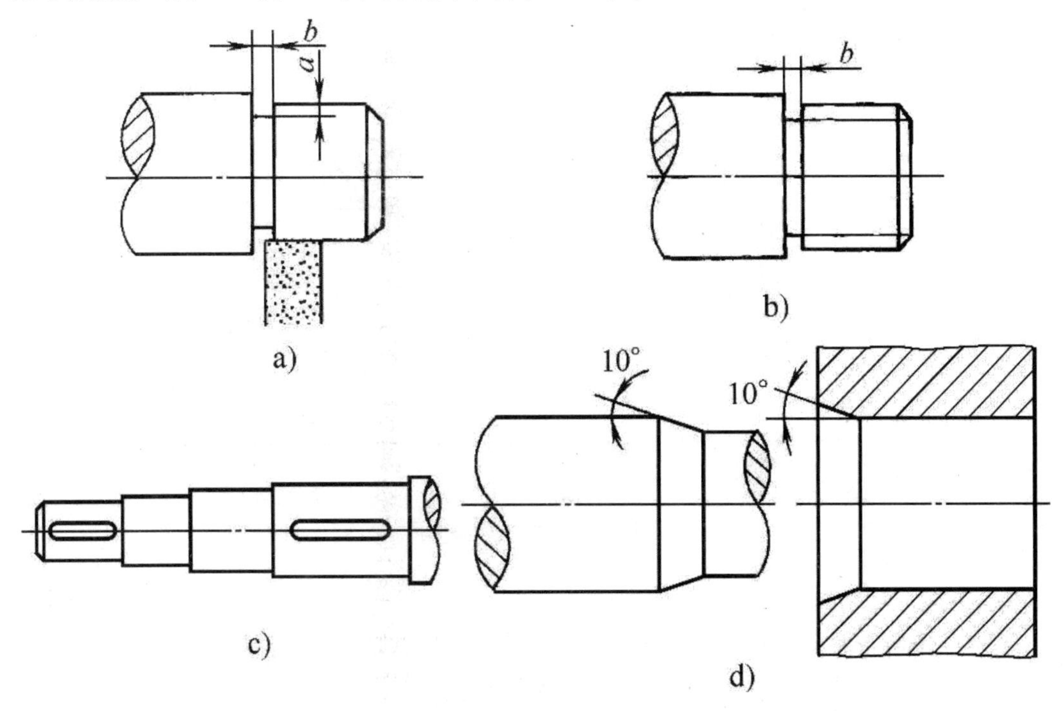

图2-51　轴的结构工艺要求

a）砂轮越程槽；b）螺纹退刀槽；c）键槽的布置；d）装配倒角

第五节　滑动轴承

轴承在机器中是用来支承轴和轴上零件的重要零（部）件，它能保证轴的旋转精度，减少轴与支承间的摩擦和磨损。

根据摩擦性质不同，轴承可分为滑动轴承和滚动轴承两大类。其中，滑动轴承根据所承受载荷的方向不同，可分为承受径向载荷的径向滑动轴承、承受轴向载荷的止推滑动轴承以及同时承受径向载荷和轴向载荷的径向止推滑动轴承三种。

一、滑动轴承的结构类型

（一）径向滑动轴承

按结构形式不同，径向滑动轴承主要有整体式、对开式和调心（自位）式三种。

1. 整体式滑动轴承

整体式滑动轴承由轴承座 1 和轴套 2 组成，见图 2-52。

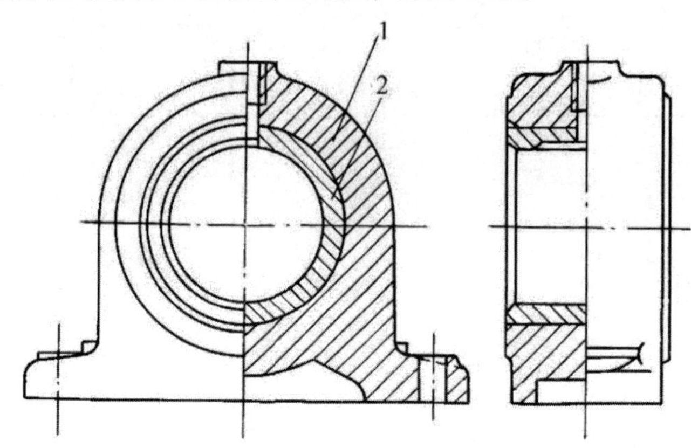

图2-52　整体式滑动轴承

1—轴承座 2—轴套

整体式滑动轴承的优点是结构简单，成本低廉。缺点是轴套磨损后，轴颈与轴套之间的间隙无法调整，必须重新更换轴套。装拆时必须轴向移动轴承或轴，给安装带来不便。这种轴承常用于低速、轻载、间歇工作且不需要经常装拆的场合。

2. 对开式滑动轴承

对开式滑动轴承由轴承座 1、轴承盖 2、上轴瓦 4、下轴瓦 5 和双头螺柱 3 等组成，见图 2-53。

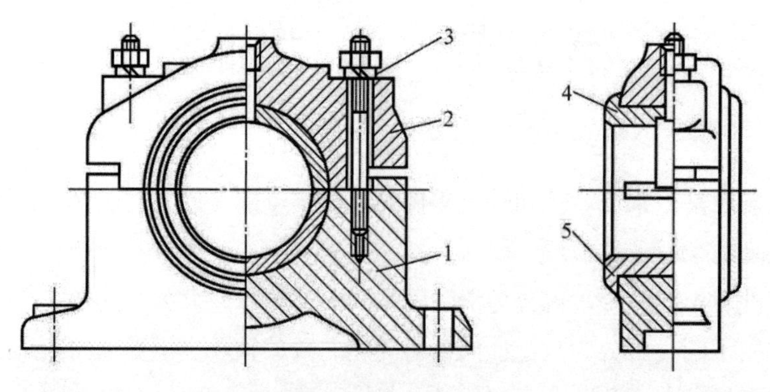

图2-53　对开式滑动轴承

1—轴承座 2—轴承盖 3—双头螺柱 4—上轴瓦 5—下轴瓦

轴承座是对开式滑动轴承的基础部分，用螺栓联接在机架上，轴承盖与轴承座之间用双头螺柱联接，压紧轴瓦。轴承盖与轴承座的配合表面上设置阶梯形的定位止口，便于安装时对中和防止工作时错动。当轴瓦磨损后，可以利用减薄上、下轴瓦之间的调整垫片厚度的方法来调整轴颈与轴瓦之间的间隙。由于对开式滑动轴承便于装拆和调整间隙，故应用广泛。

3. 调心式滑动轴承

调心式滑动轴承又称为自位滑动轴承，其结构如图 2-54a 所示。这种轴承的轴瓦支承面和轴承座的接触部分做成球面，使轴瓦可以在一定角度范围内摆动。能自动适应轴或机架工作时的变形及安装误差所造成的轴颈与轴瓦不同心的现象，避免出现如图 2-54b 所示轴与轴承两端的局部接触和局部磨损。由于球面加工困难，故调心式滑动轴承只用于轴承宽度 b 与直径 d 之比（宽径比）b/d > 1.5 ~ 1.75 的轴承。

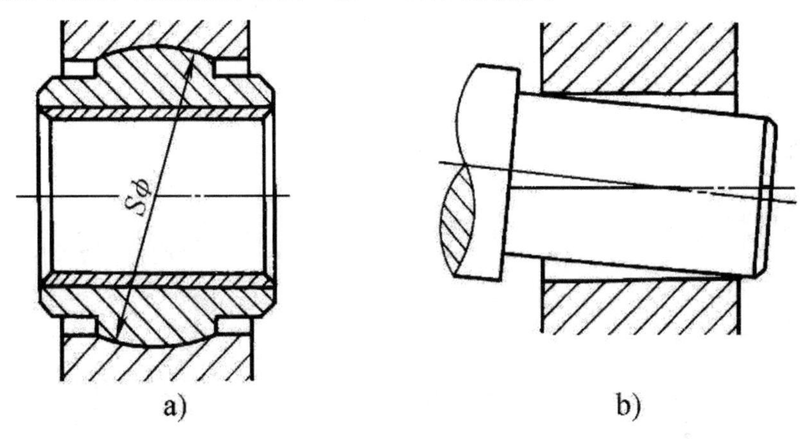

图2-54 调心式滑动轴承

a）调心式滑动轴承结构；b）轴承端部的局部接触

（二）止推滑动轴承

如图 2-55 所示的止推滑动轴承由轴承座 1、衬套 2、径向轴瓦 3、止推轴瓦 4 和销钉 5 等组成。轴的端面与止推轴瓦是轴承的主要工作部分，轴瓦的底部为球面与轴承座相接触，可以自动调整位置，以保证轴承摩擦表面的良好接触。径向轴瓦只是用来固定轴颈的位置并承受意外的径向载荷。销钉是用来防止止推轴瓦随轴转动。工作时润滑油由下部注入，从上部油管导出。

止推滑动轴承轴颈的常见形式如图 2-56 所示。当载荷较小时，可采用空心端面止推轴颈（图 2-56a）和环形止推轴颈（图 2-56b）。当载荷较大时，可采用多环形止推轴颈（图 2-56c）。多环形止推轴颈不仅承载能力较大，而且能够承受双向轴向载荷。

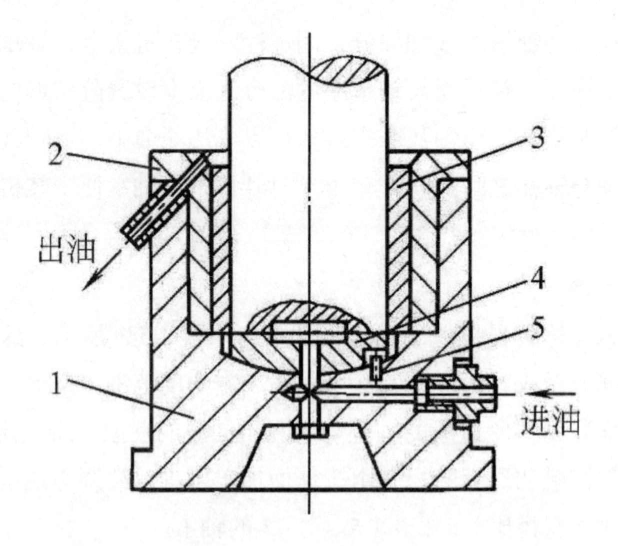

图2-55　止推滑动轴承

1—轴承座；2—衬套；3—径向轴瓦；4—止推轴瓦；5—销钉

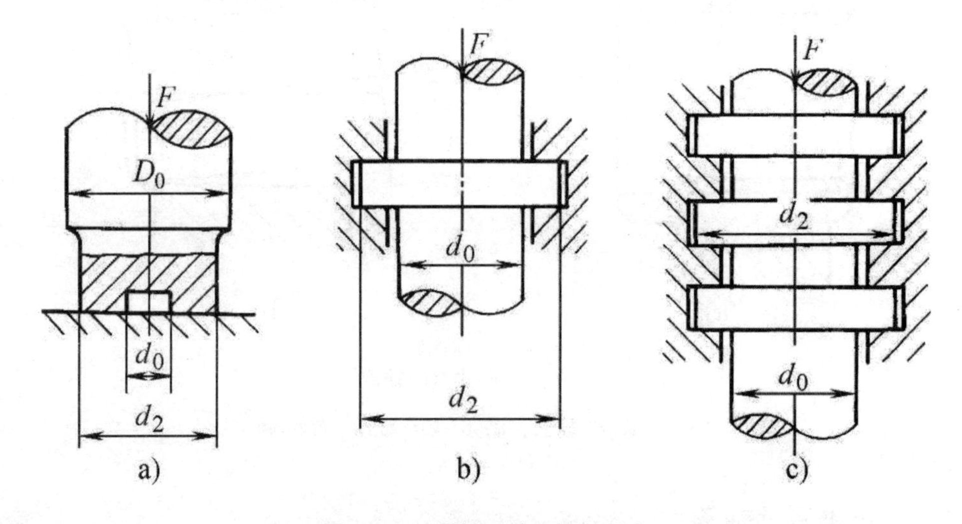

图2-56　止推滑动轴承轴颈形式

a）空心端面；b）环形；c）多环形

二、轴瓦（轴套）的结构和材料

（一）轴瓦（轴套）的结构

轴瓦（轴套）是滑动轴承中直接与轴颈相接触的重要零件，它的结构形式和性能将直接影响轴承的寿命、效率和承载能力。

轴套的结构如图 2-57 所示。它分为光滑轴套（图 2-57a）和带纵向油沟轴套（图 2-57b）两种。光滑轴套的构造简单，适用于轻载、低速或不经常转动，不重要的场合。带纵向油沟轴套便于向工作面供油，应用比较广泛。为了保证轴套在轴承座孔中不游动，套和孔之间可采用过盈配合；若载荷不稳定时，还可用紧定螺钉或销钉来固定轴套。

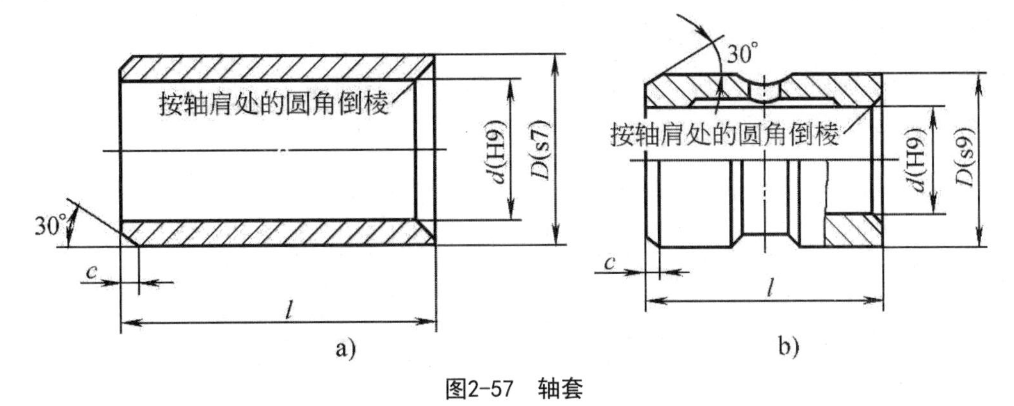

图2-57　轴套

a）光滑轴套；b）带纵向油沟轴套

图 2-58 所示为轴瓦的结构。为了改善摩擦、提高承载能力和节省贵重减摩材料，常在轴瓦内表面浇铸一层或两层很薄的减摩材料（如巴氏合金等），称为轴承衬。这种轴瓦称为双金属或三金属轴瓦，以钢、青铜或铸铁为其衬背，轴承衬厚度一般为 0.5 ～ 0.6mm。为了保证轴承衬与衬背之间结合牢固，常在衬背上做出不同形式的沟槽，如图 2-59 所示。

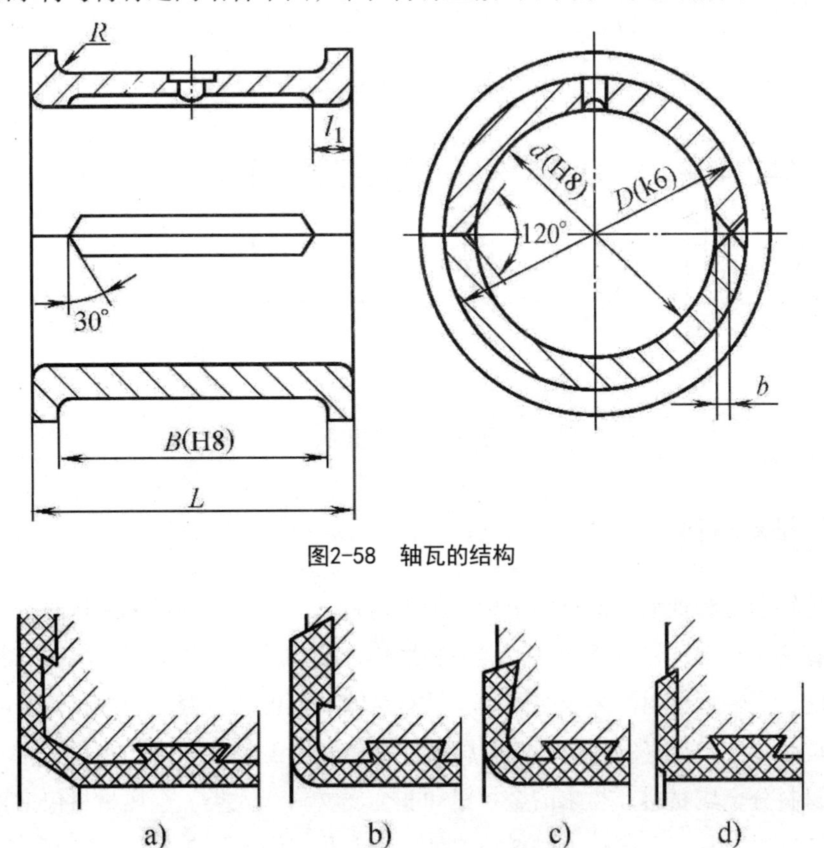

图2-58　轴瓦的结构

图2-59　轴瓦上浇铸轴承衬结构

为了使润滑油分布到轴承的整个工作表面，一般在轴瓦上开设油孔、油沟和油室。油孔用来供油，油沟用来输送和分布润滑油，油室起贮油、稳定供油等作用。当轴承的下轴瓦为承载区时，油孔和油沟一般应布置在非承载区的上轴瓦内，或在压力较小的区域内，以利供油。轴向油沟不应开通，以便在轴瓦的两端留出封油面，防止润滑油从端部大量流失。图 2-60 所示为几种常见的油孔和油沟，图 2-61 所示为常见的油室形状。

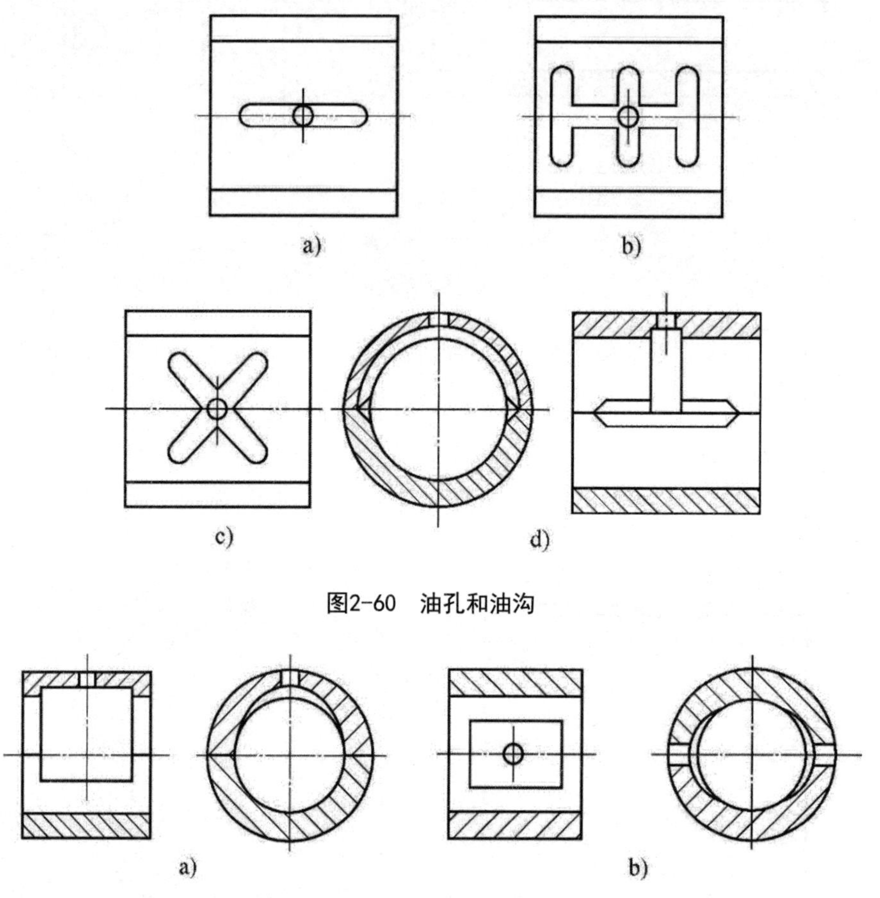

图2-60 油孔和油沟

图2-61 油室形状

（二）轴承材料

轴瓦（轴套）和轴承衬的材料统称为轴承材料。通常，滑动轴承工作时轴瓦与轴颈直接接触并有相对运动，将产生摩擦、磨损和发热，故常见的失效形式是磨损、胶合或疲劳破坏。因此，对轴承材料的要求主要是：具有足够的强度和良好的塑性；良好的减摩性、耐磨性和抗胶合性；良好的导热性和耐腐蚀性；良好的工艺性和经济性。

轴承材料分金属材料、粉末冶金材料和非金属材料三大类。金属材料包括轴承合金、铜合金和铸铁等，常用金属轴承材料的牌号、特点及应用见表 2-7。

表2-7 常用金属轴承材料牌号、特点及应用

材料	牌号	特点及应用
铸锡锑轴承合金	ZSnSb11Cu6 ZSnSb8Cu4	具有良好的减摩性、耐磨性、跑合性、塑性和导热性，有良好的工艺性，抗胶合能力也较好，但强度低、价格贵。不宜单独做轴瓦，通常将其用作轴承衬。适用于高速、重载的重要轴承和中速、中载轴承
铸铅锑轴承合金	ZPbSb16Sn16Cu2 ZPbSb15Sn15Cu3	
铸锡青铜	ZCuSn10P1	强度高、承载能力大，导热性好，可以在较高温度下工作，但抗胶合能力和跑合性比轴承合金差。适用于中速、中载和低速重载轴承
	ZCuSn5Pb5Zn5	
铸铅青铜	ZCuPb30	
铸铝青铜	ZCuAl9Fe3	
铸黄铜	ZCuZn38Mn2Pb2	有良好的铸造及加工性能，可作为青铜的代用品，用于低速、中载轴承
灰铸铁	HT150 HT200 HT250	具有良好的减摩性，但材质较脆，硬度高，用于低速、轻载、无冲击的不重要轴承

粉末冶金材料也称为金属陶瓷，是以铁粉或铜粉为基本材料与石墨粉混合调匀后，经压制和高温烧结而成的多孔性材料。使用前将粉末冶金轴承放在加热的油中，让孔隙内充满润滑油，所以也称含油轴承。运转时由于热膨胀和轴颈的抽吸作用，润滑油从孔隙中自动进入工作表面起润滑作用；停止运转时，由于毛细管的作用，润滑油又回到孔隙中，故在很长时间内不必添加润滑油而能正常地工作。这种材料价格低廉、耐磨性好，但韧性差，常用于中低速、载荷平稳，润滑不良或不允许有油污染的场合，如食品机械、纺织机械等。

常用的非金属轴承材料有塑料、硬木和橡胶等，其中使用最多的是塑料。塑料轴承材料的特点是：有良好的耐磨性和抗腐蚀性；良好的吸振性和自润性。缺点是承载能力较低，导热性和尺寸稳定性差，热变形大。故常用于工作温度不高、载荷不大的场合。

三、滑动轴承的润滑

轴承润滑是为了减小摩擦损耗，减轻磨损，冷却轴承，吸振和防锈等。为了保证轴承能正常工作和延长使用寿命，必须正确地选择润滑剂和润滑装置。

（一）润滑剂

轴承中常用的润滑剂是润滑油和润滑脂。

1. 润滑油

润滑油流动性和冷却作用较好，且更换润滑油时不需拆开机器，是最常用的润滑剂。但润滑油易流失，故需采用结构比较复杂的密封装置，且需要经常加油。润滑油的主要性能指标是黏度。所谓黏度是指润滑油在流动时液体内部摩擦阻力的大小。黏度高的润滑油内部摩擦阻力大，承载能力大，但摩擦损耗也大；反之，黏度低的润滑油内部摩擦阻力

小，摩擦损耗小，但承载能力也低。润滑油的黏度随着温度的升高而降低。常用的代号为L-AN7～L-AN100全损耗系统用油，号数越大，黏度越高。通常，对于轻载、高速的轴承，宜选用黏度较低的润滑油；对于重载、低速的轴承，则应选用黏度较高的润滑油。

2. 润滑脂

润滑脂是在润滑油中加入稠化剂而制成的一种油膏状润滑剂。润滑脂稠度大，密封简单，不易流失，承载能力较强。但它的物理性能和化学性能不如润滑油稳定，摩擦损耗大，效率低，不能起冷却作用或作循环润滑剂使用。润滑脂的主要性能指标是针入度和滴点。针入度表示润滑脂内部摩擦阻力的大小和流动性的强弱，针入度越小，润滑脂就越稠、摩擦阻力越大、流动性越差。滴点表示润滑脂的耐热能力，滴点越高，润滑脂的耐热性越好。常用的润滑脂有钙基润滑脂（耐水不耐热）、钠基润滑脂（耐热不耐水）和锂基润滑脂（耐热又耐水）。润滑脂主要用于低速、重载，不便经常加油和使用要求不高的场合。

（二）润滑装置

为了获得良好的润滑效果，除了正确选择润滑剂，还应选择合适的润滑方式和润滑装置。

1. 油润滑

根据供油方式不同，油润滑方式可分为间歇式供油和连续式供油两种。对于低速、轻载和不重要的轴承，可采用间歇式供油润滑，如图2-62所示的油杯，可定期用油壶向油孔注油。连续式供油润滑用于比较重要的轴承，常用的润滑装置有：针阀式注油杯（图2-63）。当手柄直立时，针阀被提起，底部油孔打开，油从油杯流入轴承。当手柄卧倒时，针阀被弹簧压下堵住油孔，油杯停止供油；油环（图2-64），利用轴的旋转将润滑油带到轴颈。弹簧盖油杯（图2-65），利用芯捻的毛细作用将润滑油从油杯中吸入轴承。

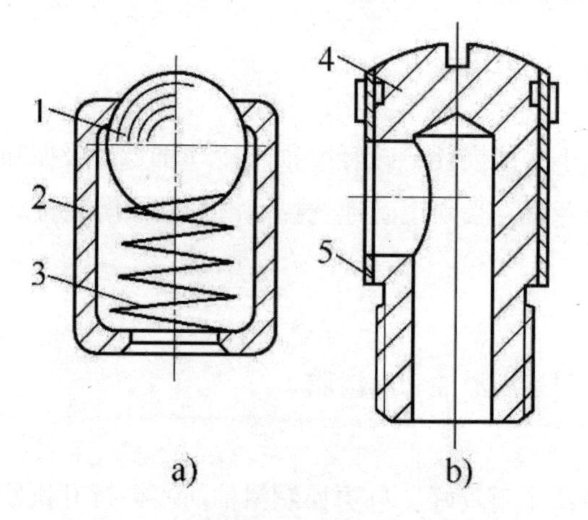

图2-62 油杯

a）压注式油杯；b）旋套式油杯

1—钢球；2、4—杯体；3—弹簧；5—旋套

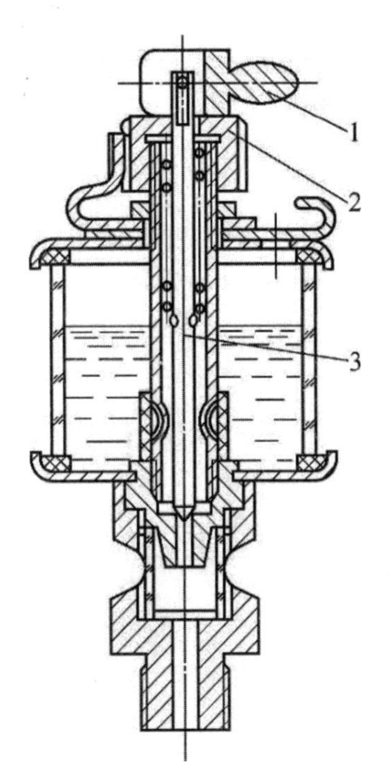

图2-63　针阀式注油杯

1—手柄；2—调节螺母；3—针阀

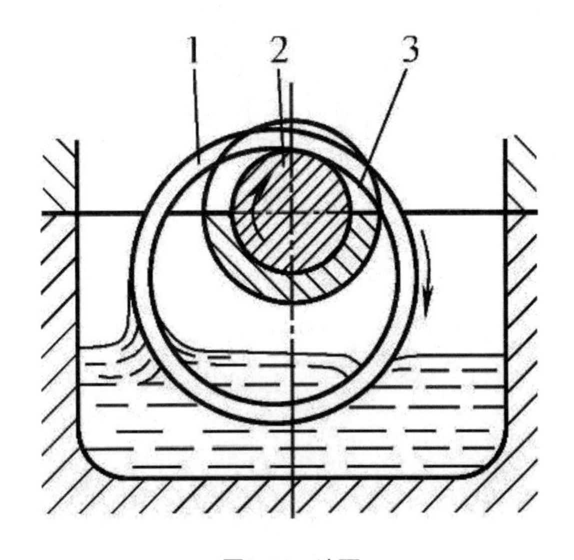

图2-64　油环

1—油环；2—轴颈；3—上轴瓦

2. 脂润滑

脂润滑轴承只能采用间歇式供油润滑，其装置有旋盖式油杯（图 2-66），转动杯盖即可把杯体中的润滑脂压入轴承。

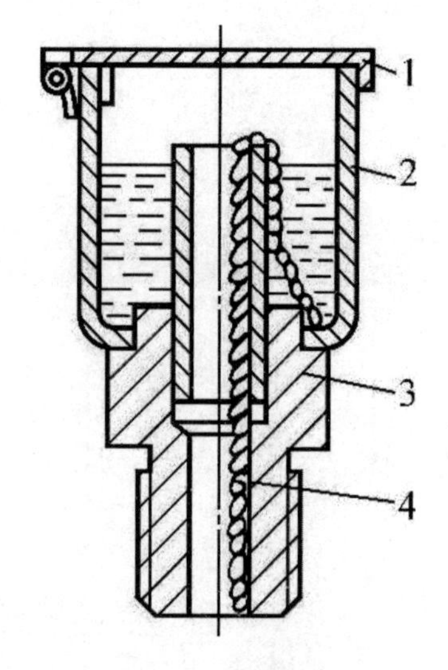

图2-65 弹簧盖油杯

1—杯盖；2—杯体；3—接头；4—芯捻

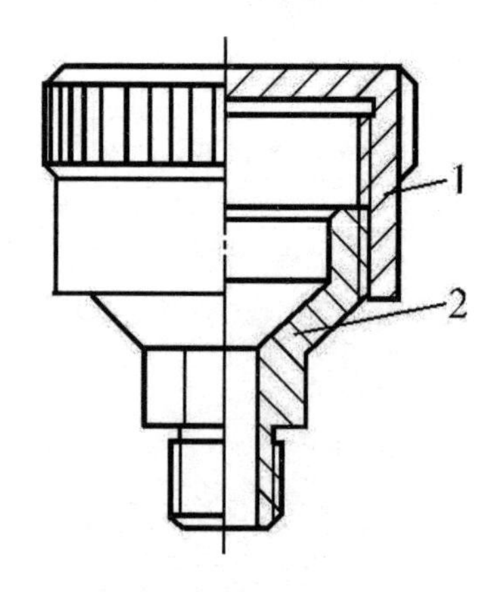

图2-66 旋盖式油杯

1—杯盖；2—杯体

第六节 滚动轴承

一、滚动轴承的结构及类型

（一）滚动轴承的结构

如图 2-67 所示，滚动轴承一般由内圈 1、外圈 2、滚动体 3 及保持架 4 组成。通常，内圈利用过盈配合与轴颈装配在一起随轴转动，外圈则以较小的间隙配合装在轴承座孔内不转动；但也有外圈转动，内圈不动的使用情况。滚动体可以在内、外圈的滚道中滚动，使相对运动表面为滚动摩擦。保持架的作用是将滚动体均匀隔开，以减少滚动体之间的摩擦和磨损。常见的滚动体形状有球形、圆柱形、圆锥形、鼓形和滚针形等，如图 2-68 所示。

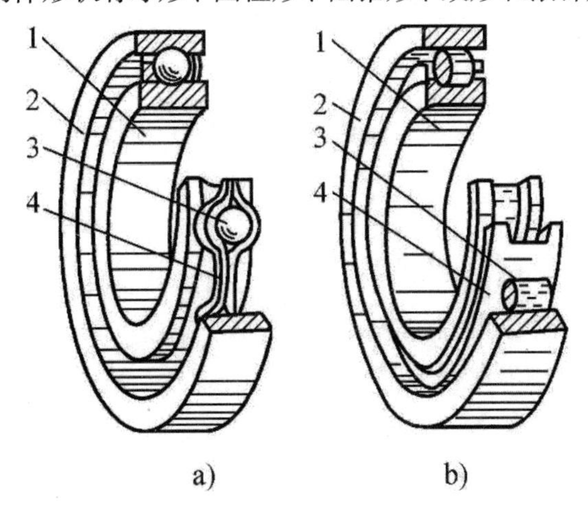

图2-67　滚动轴承的结构

1—内圈；2—外圈；3—滚动体；4—保持架

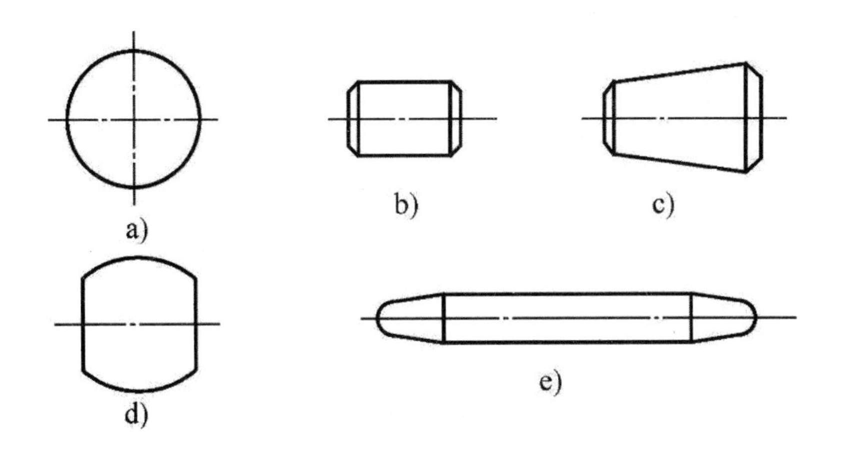

图2-68　滚动体的形状

a）球；b）圆柱滚子；c）圆锥滚子；d）鼓形滚子；e）滚针

滚动轴承的主要优点是：摩擦阻力小，易起动；载荷、转速及工作温度的适用范围比较广；轴向尺寸小，旋转精度高；润滑、维修方便。缺点是：承受冲击能力较差，径向尺寸较大，对安装的要求较高。

（二）滚动轴承的类型及特性

滚动轴承已经标准化，由专门的工厂大批生产，在机械制造中得到广泛的应用。

（三）滚动轴承类型的选择

滚动轴承类型的选择取决于工作条件和具体要求，如载荷的方向、大小和性质，运转速度，尺寸大小，是否有调心要求等。通常，按下列原则选用。

1. 球轴承因为工作表面为点接触，承载能力较低，抗冲击能力差，故适用于轻载、高转速和要求旋转精度较高的场合。滚子轴承因为工作面为线接触，承载能力较强，抗冲击的能力强。但对轴的挠曲敏感，且旋转精度和极限转速较低，故适用于低速、重载或有冲击载荷而轴的刚度大的场合。

2. 对于承受径向载荷和承受轴向载荷的场合，应根据不同的情况来选用轴承类型。当承受纯径向载荷时，应选用深沟球轴承或圆柱滚子轴承。当承受纯轴向载荷时，应选用推力轴承。同时承受比较大的径向载荷和轴向载荷，当转速较高时，应选用角接触球轴承。当转速不太高时，则应选用圆锥滚子轴承。当轴向载荷比径向载荷小得多时，可选用深沟球轴承。当轴向载荷比径向载荷大得多时，应选用推力球轴承和深沟球轴承组合成一个支承联合使用。

3. 对于刚度较差、对中困难或多支点的轴，应选用调心轴承，调心轴承应成对使用。

4. 同等规格同等精度的各类轴承，球轴承比滚子轴承价廉，调心轴承最贵。若没有特殊要求，通常选用 0 级精度最为经济。

二、滚动轴承的代号

滚动轴承类型很多，为了区别不同类型、结构、尺寸和精度的轴承，便于组织生产和使用，GB/T272—1993 规定了用字母加数字的方法来表示滚动轴承的代号。轴承代号由基本代号、前置代号和后置代号构成，其排列顺序如下：

前置代号	基本代号	后置代号

（一）基本代号

基本代号是轴承代号的基础，它表示滚动轴承的基本类型、结构和尺寸。基本代号由轴承的类型代号、尺寸系列代号和内径代号构成，其排列顺序如下：

类型代号	尺寸系列代号	内径代号

1. 类型代号

滚动轴承类型代号用数字或字母表示，常用滚动轴承类型代号的表示方法见表 2-8。

2. 尺寸系列代号

尺寸系列代号由轴承的宽（高）度系列代号和直径系列代号组合而成。其中，宽（高）度系列代号表示内径、外径相同而宽（高）度不同的轴承系列。直径系列代号则表示具有同一内径而外径不同的轴承系列。组合排列时，宽（高）度系列代号在前，直径系列代号在后。宽度系列代号用于向心轴承，且当其代号为“0”时可以省略；高度系列代号用于推力轴承。尺寸系列代号的表示方法见表 2-9。

表2-9 寸系列代号

直径系列代号		向心轴承								推力轴承			
	宽度系列代号								高度系列代号				
	宽度尺寸依次递增								高度尺寸依次递增				
	8	0	1	2	3	4	5	6	7	9	1	2	
	尺寸系列代号												
外径尺寸依次递增	7	—	—	17	—	37	—	—	—	—	—	—	—
	8	—	08	18	28	38	48	58	68	—	—	—	—
	9	—	09	19	29	39	49	59	68	—	—	—	—
	0	—	00	10	20	30	40	50	60	70	90	10	—
	1	—	01	11	21	31	41	51	61	71	91	11	—
	2	82	02	12	22	32	42	52	62	72	92	12	22
	3	83	03	13	23	33	—	—	—	73	93	13	23
	4	—	04	—	24	—	—	—	—	74	94	14	24
	5	—	—	—	—	—	—	—	—	—	95	—	—

3. **内径代号**

内径代号表示轴承内径尺寸的大小，常用内径尺寸代号见表 2-10。

（二）前置和后置代号

前置和后置代号是滚动轴承当其结构形状、尺寸、公差、技术要求等有改变时，在基本代号左、右添加的补充代号。其内容十分繁杂，故不再详细说明，仅将其要点简介如下。有关前置、后置代号的其他内容，可查阅有关手册。

1. 前置代号表示成套轴承分部件，用字母表示，例如：用字母 L 表示可分离轴承的可分离内圈或外圈；用字母 K 表示滚子和保持架组件等。

表2-10 常用内径代号

轴承公称内径/mm		内径代号	示例
10到17	10	00	深沟球轴承6200 d=10mm
	12	01	
	15	02	
	17	03	
20到480（22,28,32除外）		公称内径除以5的商数，商数为个位数，需在上述左边加“0”，如08	调心滚子轴承23208 d=40mm
大于和等于500以上，及22,28,32		用公称内径毫米数直接表示，但在与尺寸系列之间用“/”分开	调心滚子轴承230/500 d=500mm 深沟球轴承62/22 d=22mm

2. 后置代号共分 8 组，用字母（或加数字）表示，标注在基本代号的右侧并与基本代号间相距半个汉字距。例如，第 1 组是内部结构，表示轴承内部结构变化的情况，现以角接触球轴承接触角 α 的变化为例，说明其标注的含义：

α =40° 时代号标注：7210B

α =25° 时代号标注：7210AC

α =15° 时代号标注：7210C

后置代号中的第 5 组为公差等级，其代号及含义见表 2-11。其中 2 级精度最高，0 级精度最低为普通级，应用最广。

表2-11　公差等级代号

代号	含义	示例
/P0	公差等级符合标准规定的0级，代号中省略不表示	6203
/P6	公差等级符合标准规定的6级	6203/P6
/P6X	公差等级符合标准规定的6X级	30210/P6X
/P5	公差等级符合标准规定的5级	6203/P5
/P4	公差等级符合标准规定的4级	6203/P4
/P2	公差等级符合标准规定的2级	6203/P2

滚动轴承代号举例：

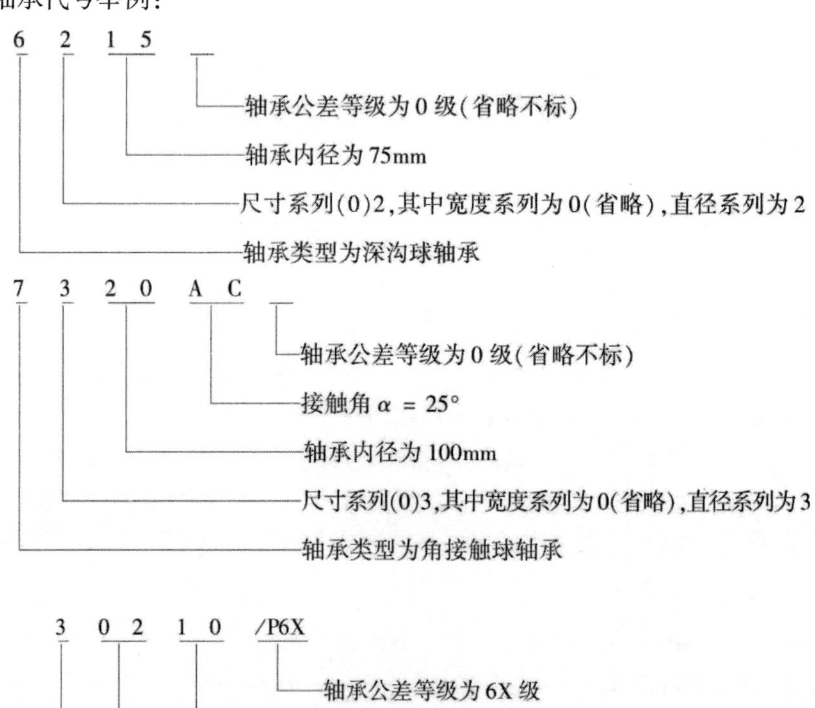

三、滚动轴承的润滑和密封

（一）滚动轴承的润滑

滚动轴承润滑的主要目的是减小摩擦与磨损、防锈、吸振与冷却。

一般情况下滚动轴承多采用润滑脂润滑，其特点是润滑脂不易流失、便于密封和维护，且不需经常加油，但是当转速较高时，功率损耗大。润滑脂在轴承中的充填量一般不超过轴承空间的 1/3 ~ 1/2，装脂过多或不足，都会引起摩擦发热，影响轴承的正常工作。

润滑油的摩擦阻力小，润滑可靠，但需要有较复杂的密封装置和供油设备，通常用于高速或高温场合。

滚动轴承的润滑方式可根据轴承内径与轴转速的乘积值 dn 的大小来选择。当 dn ＜（1.0 ~ 1.6）× 105mm·r/min 时，轴承可选用润滑脂润滑，若 dn 值超过此范围时，轴承应采用润滑油润滑。

（二）滚动轴承的密封

滚动轴承密封的目的是防止外部的灰尘、水分及其他杂质进入轴承，并阻止轴承内润滑剂的流失。滚动轴承密封的方法有接触式密封、非接触式密封和组合式密封三种。

第七节　弹簧

一、弹簧的功用

弹簧是机械中应用十分广泛的弹性元件。受载后它能产生较大的弹性变形，从而把机械功或动能转变为变形能。卸载后又能消失变形立即恢复原状，从而又把变形能转变为动能或机械功。即弹簧具有储存和释放一定的弹性能的特性，它的主要功用有：

1. 缓冲和减振功用，例如车辆和电梯中的缓冲弹簧，精密设备中的隔振弹簧等。
2. 控制机构的运动功用，例如凸轮机构和离合器中的弹簧。
3. 储存及输出能量功用，例如钟表、仪器和玩具中的发条。
4. 测量力的大小功用，例如弹簧秤和测力器中的弹簧。

二、弹簧的类型

弹簧的类型很多，按照所承受的载荷不同可分为拉伸弹簧、压缩弹簧、扭转弹簧和弯曲弹簧四种。按照形状不同又可分为螺旋弹簧、环形弹簧、碟形弹簧、板弹簧和涡卷弹簧等。

三、弹簧的材料

弹簧在机器中起着重要的作用，工作时常承受交变载荷或冲击载荷，弹簧的性能和寿命在很大程度上取决于弹簧的材料。对弹簧材料的要求是：有较高的弹性极限和疲劳极限，足够的冲击韧度、塑性和良好的热处理性能。弹簧常用的材料有优质碳素钢、合金钢、不锈钢和青铜等。几种常用弹簧材料的牌号、特性及应用见表 2-14。

表2-14　常用弹簧材料的牌号、特性及应用

材料名称	牌号	特性及应用
钢丝	碳素弹簧钢丝B级、C级、D级	强度高、性能好、适用于小弹簧
	60Mn	强度高、性能好、适用于普通机械弹簧
	60Si2MnA	强度高、性能较好，易脱碳，适用于普通机械的较大弹簧
	50CrVA	高温时性能稳定，用于高温下的弹簧，如内燃机阀门弹簧
不锈钢丝	1Cr18Ni9	耐腐蚀、耐高温、耐低温
	0Cr17Ni10	耐低温、适用于小弹簧
	0Cr17Ni8Al	
青铜丝	QSn3-1	耐腐蚀、防磁性好
	QBe2	耐磨损、耐腐蚀、防磁性好，导电性好
热轧弹簧钢丝	65Mn	弹性好，用于普通机械弹簧
	60Si2Mn	强度高，弹性好，广泛用于各种机械和交通工具弹簧
	55CrMnA	强度高，抗高温，用于承受较大载荷的较大弹簧

第三章　机械制造工艺

第一节　机械加工精度的基本知识

一、机械加工精度的基本概念

产品的质量取决于零件的质量和装配的质量，特别是零件的加工精度将直接影响产品的使用性能和寿命。因此，提高零件的加工精度是非常重要的。

在机械加工过程中，由于各种因素的影响，刀具和工件间正确的相对位置产生偏移，因而加工出的零件不可能与理想的要求完全符合。我们把零件加工后实际几何参数与理想零件几何参数（几何尺寸、几何形状、表面相互位置）的相符合程度称为加工精度。

（一）零件加工精度的主要内容

零件的加工精度包括尺寸精度、形状精度和位置精度。

1. 尺寸精度

指加工表面的尺寸（如孔径、轴径、长度）及加工表面到基面位置的尺寸精度。

2. 形状精度

指加工表面的几何形状（如圆度、圆柱度、平面度等）精度。

3. 位置精度

指加工表面与其他表面间的相互位置（如平行度、垂直度、同轴度等）精度。

零件表面的加工方法是多种多样的，但要获得图样要求的公差等级，必须对设备条件、生产类型、技术水平等方面综合考虑。

（二）获得尺寸精度的方法

工件在加工时其尺寸精度的控制方法主要有试切法、调整法、定尺寸刀具法、主动测量法和自动控制法五种。

1. 试切法

依靠试切工件、测量尺寸、调整刀具、再试切、再调整这样反复数次，直到符合规定尺寸精度时，正式切出整个加工表面。

2. 调整法

先按试切法调整好刀具，并使刀具与工件（或机床、夹具）的相对位置在加工过程中保持不变，然后再成批加工工件。

3. 定尺寸刀具法

用刀具的相应尺寸来保证加工表面的尺寸精度。如孔加工时常用铣刀块铣孔或用铰刀、拉刀等加工孔来保证工件尺寸。

4. 主动测量法

在加工过程中，利用自动测量装置边加工边测量加工尺寸，并将测量结果与要保证的工序尺寸比较后，或使机床继续工作，或使机床停止工作，该方法生产效率较高，加工精度较稳定，适应于批量生产。

5. 自动控制法

把测量装置、进给装置和控制机构组成一个自动加工系统，使加工过程中的尺寸测量、刀具的补偿和切削加工一系列工作自动完成，从而自动获得所要求的尺寸精度的加工方法。该方法生产效高，加工质量稳定，加工柔性好，能适应多品种中小批量生产。

（三）获得形状精度的方法

工件在加工时，其形状精度的获得方法主要有刀尖轨迹法、成型法、展成法和仿形法四种。

1. 刀尖轨迹法

依靠刀尖的运动轨迹来获得所要求的表面几何形状的方法，称为刀尖轨迹法。刀尖的运动轨迹取决于刀具与工件的相对成型运动。如用靠模获得曲线运动来加工成型表面等。

2. 成型法

利用成型刀具对工件进行加工的方法称为成型法。如用成型车刀加工回转曲面，用拉刀拉削内花键等均属成型法。这些加工方法所得到的表面形状精度取决于刀具切削刃的形状精度。

3. 展成法

刀具与工件作具有确定速比关系的运动，工件的被加工表面是切削刃在运动中形成的包络面，且切削刃是被加工表面轮廓线的共轭曲线。用这种方法来得到加工表面，称为展成法。常见的滚齿、插齿等齿轮加工方法均属展成法。

4. 仿形法

刀具依照仿形装置做进给运动对工件进行加工，从而获得形状精度的方法。

（四）获得位置精度的方法

1. 找正安装法

找正是用工具和仪表根据工件上有关基准，找出工件有关几何要素相对于机床的正确位置的过程。找正安装法又可分为：

（1）划线找正安装法，即用划针根据毛坯或半成品上所划的线为基准找正它在机床上正确位置的一种安装方法。

（2）直线找正安装法，即用划针或指示器或通过目测直接在机床上找正工件正确位置的安装方法。此方法生产效率较低，对工人的技术水平要求较高，一般只用于单件小批量生产。

2. 夹具安装法

夹具是用以安装工件和引导刀具的装置。先在机床上安装好夹具，再将工件安装在夹具中，能使工件迅速获得正确位置。利用夹具安装工件，生产效率高，定位精度高且稳定。

3. 机床控制法

利用机床本身所设置的保证相对位置精度的机构保证工件位置精度的安装方法。如坐标镗床、数控机床等。

二、产生加工误差的原因

在机械加工时，机床、夹具、刀具和工件构成了一个完整的系统，称之为工艺系统。工艺系统中的种种误差，在不同的具体条件下，以不同的程度反映为加工误差。工艺系统中的误差是产生零件加工误差的根源，因此把工艺系统中的误差称为原始误差。加工过程可能出现的各种原始误差主要分成两部分：一是与工艺系统本身初始状态有关的主要原始误差，包括原理误差和工艺系统几何误差。工艺系统几何误差又可以归纳为两类，一类是工件与刀具的相对位置在静态下已存在的误差，如刀具误差、夹具误差、调整误差、定位误差等；另一类是工件与刀具的相对位置在运动状态下存在的误差，如机床误差，主要包括机床主轴的回转误差、导轨的导向误差、传动链的传动误差等。二是与切削过程有关的原始误差，包括：工艺系统力效应引起的变形，如工艺系统受力变形和工件内应力引起的变形；工艺系统热效应引起的变形，如机床、刀具、工件的热变形等。

（一）加工原理误差

由于采用了近似的成型运动或近似的切削刃轮廓进行加工而产生的误差称为加工原理

误差。理论上完全正确的加工方法有时却难以实现，这是因为正确的加工原理有时会使机床或夹具的结构极为复杂，造成制造上的困难。或者由于环节过多，增加了机构运动中的误差，反而得不到高的加工精度。在生产实际中，之所以经常采用近似的加工原理，是因为误差值不会超过允许范围。近似的加工原理往往还可以提高生产率和使工艺过程更为经济。

用成型刀具加工复杂的曲线表面时，要使刀具刃口做出完全符合理论曲线的轮廓有时非常困难，所以往往采用圆弧、直线等简单、近似的线型。例如用仿形法铣削齿轮时，所形成的齿廓和理论上的渐开线有一定的原理误差。用齿轮滚刀滚切齿轮是利用展成法原理加工，它具有两种原理误差：一种是近似造形原理误差，即是由于制造上的困难，采用阿基米德基本蜗杆或法向直廓基本蜗杆来代替渐开线基本蜗杆而产生的误差；另一种是由于滚刀切削刃数有限，所切成的齿轮的齿形实际上是一根折线。和理论上的光滑渐开线相比较，滚切齿轮就是一种近似的加工方法。

（二）机床误差

机床误差包括机床的制造误差、安装误差和磨损等。机床误差的项目很多，对工件加工精度影响较大的主要是主轴回转误差、导轨导向误差和传动链传动误差。

1. 主轴回转误差

机床主轴是工件或刀具的位置和运动基准，它的误差直接影响到工件的加工精度。

在主轴部件中，由于存在着主轴轴颈的圆度误差、轴颈的同轴度误差、轴承本身的各种误差、轴承之间的同轴度误差、主轴的挠度和支承端面对轴承轴线的垂直度误差等原因，主轴在每一瞬时回转轴线的空间位置都是变动的，也就是说实际回转轴线相对于理想轴线做相对运动，因此存在着回转误差。主轴的回转误差可以分为纯径向圆跳动、纯角度摆动、纯轴向窜动三种基本形式（图 3-1）。不同形式的主轴回转误差对加工精度的影响不同，同一形式的回转误差在不同的加工方式中对加工精度的影响也不一样。磨床砂轮主轴的径向跳动使砂轮产生振动，增大工件表面粗糙度；车床主轴的轴向窜动使车削后的平面产生平面度误差，加工端面与内外圆中心线产生垂直度误差；镗床主轴纯角度摆动，使镗削加工的孔产生圆柱度误差。

另外，机床主轴回转误差对加工精度的影响，要从切削表面的每个截面内主轴瞬时回转中心与刀尖的位置变化分析。这种位置变化将造成工件表面的加工误差，如图 3-2 所示。从零件表面形状的形成过程看，回转误差沿刀具与工件接触点法线方向的分量 ΔY 对精度影响最大，而切向分量 ΔZ 的影响极小。一般称法线方向为误差敏感方向。

影响主轴回转精度的主要因素是轴承精度的误差、轴承的间隙、与轴承相配合零件的误差、主轴系统的径向不等刚度和热变形。

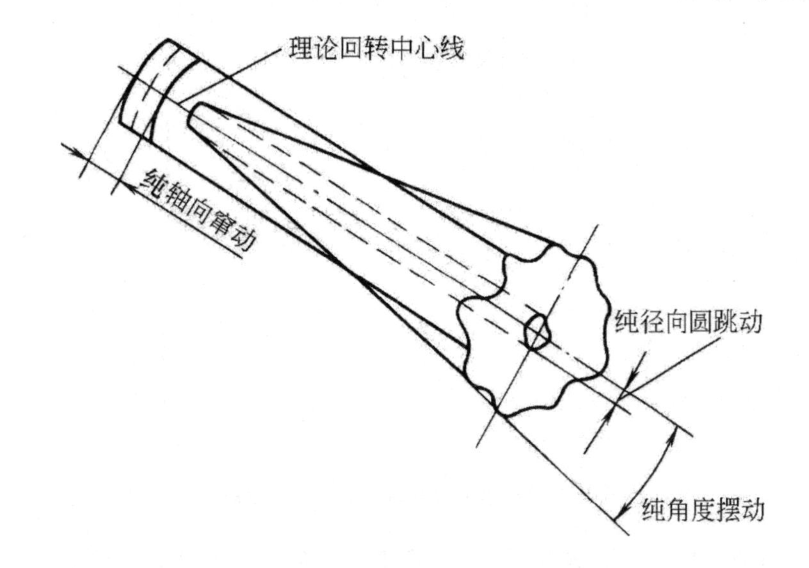

图3-1　主轴回转误差的基本形式

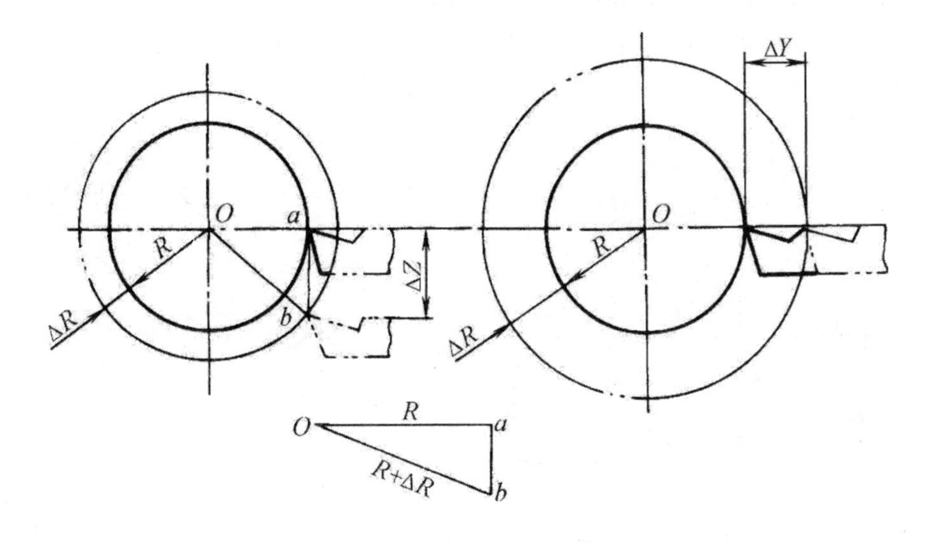

图3-2　回转误差对加工精度的影响

2. 导轨导向误差

导轨是确定工作台、刀架、动力头、砂轮架等主要部件相对位置和进行运动的基准。导轨导向误差直接影响工件的形状及位置精度。导轨导向误差包括在水平面及垂直面内的直线度误差（弯曲），在垂直平面内前后导轨的平行度误差（扭曲度），这些误差在不同机床上将对工件产生不同的影响。

现以车床为例，说明导轨导向误差对零件加工精度的影响。床身导轨在水平面内有直线度误差，刀具在纵向进给中，刀尖的运动轨迹相对于工件轴线不能保持平行。如图 3-3 所示，刀尖在水平面内发生位移 Y，引起工件在半径方向的误差为 ΔR，此误差影响工件的素线直线度精度。

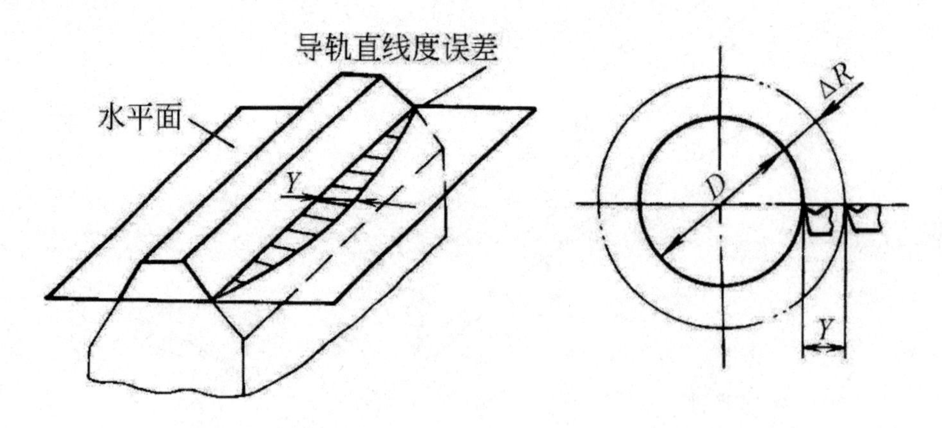

图3-3 车床导轨在水平面内直线度误差引起的加工误差

床身导轨在垂直面内有直线度误差，会引起刀尖运动产生 ΔZ 误差（见图 3-4），因而产生工件半径方向的误差为 ΔR≈ΔZ2/2R。由于是处于误差的不敏感方向，对工件影响很小，故可以忽略。但是对龙门刨床、龙门铣床及导轨磨床来说，导轨在垂直面的直线度将直接反映到工件上。

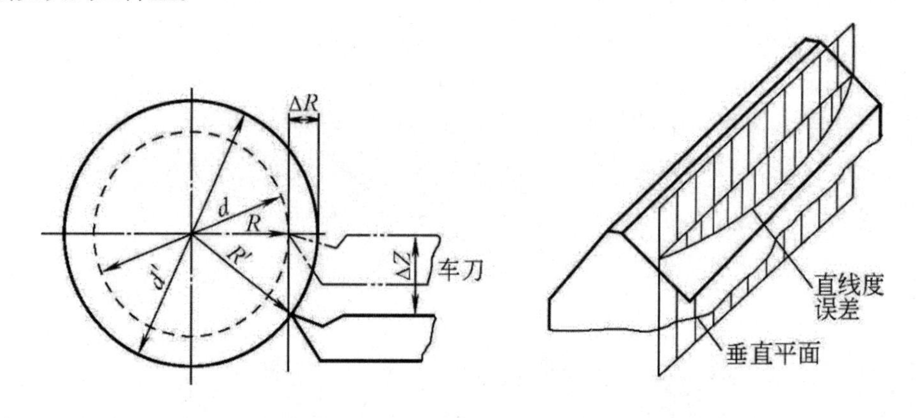

图3-4 床身导轨在垂直面内直线度误差引起的加工误差

床身前后两导轨面有平行度误差，会使车床床鞍在沿床身移动时发生倾斜，从而使刀尖相对于工件产生偏移，影响加工精度。如图 3-5 所示，车床导轨的扭曲将直接影响车削外圆时的直径尺寸和圆柱度误差。

3. *传动链传动误差*

刀具与工件正确运动关系是由齿轮、丝杠螺母及蜗轮蜗杆等传动机构的准确传动实现的，如车螺纹及滚齿、插齿时的运动。这些传动元件由于其在加工、装配中存在的误差和使用过程中的磨损从而使传动产生误差，这些误差就构成了传动链传动误差。传动路线越长，则传动误差也越大。为了减小这一误差，除了提高传动机构的制造精度和装配精度外，还可采用缩短传动路线或用附加校正装置。

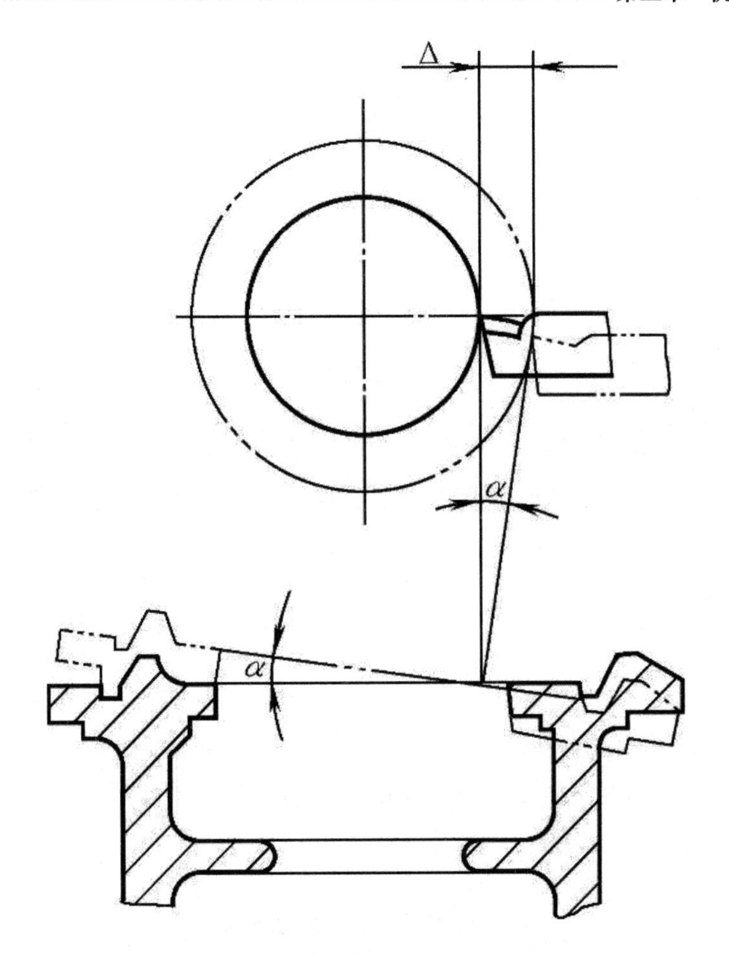

图3-5　床身前后两导轨面平行度误差引起的加工误差

（三）夹具误差

夹具的制造误差和磨损影响工件的加工精度。

1.夹具各元件间的位置误差

夹具的定位元件、对刀元件、刀具引导元件及夹具体基面有正确的尺寸及相对位置关系。但由于在制造及装配过程中会产生误差，所以会引起夹具各元件间的位置误差。

2.夹具的磨损

夹具的磨损主要是定位元件和导向元件的磨损。定位元件及导向元件与工件及刀具因摩擦而磨损，使加工产生误差。

（四）刀具误差

刀具误差主要是刀具的制造误差和刀具的磨损，它们对加工精度的影响随刀具种类的不同而不同。

1. 刀具的制造误差

定尺寸刀具（如钻头、铰刀、拉刀及槽铣刀等）的尺寸和形状制造误差，直接影响被加工零件的尺寸精度。

成型刀具（如成型车刀、成型铣刀及齿轮滚刀等）的误差，主要影响被加工面的形状精度。

采用展成刀具（如齿轮滚刀、插齿刀等）加工时其切削刃的形状、尺寸以及安装或调整不正确将会影响加工表面的形状精度。

2. 刀具的磨损

切削过程中，刀具不可避免地要产生磨损。如车削长轴时，由于刀具磨损，工件会产生锥度误差；用成型刀具加工时，刀具切削磨损将直接复映在被加工零件表面上，造成型状误差。

（五）工艺系统受力变形产生的误差

工艺系统在切削力、传动力、惯性力、夹紧力以及重力的作用下，将产生相应的变形和振动。这种变形和振动，将破坏刀具和工件之间的相对位置，从而产生加工误差。

例如，车削细长轴时（图 3-6），在切削力的作用下，工件因弹性变形而出现弯曲，使零件车成鼓形。

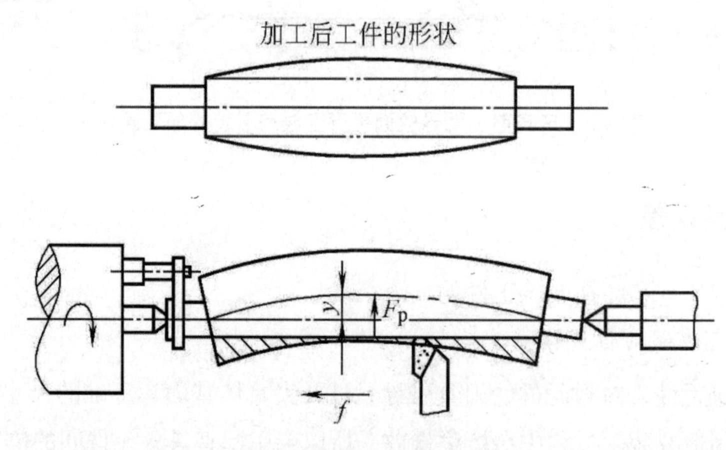

图3-6 车削细长轴时的变形

由此可见，工艺系统的受力变形是加工中一项很重要的原始误差，它不仅严重地影响加工精度，而且还影响表面质量。

切削时被加工表面法线方向上作用的总切削力 Fp 与该方向上刀具或工件的相对位移 y 的比值称为工艺系统的刚度 K。在同样力的作用下，变形小的工艺系统具有较大的刚度，而变形大的工艺系统刚度较小。

1. 影响工艺系统刚度的主要因素

（1）机床各部件的刚度，如车床的主轴、尾座、刀架等的刚度。各部件的刚度除受本身的结构、尺寸及材料的影响之外，还与轴承、导轨和轴承的间隙，联接面的多少，接触面的情况和联接零件的夹紧预紧力有关。

（2）工件刚度的大小与其结构尺寸及形状有关，也与其在机床上的装夹及支承情况有关。如单端夹持成悬臂状态的工件，其刚度很低，车削后将产生锥形误差（图 3-7a），如在右端用顶尖支承，可提高工件刚度。但由于中间的刚度比两端低，车削后将产生鼓形（图 3-7b）。在工件中间用固定中心架支承或采用跟刀架，能有效地提高长轴工件的刚度（图 3-7c）。

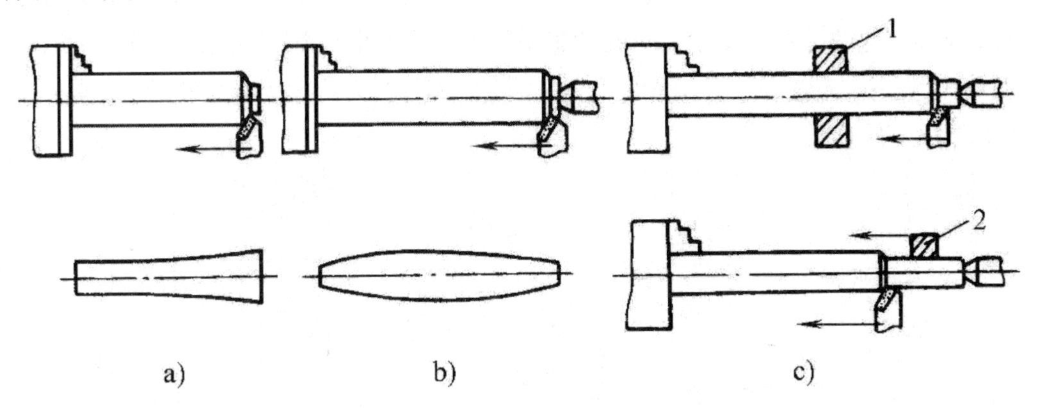

图3-7　工件的变形与改善方法

a）单端夹持；b）中心孔支承；c）应用中心架与跟刀架

1—固定中心架；2—跟刀架

（3）刀具刚度与刀具尺寸、结构和装夹方法有关。如镗深孔时，刀杆截面尺寸受工件孔径限制，又有很大的悬伸量，所以刚度很低（图 3-8a）。为提高细长镗杆镗孔时的刚度，一般可采用前后及中间支承（图 3-8b）。

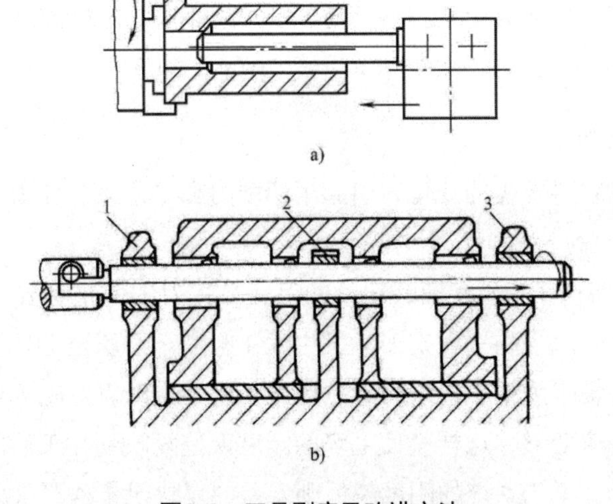

图3-8　刀具刚度及改进方法

a）悬伸镗杆；b）多支承镗杆

1—后支承；2—中间支承；3—前支承

2. 受力点位置变化引起的变形

工艺系统刚度除受各组成部分刚度的影响外，还随受力点位置的变化而变化，引起加工尺寸的变化。如在车床上加工长轴时，工艺系统刚度在沿工件轴向的各个位置是不同的，所以加工后各个横截面上的直径尺寸也不相同，造成了加工后工件的形状误差（如锥度、鼓形、鞍形）。如图 3-9a 为铣削支架的示意图。从 A 点到 B 点，工件的刚度逐渐变小，使加工后 B 点的 H 尺寸最大。图 3-9b、c、d 分别表示在内圆磨床、单臂龙门刨床和卧式镗床上加工时工艺系统中对加工精度起决定作用部件的变形状况。它们都是随着施力点位置的变化而变化的。图 3-9e 表示镗孔加工采用了工件进给而镗杆不进给的方式，工艺系统刚度不随施力点位置的变化而发生变化。同时，镗杆受力情况从悬臂梁变成简支梁，大大提高了加工精度。

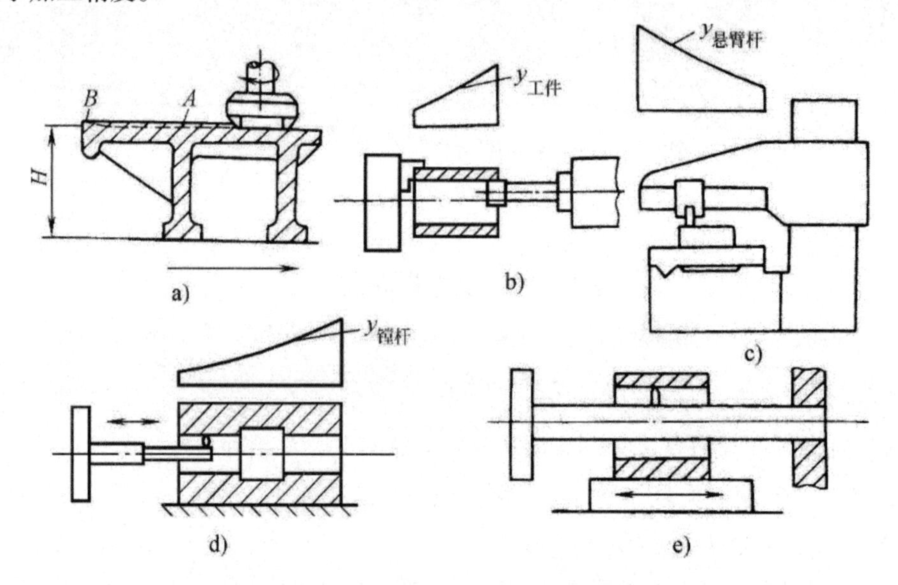

图3-9 工艺系统受力变形随受力点位置的变化而变化的情况

a）、b）工件刚度变化 c）、d）刀杆刚度变化 e）工件进给

3. 毛坯的误差复映

毛坯加工余量和材料硬度的变化，引起了切削力和工艺系统受力变形的变化，从而产生工件的误差。

图 3-10 所示，为车削一个有椭圆误差的毛坯，将刀尖调整到要求的位置（图中的虚线圆），在工件每一转过程中，背吃刀量发生变化，当车刀切至毛坯椭圆长轴时为最大背吃刀量，切至椭圆短轴时为最小背吃刀量。因此切削力也随着背吃刀量的变化而变化，于是引起工艺系统的相应变形，这样就使毛坯的圆度误差复映到加工后的工件表面。这种现象称为“误差复映”，工艺系统的刚度越低则误差的复映现象越严重。

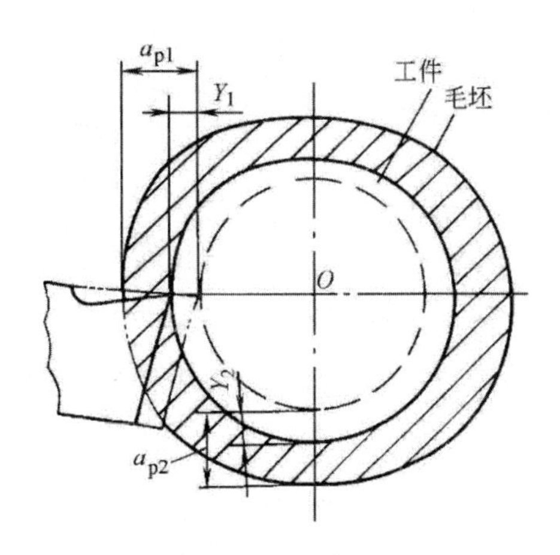

图3-10　毛坯形状的误差复映

由于毛坯材料硬度不均匀也使切削力产生变化，从而产生工件的圆度误差。如毛坯中夹杂有硬点后，会在工件表面形成圆度误差。如在磨削带键槽的圆柱面时，由于工件被加工表面为断续表面，引起磨削力变化，从而使磨出的工件存在圆度误差。

4. 减少受力变形的措施

减少工艺系统的受力变形是机械加工中保证质量和提高生产效率的有效途径。根据生产实际，可从以下几方面采取措施：

（1）提高接触刚度。常用的方法是改善工艺系统主要零件接触面的配合质量，如机床导轨副的刮研，配研顶尖锥体同主轴和尾座套筒锥孔的配合面。刮研可使配合面的表面粗糙度及形状精度改变，使实际接触面积增加，微观表面和局部区域的弹性、塑性变形减少，有效地提高接触刚度。

另一提高接触刚度的方法是预加载荷，这样可以消除配合面间的间隙。

（2）提高工件刚度，减少受力变形。切削力引起加工误差，往往是因为工件本身刚度不高，可以用缩短切削力作用点和支承点距离的方法来提高工件的刚度，如车削细长轴，可利用中心架、支承距离缩短一半，使刚度提高 8 倍。

（3）提高机床部件刚度，减少受力变形。机床部件刚度在工艺系统中往往占很大比重，所以加工时常采用一些辅助装置提高其刚度，图 3-11 即为一例。

（4）合理装夹工件，减少夹紧变形。在工件装夹时必须力求减小弯曲力矩或使作用力通过支承面，图 3-12 就是两种不同的安装加工方法，其中图 3-12a 的工艺系统刚度较低，而图 3-12b 将工件放倒，改用面铣刀加工，工艺系统刚度则提高。

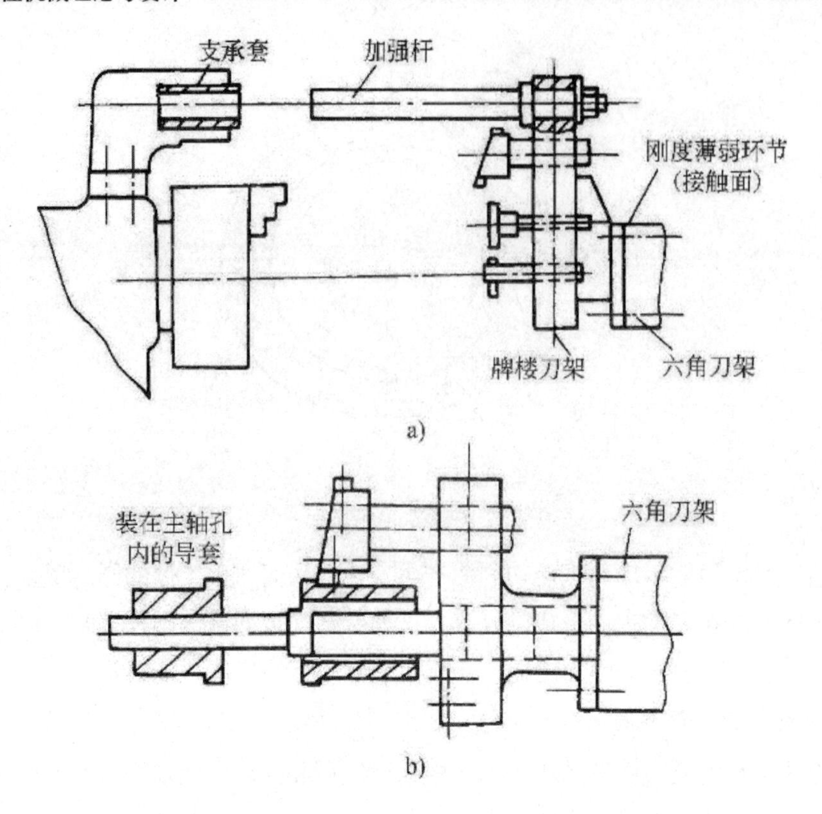

图3-11　转塔车床上提高刀架刚度的装置与措施

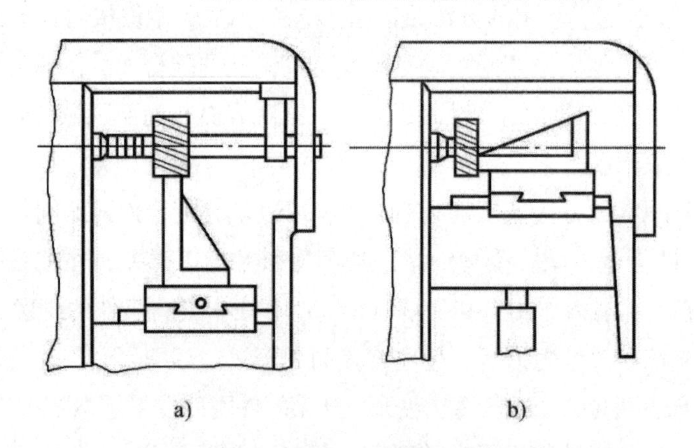

图3-12　铣角铁零件的两种安置方法

（六）工艺系统受热变形引起的误差

切削加工时，切削热及机床传动部分产生的热量，使工艺系统产生不均匀的温升并产生复杂的变形，从而改变了刀具与工件的相互位置及已调整好的加工尺寸，产生加工误差。

1. 工件受热变形

在切削加工中，工件的热变形主要是切削热引起的。在热膨胀下达到的加工尺寸，冷却收缩后会变小，甚至超差。

对不同形状的工件和不同的加工方法，工件的热变形是不同的。细长轴在顶尖间装夹时，工件受热伸长，如果顶尖间的距离保持不变，则工件受顶尖的压力产生弯曲变形。磨削精密丝杠时，工件热变形会引起螺距累积误差。磨削床身导轨面时，由于零件的被加工面与底面的温差所引起的热变形也是很大的。

2. 刀具受热变形

一般刀具体积小，因此温升快。在开始加工后的短时间内就产生很大的伸长量，然后其尺寸就基本稳定下来，因此成批生产连续加工时，要特别注意开始工作时的加工尺寸变化。

3. 机床受热变形

机床结构的不对称及不均匀的受热，使其产生不对称的热变形。工作一段时间后，车床主轴箱前端的温升高于后端，床身上部温升高于下部，于是变形即为床身上拱，主轴上翘。这种变形对精密机床加工精度的影响较为明显。

由于机床的体积及质量较大，所以从开始升温到温度基本不变时，即到达热平衡状态，需要较长时间，一般外圆磨床需 1 ~ 2h。在升温过程中持续发生变形，因此比较难控制加工尺寸，只有达到热平衡状态才易稳定加工精度。

4. 减小热变形误差的措施

（1）可通过合理选择切削用量和正确选择刀具几何角度的方法，以减少切削热。

（2）减少机床各运动副的摩擦热，从结构和润滑等方面改变摩擦特性，以减少发热。

（3）分离热源。

（4）隔开热源，用隔热材料将发热部件和机床大件隔离开来。

（七）工件残余应力引起的误差

残余应力也称为内应力，是指在没有外力作用下或去除外力后零件内仍留存的应力。具有残余应力的零件，处于不稳定的状态，即使在常温下，零件也会不断地缓慢地产生变形，直到残余应力消失为止。在这一变形过程中，零件会逐渐改变形状而丧失原有的加工精度，若把具有残余应力的重要零件装配成产品，在使用中会产生变形，影响整台产品的质量。

1. 产生残余应力的原因

（1）毛坯制造和热处理等加工过程中产生的残余应力。在铸、锻、焊、热处理等加工过程中，由于各部分冷热收缩不均匀以及金相组织转变时体积变化，使毛坯内部产生了相当大的残余应力。毛坯的结构愈复杂，各部分的厚度愈不均匀、散热的条件相差愈大，则在毛坯内部产生的残余压力也愈大。具有残余应力的毛坯在短时间内还显示不出来，残余应力暂时处于相对平衡的状态。但当切去一层金属后，就打破了这种平衡，残余应力重新分布，工件就明显地出现了变化。

图 3-13 表示一个内外壁厚相差较大的铸件在浇铸后，它的冷却过程大致如下：由于

壁 1 和壁 2 比较薄，散热较易，所以冷却较快。壁 3 比较厚，所以冷却较慢。当壁 1 和壁 2 以塑性状态冷到弹性状态时，壁 3 的温度还比较高，尚处于塑性状态。所以壁 1 和壁 2 收缩时壁 3 不起阻挡变形的作用，铸件内部不产生内应力。但当壁 3 也冷却到弹性状态时，壁 1 和壁 2 的温度已经降低很多，收缩速度变得很慢。但这时壁 3 收缩较快，就受到了壁 1 和壁 2 的阻碍。因此壁 3 受到了拉应力，壁 1 和壁 2 受到压应力，形成了相互平衡的状态。如果在这个铸件的壁 2 上开一个口，如图 3-13b 所示，则壁 2 的压应力消失，铸件在壁 3 和壁 1 的内应力的作用下，壁 3 收缩，壁 1 伸长，铸件就发生弯曲变形，直至内应力重新分布达到新的平衡为止。由此可以这样说，各种铸件都将由于冷却不均匀而产生残余应力。特别是床身导轨，为提高导轨面的耐磨性，常使用局部激冷工艺使它冷却更快一些，以获得较高的表面硬度，因而首先进入弹性状态的上、下部金属受到压应力，而进入弹性状态较晚的中间部分则受到拉应力。若导轨表面经过粗加工刨去一层，残余应力得到部分释放，其余的残余应力则重新分布和平衡，从而使工件产生变形（图 3-14），影响了导轨的直线度精度。由于这个新的平衡过程需要一段较长的时间才能完成，因此尽管导轨经过精加工去除了这一变形的大部分，但床身内部组织还在继续转变，合格的导轨面渐渐地丧失了原有的精度。为了克服这种残余应力重新分布而引起的变形，一般应粗精加工分开进行。

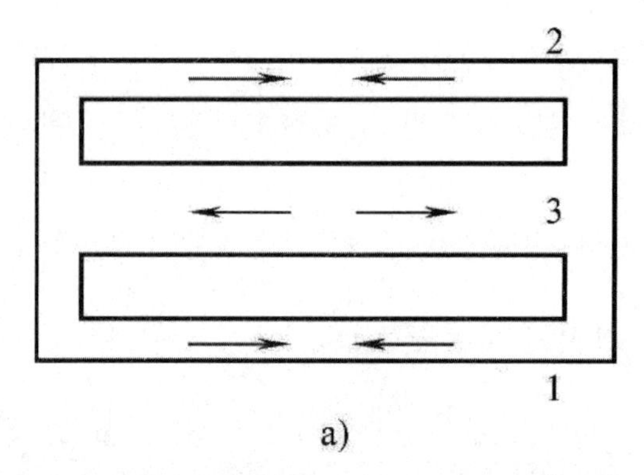

a)

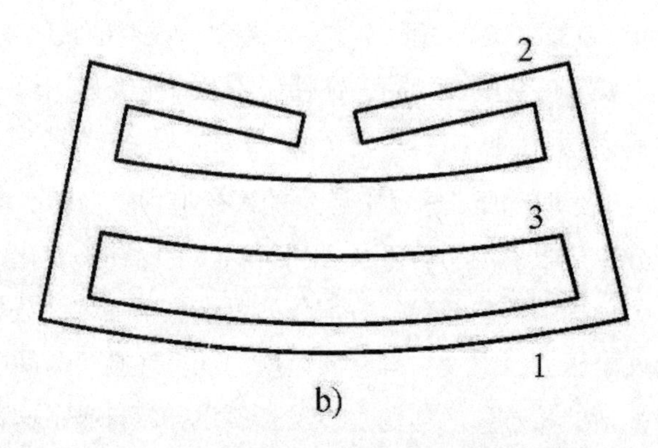

b)

图3-13　铸件因残余应力而引起的变形

a）加工前；b）加工后

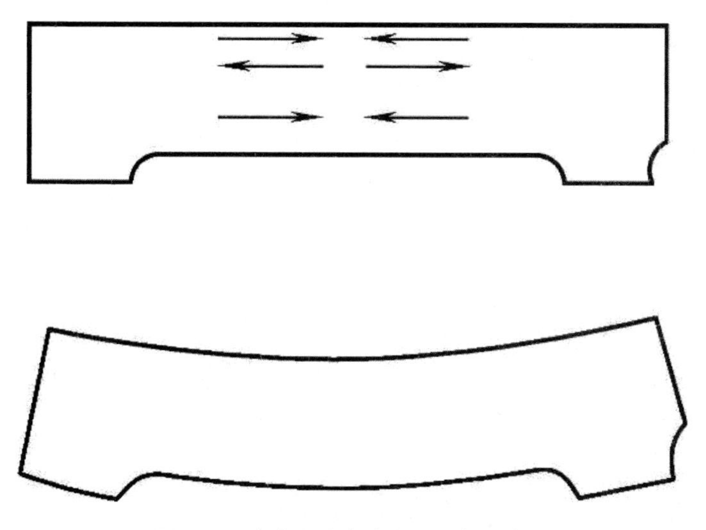

图3-14　床身因残余应力而引起的变形

（2）冷校直带来的残余应力。一些刚度较低的细长工件如丝杠等，经车制以后，棒料在轧制中产生的残余应力要重新分布，因此产生弯曲变形。为了纠正这种变形，常用冷校直的方法，就是在常温下将已弯曲变形的工件，在变形的相反方向加外力F，如图3-15所示，使工件向相反方向弯曲，产生塑性变形，以达到校直的目的。但是冷校直的工件虽然减少了弯曲，但是依然处于不稳定状态，若再次加工或放的时间久些又会产生新的弯曲变形或原来的变形恢复。因此，对于6级以上的高精度丝杠等重要、精密的零件不允许采用冷校直工艺，而是经过多次车削和时效处理来消除残余应力。

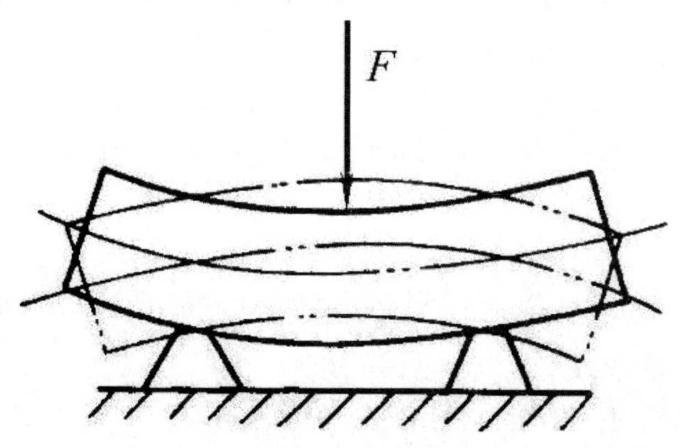

图3-15　冷校直引起的残余应力

（3）切削加工产生的残余应力。在机械加工中由于工件表面的冷态塑性变形、热态塑性变形和金相组织变化三方面的作用使得在工件的表面层产生残余应力。在切削或磨削中由于工件表面受到刀具后面或砂粒的挤压和摩擦，表面层产生伸长塑性变形，而基体金属仍处于弹性变形状态，当切削过后，基体金属弹性恢复，但受到已塑性变形的表面层金属的牵制，在表面层产生了残余拉应力。工件在切削热作用下产生热膨胀，由于基体的温度低于表面层金属温度，因此表面层产生残余应力。

2. 减小残余应力的措施

减小残余应力一般可采取下列措施：

（1）增加消除内应力的专门工序。例如对铸、锻、焊接件进行退火或回火，对淬火后的零件进行回火，对精度要求高的零件如床身、丝杠、箱体、精密主轴等在粗加工后进行时效处理（对一些要求极高的零件如精密丝杠、标准齿轮、精密床身等则要求在每次切削加工后都进行时效处理）。常用的时效处理方法有：

①高温时效——是将工件以每小时 50 ~ 100℃的速度均匀地加热至 500 ~ 600℃，保温 4 ~ 6h 后以每小时 20 ~ 50℃的冷却速度随炉冷却到 100 ~ 200℃取出。在空气中自然冷却，高温时效一般适用于毛坯和粗加工后。

②低温时效——是将工件均匀地加热到 200 ~ 300℃。保温 3 ~ 6h 后取出，在空气中自然冷却。低温时效一般适用于半精加工后的工件。

③热冲击时效——是将加热炉预热到 500 ~ 600℃，保持恒温。然后将铸件放入炉内，当铸件的薄壁部分温度升到 400℃左右，厚壁部分因热容量大而温度上升到 150 ~ 200℃左右（由放入炉内的时间来控制），及时地将铸件取出，在空气中冷却。由于温差而引起的应力和铸造时产生的残余应力因叠加而抵消，从而达到消除残余应力的目的。热冲击时效耗时少（一般只需几分钟），适用于具有中等应力的铸件。

④振动时效——是用激振器或振动台使工件以约 50Hz 的频率进行振动来消除残余应力。如以工件的固有频率激振，则效率更高。由于振动时效方便简单，没有氧化层，因此一般适用于最后精加工前的时效工序。对于某些零件，可用木锤击打的方式进行时效处理。一些小工件，还可将它们装在滚筒内，滚筒旋转时工件相互撞击，也可达到消除残余应力的效果。

（2）要合理安排工艺过程。粗、精加工应分别在不同工序中进行，使粗加工后有一定时间让残余应力重新分布，以减少对精加工的影响。在加工大型工件时，粗、精加工往往在一个工序中完成，这时应在粗加工后松开工件，让工件有自由变形的可能，然后再用较小的夹紧力夹紧工件后进行精加工。对于精密零件，在加工过程中不允许进行冷校直（必要进行校直时应采用热校直）。

（3）简化零件结构，提高零件的刚度，使壁厚均匀，焊缝分布均匀，这些措施均可减少残余应力。

（八）测量误差

工件加工后能否达到预定的加工精度，必须用测量结果来加以鉴别。但任何一种精密量具、测量仪器和测量方法都不可能绝对准确，测量出来的数据只能是一个近似值。若测量有误差，显然也会引起加工误差。产生测量误差的原因，主要是下列三个方面：①量具、量仪和测量方法本身的误差；②环境条件的影响，主要是温度和振动；③操作人员主观因素的影响，如测量力的大小、视差等。其中第一方面的影响是引起测量误差的主要原因。

（九）调整误差

1. 进给位置误差

刀具切削进给时，由于进给丝杠副的误差，刻度盘上刻度的误差及运动副产生的爬行，使得实际进给量并不与刻度指示盘标出的进给读数一致，其差值直接影响到加工尺寸的准确性。

2. 定程元件位置误差

定程元件的刚度不足、磨损会降低其重复定位精度，改变工件的加工尺寸，产生加工误差。

3. 对刀误差

对刀元件及对刀用样品工件的误差，直接影响对刀精度。此外，对刀时刀具位置会因为刀具本身或刀架刚度的不同而改变，影响加工精度。

（十）操作误差

由于操作者缺少必备的技术理论和操作技术或者工作责任心不强而引起的误差称为操作误差。为了减少操作失误，保证产品质量，提高劳动生产率，应全面提高操作者的素质。

三、提高和保证加工精度的途径

机械加工误差主要是由工艺系统的误差引起的，它是影响加工精度的主要因素。为了提高和保证加工精度，可以通过采取一定的工艺措施和其他方法来减少或消除这些误差对加工精度的影响。

（一）直接减少或消除误差法

直接减少或消除误差法是在确定产生加工误差的主要因素后，有针对性地对它进行消除或减少，这种方法在生产实践中应用较广。

例如，用自定心卡盘装夹加工薄壁套类零件时，为了防止和减少由于夹紧力的作用而产生的零件变形，生产中常采用在薄壁套类零件外增加一个薄壁的开口过渡环或采用专用卡爪使夹紧力均匀分布在薄壁套类零件上的方法，从而减少变形，减少加工误差。又如，细长轴的车削加工，由于工件的刚度低，切削时容易产生弯曲变形和振动，为了减少因背向力使工件弯曲变形而产生加工误差，采用中心架或跟刀架以提高工件的刚度，还可采用反向进给的切削方法，如图 3-16 所示。

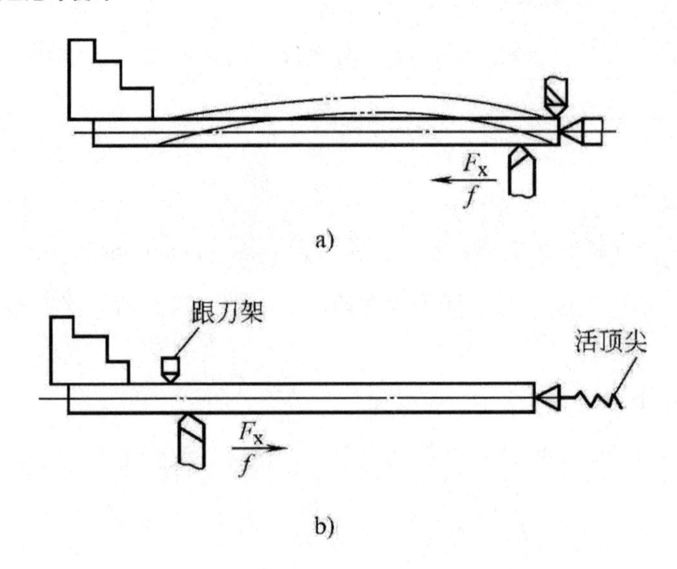

图3-16 顺向进给和反向进给车削细长轴

a）顺向进给；b）反向进给

（二）误差补偿法

误差补偿法就是当工艺系统出现的原始误差不能直接减少或消除时，可采用人为地造成一种原始误差去抵消工艺系统固有的原始误差，从而减少加工误差，提高加工精度。磨床床身是一个狭长的结构，刚度较差。虽然在加工时床身导轨的三项精度都能达到，但在安装上其他部件后，往往发现导轨精度超差，这是因为这些部件的自重引起床身变形。为此用预加载荷的方法精加工磨床床身导轨——采用“配重”代替部件重量，或将部件装配完毕再精磨导轨面，如图 3-17 所示。

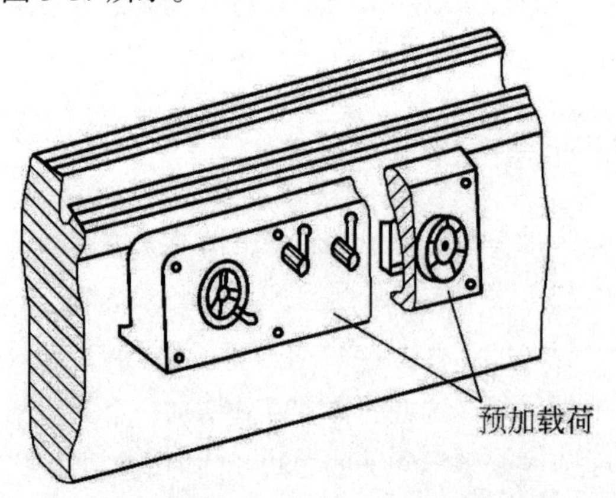

图3-17 精加工磨床床身导轨时预加载荷

（三）均分原始误差法

由于上道工序加工的尺寸误差值较大，使得本工序的定位不稳定，引起了定位误差或复映误差过大，从而影响了加工精度。均分原始误差法就是采用将这些尺寸误差值较大的零件分为 n 组，使每组的误差缩小为原来的 1/n，然后按各组的平均尺寸分别调整刀具与工件的相对位置或调整定位元件的方法，这样就大大缩小了整批工件的尺寸误差的范围，便于加工和保证质量。

（四）误差转移法

误差转移法就是采取一些措施和方法，将工艺系统的误差转移到不影响加工精度的方面去。例如，在箱体的孔系加工中为了达到加工要求，并不是一味地提高机床精度，而是用镗模夹具来保证工件的制造精度，这样，机床的几何误差就转移不到加工精度的方向去了。又如，对具有分度或转位的多工位加工工序，其分度、转位误差将直接影响零件有关表面的加工精度。若将刀具垂直安装如图 3-18 所示，可将刀架转位时的重复定位误差转移到零件加工表面的误差非敏感方向，使加工误差减少。

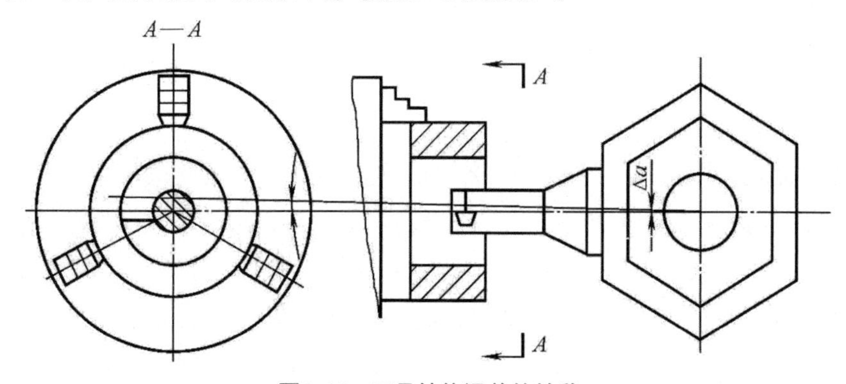

图3-18　刀具转位误差的转移

（五）就地加工法

有些零件或产品的精度在加工和装配中难以达到或者根本不可能，如果采用就地加工法，就有可能很快地解决看似非常困难的精度问题。例如图 3-19 所示，转塔车床制造中，为了保证转塔上六个安装刀具孔的轴线与主轴回转轴线同轴，圆孔的精加工安排在转塔装配到机床上以后，在主轴上装上镗刀，进行圆孔和端面的加工，这样就保证了转塔车床对安装刀具孔的技术要求。

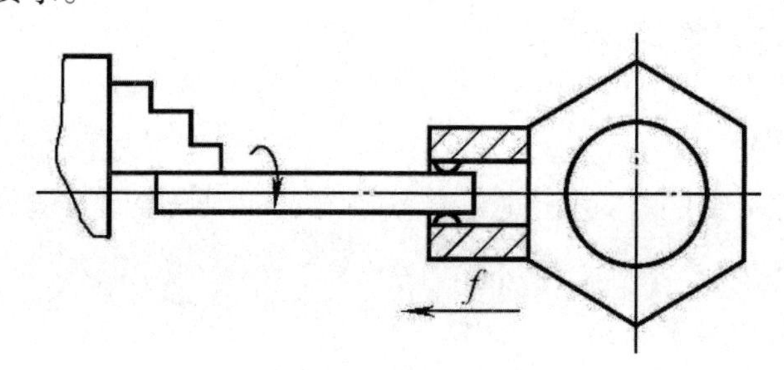

图3-19　就地加工法

第二节　机械加工的表面质量

一、机械加工表面质量的含义

机械加工的表面质量是指零件加工后的表层状态，它包含了零件加工后的微观几何形状误差和物理力学性能。它是衡量机械加工质量的一个重要方面，其质量将对零件或产品的使用性能和使用寿命产生很大的影响。

（一）表面的几何特征

表面的几何特征主要有表面粗糙度、表面波度、表面加工纹理和伤痕。

1. 表面粗糙度

表面粗糙度是指加工表面上具有的很小间距的波峰、波谷组成的微观几何形状特性，它主要由所使用的刀具、切削用量、加工方法以及其他因素形成，波高与波长的比值一般大于1 ∶ 50。

2. 表面波度

表面波度是介于微观几何形状误差和宏观几何形状误差之间的几何形状误差，它主要由工艺系统的低频振动造成，波高与波长的比值一般为1 ∶ 50至1 ∶ 1000。波高与波长的比值如果小于1 ∶ 1000时属于宏观几何形状误差，可以用加工精度中的形状误差来表示。

3. 表面加工纹理

表面加工纹理是指表面微观结构的主要方向。它是由形成表面的过程中所采用的加工方法、主运动与进给运动关系决定的。

4. 伤痕

在加工表面的某个位置上出现的缺陷，它包括气孔、划痕、裂纹砂眼等。

（二）表面层力学性能

1. 表面层加工硬化

表面层加工硬化主要是由切削过程中的切削力、切削热等因素造成的，主要参数是硬化层的深度和硬化程度。

2. 表面层金相组织的变化

切削时产生的高温往往造成工件表面层金相组织发生变化，从而降低了表面层的力学性能。

3. *表面层残余应力*

毛坯在铸造和工件在热处理过程中由于整体冷却速度不均匀以及切削加工时的切削力作用，在表面层产生残余应力。

二、表面质量对零件使用性能的影响

（一）对零件耐磨性的影响

由于加工后的零件表面存在着凹凸不平，而配合表面实际上只是在一些凸峰顶部接触。这样当零件受力作用时，在凸峰部分单位面积上的应力就增大，表面愈粗糙，实际接触面积就愈小，凸峰处单位面积上的应力也愈大。当两个零件做相对运动时，在接触处就会产生弹性变形和塑性变形及剪切等现象，凸峰部分被压平造成磨损。一般表面粗糙度值小的表面磨损得慢些。

表面粗糙度的轮廓形状和加工痕迹方向对耐磨性也有显著影响。这是因为它直接影响到金属表面的实际接触面积和润滑液的存在情况。在轻载并充分润滑的情况下，两表面加工痕迹方向和运动方向相同时磨损较小。如发动机的曲轴轴颈与轴瓦在液体润滑条件下工作，加工痕迹方向相同，耐磨性较好。而在重载又无充分润滑的情况下，两表面的加工痕迹方向相垂直时磨损较小，如机床导轨与床鞍是在边界摩擦条件下工作，两者的加工痕迹方向以互相垂直为好。所以对于重要零件就规定最后工序的加工痕迹方向。

工件表面在加工过程中产生强烈的塑性变形后，其强度、硬度都得到提高并达到一定深度层，这种现象称为冷作硬化。表面层的冷作硬化提高了表面的硬度，增加了表层的接触刚度，减少了摩擦表面间发生弹性变形和塑性变性的可能性，使金属之间的咬合现象减小，耐磨性提高。冷作硬化程度越高，其耐磨性越好，但要有一定限度，过度的硬化会使表面产生细小的裂纹及剥落，从而加剧磨损。

（二）对零件疲劳强度的影响

由于表面上微观不平的凹谷处在交变载荷作用下，容易形成应力集中，产生和加剧疲劳裂纹以致疲劳损坏。因此减小表面粗糙度值，可提高零件的疲劳强度。重要零件的应力集中区域，其表面应采用精磨甚至用抛光方法来减小其表面粗糙度值。

表面层在加工或热处理过程中会产生残余的拉应力或压应力。当工作载荷产生的拉应力与残余拉应力叠加后大于材料的强度时，表面会产生疲劳裂纹。而工件的表面残余压应力可以抵消部分工作拉应力，防止产生表面裂纹，从而提高零件的疲劳强度。在交变载荷下工作的零件，一般需要其表面具有很高的残余压应力。

表面层冷作硬化对零件疲劳强度也有影响，适当的加工硬化能阻碍已有裂纹的继续扩大和新裂纹的产生，有助于提高零件的疲劳强度。

（三）对零件耐腐蚀性的影响

表面粗糙度值大的表面与腐蚀介质有很大的接触面积，吸附在表面上的腐蚀性气体或液体也越多，而且凹谷中容易积留腐蚀介质并通过凹谷向内部渗透，凹谷越深尤其有裂纹时，腐蚀作用愈强烈。而经过精磨、研磨及抛光的表面由于光滑，表面积聚腐蚀介质的条件差，甚至不易积聚，所以不易腐蚀。

表面残余应力对零件耐腐蚀性也有较大的影响，残余压应力使零件表面紧密，腐蚀性物质不易渗入，可增强零件的耐腐蚀性。反之，残余拉应力则降低零件的耐腐蚀性。

（四）对零件配合性质的影响

精车后的表面仅有 10% ~ 15% 能相互接触，因此粗糙度影响零件的配合性质。在间隙配合中，如果零件的配合表面粗糙，使表面顶峰部分产生很大的剪切力，在开始运转时即被剪断，工作过程中的初期磨损量大，使配合间隙增大。在过盈配合中，如果零件的配合表面粗糙，装配时表面上的凸峰被挤平，使有效过盈量减少，降低了过盈配合的强度，同样也降低了配合精度。因此，为了提高配合的稳定性，对有配合要求的表面都必须规定较小的粗糙度值。

表面残余应力会引起零件变形，这样就改变了原来的配合状态，对零件配合性质就带来了一定的影响。

三、提高零件表面质量的方法

（一）控制表面粗糙度的方法

机械加工中，使表面粗糙的主要原因可归纳为两方面：一是切削刃和工件相对运动轨迹所形成的表面粗糙（几何因素）；二是和被加工材料性质及切削机理有关的因素（物理因素）。

在切削加工中，造成表面粗糙的几何因素是切削残留面积和切削刃刃磨质量。残留面积高度愈大，表面愈粗糙。根据切削原理可知，残留面积的高度与进给量、刀尖圆弧半径及刀具的主、副偏角有关。影响表面质量的物理因素是切削过程中的塑性变形、摩擦、积屑瘤、鳞刺以及工艺系统中的高频振动等。为控制切削加工中的表面粗糙度值，可以采取下列措施：

1. 由于在一定的切削速度范围内容易产生积屑瘤或鳞刺，因此，要选择合理的切削速度，一般要避免中速切削。如车削 45 钢时，当切削速度超过 100m/min 时，表面粗糙度值减小至趋于稳定。选择小的进给量，可减少残留面积高度，从而使表面粗糙度值减小。

2. 合理选用刀具材料及几何参数。刀具材料与被加工材料分子间的亲和力大时，会引起刀具加速磨损，影响工件表面粗糙度。刀具的几何参数包括刀具的几何角度、刀面形式和切削刃形状，对零件表面粗糙度有着最直接的影响，在选择时必须根据零件的材料、刀具的材料及加工的性质进行合理的选取。

3. 切削液对加工表面粗糙度有明显的影响。切削液的冷却作用使切削温度降低，切削液的润滑作用使刀具和被加工表面间的摩擦状况得到改善，从而减少了切削过程的塑性变形并抑制积屑瘤和鳞刺的生长，对降低表面粗糙度有很大的作用。

（二）控制表面残余应力的方法

为了长期保持精密零件的精度，避免表面残余应力使工件产生变形，应尽可能消除或减小其表面残余应力。在很高的交变载荷下工作的零件，希望其表面具有很高的残余压应力。为此，可以采用以下方法控制表面残余应力。

1. 采用滚压、喷砂、喷丸等方法对零件表面进行处理，使表面产生局部塑性变形向四周扩张，因材料扩张受阻而产生很大的残余压应力，从而有效地提高零件的疲劳强度。

2. 采用人工时效的方法消除表面残余应力。

3. 采取精细车、精细磨、研磨、珩磨、超精加工等方法作为工件的最终加工。由于这些加工方法的余量小，切削力、切削热极小，因此，不仅可以去除前道工序造成的表面变质层及表面残余应力，又可避免产生新的表面残余应力。

第三节　典型零件的加工工艺

一、轴类零件的加工

（一）概述

轴类零件是机器中的主要零件之一，主要功能是支承传动件（齿轮、带轮、离合器等）和传递转矩。常见的轴的种类如图 3-20 所示。

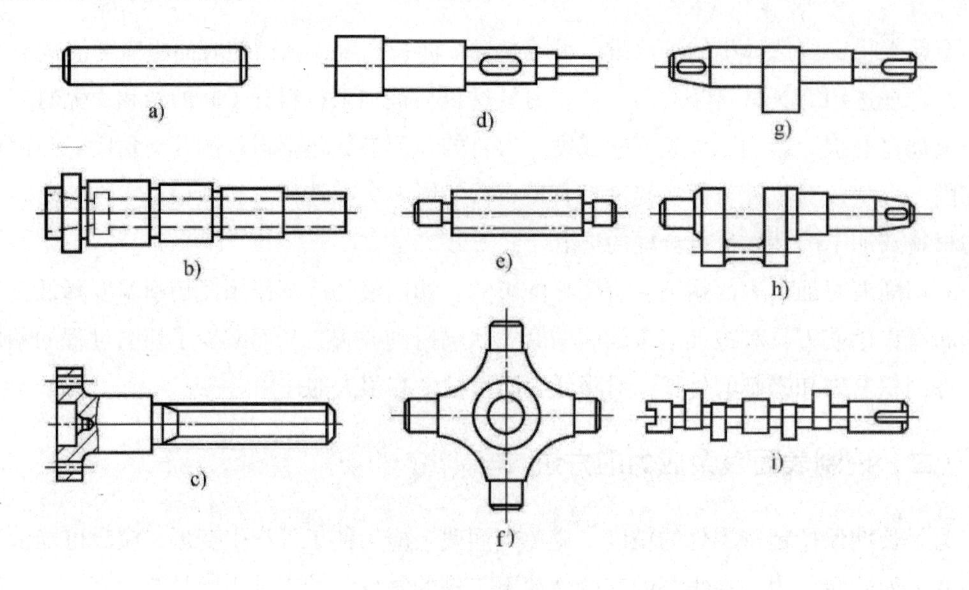

图3-20 轴的类型

a）光轴 b）空心轴 c）半轴 d）阶梯轴 e）花键轴 f）十字轴 g）偏心轴 h）曲轴 i）凸轮轴

从轴类零件的结构特征来看，它们都是长度 L 大于直径 d 的旋转零件，若 L/d ≤ 12，通常称为刚性轴，而 L/d ＞ 12 则称为挠性轴，其加工表面主要有内外圆柱面，内外圆锥面、螺纹、花键、沟槽等。

1. 轴类零件的技术要求

（1）尺寸精度。轴类零件的支承轴颈一般与轴承配合，是轴类零件的主要表面，它影响轴的旋转精度与工作状态，通常对其尺寸精度要求较高，为 IT5 ~ IT7 级。装配传动件的轴段尺寸精度为 IT6 ~ IT9 级。

（2）形状精度。轴类零件的形状精度主要是指支承轴颈的圆度、圆柱度、一般应将其限制在尺寸公差范围内，对精度要求高的轴，应在图样上标注其形状公差。

（3）位置精度。保证配合轴颈（装配传动件的轴段）相对支承轴颈（装配轴承的轴段）的同轴度或跳动量，是轴类零件位置精度的普通要求，它会影响传动件（齿轮等）的传动精度。普通精度轴的配合轴颈对支承轴颈的径向圆跳动，一般规定为 0.01 ~ 0.03mm，高精度轴为 0.001 ~ 0.005mm。

（4）表面粗糙度。一般与传动件相配合的轴颈的表面粗糙度值为 Ra2.5 ~ 0.63 μ m，与轴承相配合的支承轴颈的表面粗糙度值为 Ra0.63 ~ 0.16 μ m。

2. 轴类零件的材料、毛坯及热处理

（1）轴类零件的材料。轴类零件应根据不同工作条件和使用要求选用不同材料和不同的热处理，以获得一定的强度、韧性和耐磨性。

45 钢是一般轴类零件常用的材料，经过调质处理后可得到较好的切削性能，而且能获得较高的强度和韧性等综合力学性能，重要表面经局部淬火后再回火，表面硬度可达到

45 ~ 52HRC。40Cr 等合金结构钢适用于中等精度而转速较高的轴，这类钢经调质和表面淬火处理后，具有较高的综合力学性能。轴承钢 GCr15 和弹簧钢 65Mn 可制造较高精度的轴，这类钢经调质和表面高频感应加热淬火后再回火，表面硬度可达到 50 ~ 58HRC，并具有较高的疲劳性能和耐磨性能。对于高转速、重载荷等条件下工作的轴，可选用 20CrMoTi，20Mn2B 等低碳合金钢或 38CrMoAl 中碳合金渗氮钢，低碳合金钢经正火和渗碳淬火处理后可获得很高的表面硬度较软的心部，因此冲击韧度好，但缺点是热处理变形较大；而对于渗氮钢，由于渗氮温度比淬火低，经调质和表面渗氮后，变形很小而硬度却很高，具有很好的耐磨性和疲劳强度。

（2）轴类零件的毛坯。轴类零件最常用的毛坯是圆棒料和锻件，只有某些大型或结构复杂的轴（如曲轴），在质量允许时才采用锻件。由于毛坯经过加热锻造后，能使金属内部纤维组织沿表面均匀分布，可获得较高的抗拉、抗弯及抗扭强度，所以除光轴，直径相差不大的阶梯轴可使用热轧棒料或冷拉棒料外，一般比较重要的轴大都采用锻件，这样既可改善力学性能，又能节约材料，减少机械加工量。

根据生产规模的大小，毛坯的锻造方式有自由锻和模锻两种。自由锻设备简单，容易投产，但毛坯精度较差，加工余量大且不易锻造形状复杂的毛坯，所以多用于中小批量生产；模锻的毛坯制造精度高，加工余量小，生产率高，可以锻造形状复杂的毛坯，但模锻需昂贵的设备和专用锻模，所以只适用于大批量生产。

另外，对于一些大型轴类零件，例如低速船用柴油机曲轴，还可以采用组合毛坯，即将轴预先分成几段毛坯，经各自锻造加工后，再采用红套等过盈连接方法拼装成整体毛坯。

（3）轴类零件的热处理。轴的质量除与所选钢材种类有关外，还与热处理有关。轴的锻造毛坯在机械加工之前，均需进行正火或退火处理（碳的质量分数大于 0.7% 的碳钢和合金钢），使钢材的晶粒细化（或球化），以消除锻造后的残余应力，降低毛坯硬度，改善切削加工性能。

凡要求局部表面淬火以提高耐磨性的轴，需在淬火前安排调质处理（有的采用正火）。当毛坯加工余量较大时，调质放在粗车之后，半精车之前，使粗加工产生的残余应力能在调质时消除；当毛坯余量较小时，调质可安排在粗车之前进行。表面淬火一般放在精加工之前，可保证淬火引起的局部变形在精加工中得到纠正。

对于精度要求较高的轴，在局部淬火和粗磨之后，还需安排低温时效处理，以消除淬火及磨削中产生的残余应力和残余奥氏体，控制尺寸稳定；对于整体淬火的精密主轴，在淬火、粗磨后，要经过较长时间的低温时效处理；对于精度更高的主轴，在淬火之后，还要进行定性处理，定性处理一般采用冰冷处理方法，以进一步消除加工应力，保持主轴精度。

（二）轴类零件加工工艺过程与工艺分析

图 3-21 所示为磨床主轴零件简图，表 3-1 是主轴的生产工艺过程。对于磨床主轴，其

主要表面的精度和表面质量要求较高，其工艺特点如下：

1. 选择定位基准时，为了保证支承轴 ϕ55mm 与其他外圆的位置精度，全部以两个中心孔定位，符合基准统一原则；并且十分重视定位基准，其中心孔先后安排了三次研磨工序，使定位基面的精度逐次提高。

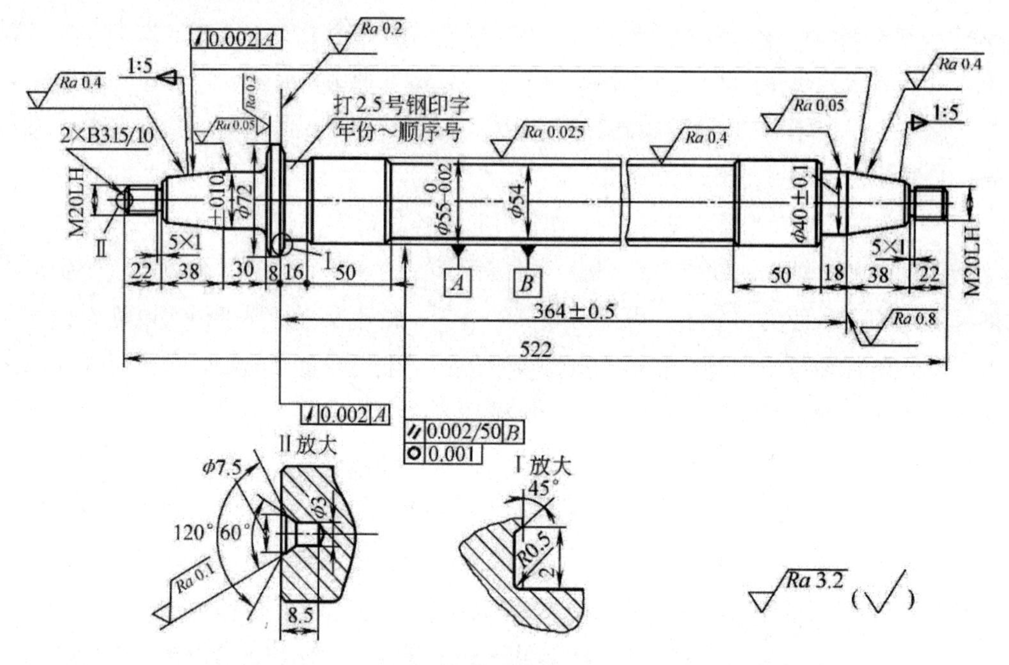

技 术 要 求

1. 两处 1∶5 圆锥用着色法检验，接触面积不少于 80%。

2. 材料：38GrMoAlA。

3. 热处理：1∶5 圆锥面、$\phi55_{-0.02}^{0}$ mm 外圆表面渗氮，渗氮层深 0.5mm，900HV。

图3-21 磨床主轴

表3-1 主轴生产工艺过程

序号	工序内容	定位基准
1	锻造	
2	调质	
3	中心孔	外圆
4	粗车各外圆、圆锥表面	外圆、中心孔
5	金相检查	
6	半精车、精车外圆、圆锥表面及退刀槽	外圆、中心孔
7	粗磨外圆、圆锥表面及端面	中心孔
8	人工时效	
9	车螺纹	中心孔
10	半精磨、精磨外圆、圆锥表面及端面	中心孔
11	渗氮	
12	高精磨1:5圆锥面，$\Phi55_{-0.02}^{0}$ mm外圆表面及端面	中心孔

2. 有要求表面的加工工序划分的很细，如支承轴颈 ϕ55mm，表面经过粗车、半精车、粗磨、半粗磨、精磨、高精磨 6 道工序，可有效地确保主要轴颈的加工精度；并且在工序间还安排多次热处理，以减少加工中产生的残余应力。

3. 两端 M20 螺纹的加工安排在精加工阶段中进行，一方面可避免过早地使主轴两端轴颈尺寸变小，降低工件刚度；另一方面，也是根据图样要求，除去螺纹外层经渗氮处理后留下的不需要的渗氮层。

4. 采用渗氮层和渗氮热处理可减少热处理变形，获得很高的表面硬度 900HV（相当于 66HRC）。但渗氮前的调质处理非常严格，不仅要求调质后获得均匀细微的索氏体组织，而且要求距表面 8 ~ 10mm 层内的铁素体含量不得超过 5%，铁素体在金相组织中呈点状均匀分布，否则会形成渗氮脆性，产生裂纹。为此，专门在调质后安排割试片送理化室作金相检查的工序，如果金相组织检验不合格，则退回热处理，对工件重新调质。

5. 渗氮前主要轴颈的余量要求严格控制，粗磨后留余量 0.04 ~ 0.06mm（公差仅 0.02mm），如此高的留余量要求，主要是为了确保渗氮质量。这是因为渗氮层表面硬度梯度很大，渗氮后最外层表面硬度可达到 72HRC；而距表面 0.1mm 层以下，硬度急剧下降至 60HRC 以下；经测定，在表面 0.1mm 层以内，硬度损失却很小，仅从 72HRC 变化至 70HRC 左右。因此，渗氮前严格控制余量小于 0.1mm 非常重要。

6. 主轴检验时确保主轴加工质量的一个重要环节是除了工序间检验以外，在全部工序完成之后，应对主轴的尺寸精度、形状精度、位置精度和表面粗糙度进行全面的检验，以便确定主轴达到各项技术要求，而且还可从检验的结果及时发现各道工序中存在的问题，以便纠正，监督工艺过程的正常进行。

检验的依据是主轴零件图。检验工作按一定的顺序进行，先检验各档外圆的尺寸精度，素线平行度和圆度，用外观比较法验证各表面的表面粗糙度及表面缺陷，然后在专用检验夹具上测量位置偏差。在成批生产时，若工艺过程比较稳定，且机床精度较高，有些项目常常采用抽检的办法，并不逐项检验。主要配合表面的硬度应在热处理车间检验。

图 3-22 表示某车床主轴的专用检验夹具及检验方法。在倾斜的夹具底座上固定着两个 V 形块及一个挡铁，主轴以支承颈在 V 形块上定位。在主轴小头的锥孔中装入一个锥形堵塞（堵塞上有中心孔），主轴因自重的作用通过堵塞、钢球顶在夹具的挡块上，达到轴向定位的目的。在主轴大端的锥孔中插入一根检验心轴，它的测量部分长 300mm。按照检验要求在各有关位置上放置指示表，用手轻轻转动主轴，从指示表读数的变化即可测出各项误差，包括主轴锥孔及有关表面相对支承轴颈的径向圆跳动和轴向圆跳动误差。

为了消除检验心轴测量部分和圆锥体之间的同轴度误差，在测量主轴端及 300mm 处的圆跳动时，应将心轴转过 180° 插入主轴锥孔再测量一次，然后取两次读数的平均值，即可使心轴的同轴度误差互相抵消，不影响测量的结果。

锥孔的接触精度用专用锥度量规涂色检验，要求接触面积在 70% 以上，分布均匀且大端接触较“硬”，即锥度只允许偏小。这项检验应在检验锥度孔跳动之前进行。

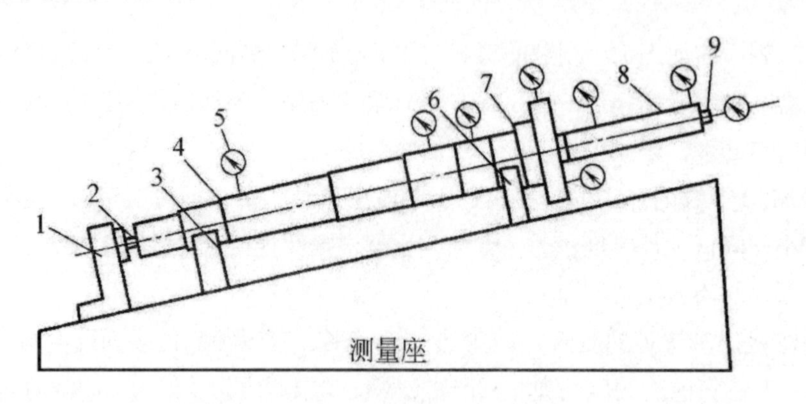

图3-22 主轴的检验方法

1—挡铁；2、9—钢球；3、6—V形块；4—B面；5—指示表；7—A面；8—检验心轴

（三）外圆表面的精加工与光整加工

外圆表面磨削是轴类零件精加工的主要方法，工序安排在最后。当外圆表面有更高要求时，还可增加光整加工工序。现在就外圆表面的磨削与光整加工方法叙述如下：

1. 外圆表面的磨削加工方法

随着科学技术的发展，产品、零件的精度要求越来越高，高强度、高硬度材料的广泛采用，使磨削加工的重要性显得更加突出，应用越来越广。磨削既能加工淬火的钢铁材料零件，也可以加工不淬火非铁金属以及超硬非金属零件（如玻璃、陶瓷、半导体材料、高温合金）等。常用的磨削加工方法有中心磨削法和无心磨削法。

2. 提高磨削生产率的方法

随着精密锻造，精密铸造，挤压成型等少、无切削加工越来越广泛的应用，毛坯的加工余量普遍减少，磨削加工所占的比重逐渐增大。因此提高磨削效率，降低磨削成本，已成为磨削加工中的重要问题之一。提高磨削效率大体有两条途径：一是缩短辅助时间，如自动装卸工件，自动测量，数字显示尺寸，砂轮自动修正及补偿，采用新的磨料，延长砂轮的寿命以减少修整次数；二是改变磨削用量以及增大磨削面积。例如：

（1）高速磨削。它是指砂轮线速度高于 50m/s 的磨削加工。其特点是：生产效率高、能提高砂轮的使用寿命、降低工件表面粗糙度值。

（2）深的切深、缓进给磨削。它是以很大的背吃刀量（可达 2 ~ 12mm）和缓慢的进给速度进行磨削，也称为蠕动磨削或深磨。其特点是：生产效率高、砂轮与工件的冲击小，同时也减少了机床振动，能获得较高的表面质量。

（3）砂带磨削。它是用涂满砂粒的环状布（即砂带）作为切削工具的一种加工方法，如图 3-23 所示。其特点是：所需设备简单，磨削性能好，能磨削复杂型面，但是加工精度低于砂轮磨削，不能加工小直径深孔及不通孔。

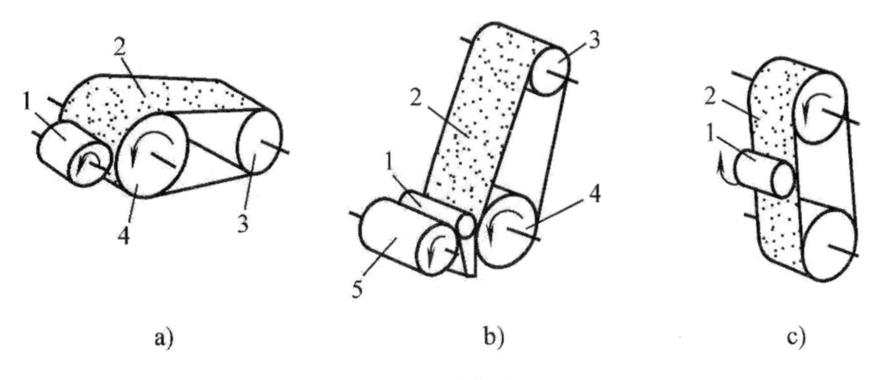

图3-23　砂带磨削

a）中心磨；b）无心磨；c）自由磨

1—工件；2—砂带；3—张紧轮；4—接触轮；5—导轮

（4）宽砂轮磨削与多片砂轮磨削。它的实质就是增加砂轮的宽度，提高磨削生产率（普通砂轮宽度为 50mm 左右，磨削时需要增加纵向运动）。其磨削方法见图 3-24a、图 3-24b。

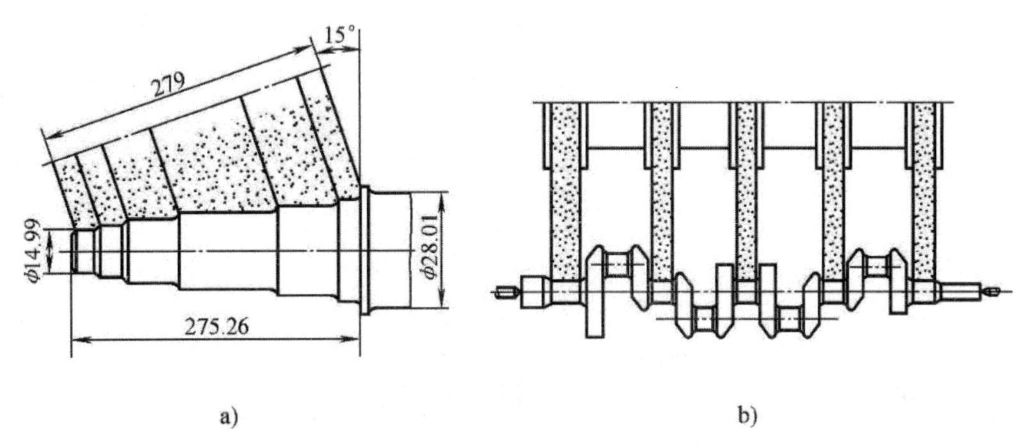

图3-24　宽砂轮与多片砂轮磨削

a）宽砂轮磨削；b）多片砂轮磨削

（5）快速点磨削。图 3-25a 所示为传统外圆磨削，图 3-25b 所示为砂轮轴线相对工件轴线有一个微小的倾斜，形成砂轮与工件的点接触。点磨机床采用数控系统，配置薄片砂轮，特别适宜于复杂形状的曲轴、凸轮轴、传动轴、齿轮轴等的加工。点磨法的特点是：磨削效率高、不会发生磨削烧伤、砂轮驱动功率可以减小等。

3. 外圆表面的光整加工方法

精密磨床的砂轮主轴，其主轴支承轴颈的尺寸精度要求达到 1μm，表面粗糙度值为 Ra0.02 ~ 0.02μm。外圆表面的光整加工方法是提高表面质量的重要手段。其方法有：

（1）高精度磨削。高精度磨削与一般磨削方法相同，但需要特别软的砂轮和较小的磨削用量。例如采用树脂或橡胶作为砂轮结合剂，并加入一定量的石墨作填料。

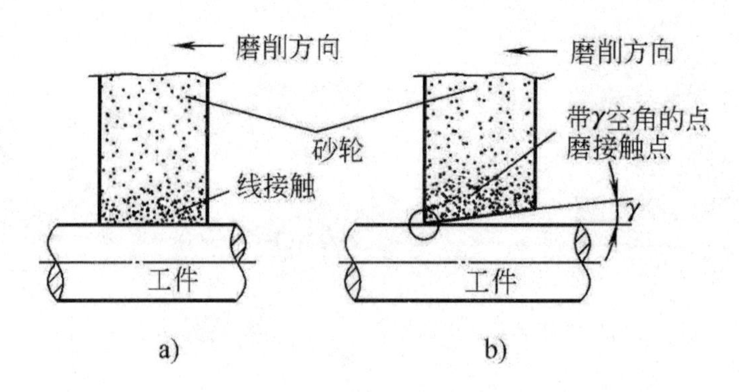

图3-25 普通磨削与点磨削

a）传统外圆磨削；b）点磨法

高精度磨削特点是能够修正上道工序留下的形状误差和位置误差，生产效率高，可配备自动测量仪，但对机床本身精度要求也很高，机床回转精度与振幅须在 0.001mm 以下，进给机构不能有低速“爬行”现象。

（2）超精加工。超精加工原理如图 3-26 所示，它是将细粒度的磨石以一定的压力压在工作表面，加工时工件低速转动，磨头轴向进给，磨石高速往复移动，此三种运动使磨粒在工件表面上形成复杂运动轨迹，以完成对工件表面的切削作用，故其实质就是低速微量磨削。

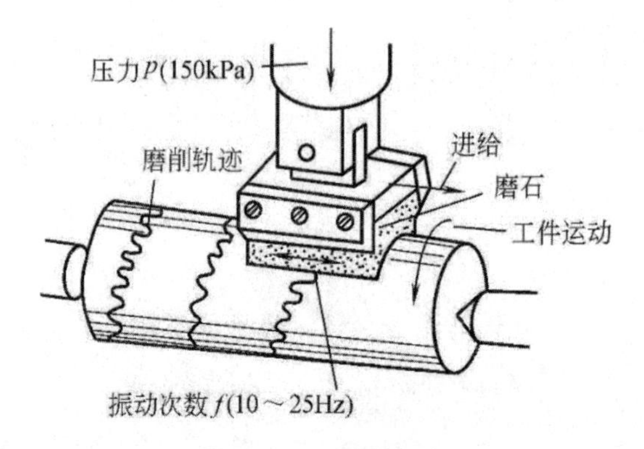

图3-26 超精加工

超精加工切削过程分为四个阶段：强烈切削阶段、正常切削阶段、微弱切削阶段、自动停止切削阶段。超精加工特点是：加工时发热量小，可得到表面粗糙度值为 Ra0.08 ~ 0.01 μ m，这种加工方法不能纠正工件的圆度与同轴度误差（依靠前道工序保证）。

（3）研磨。研磨原理与研具如图 3-27 所示，研磨套在一定压力下与工件做复杂的相对运动，工件缓慢转动，带动磨料对工件表面起切削作用。

研磨特点是：研磨一般都在低速下进行，研磨过程的塑性变形小，切削热少，可获得较小的表面粗糙度值（Ra0.16 ~ 0.01 μ m）；研磨可提高表面形状精度与尺寸精度，但是一般不能提高表面位置精度。研磨方法简单，对加工设备要求的精度不高，不仅可以加工金属，而且也可加工非金属，如光学玻璃、陶瓷、半导体、塑料等。

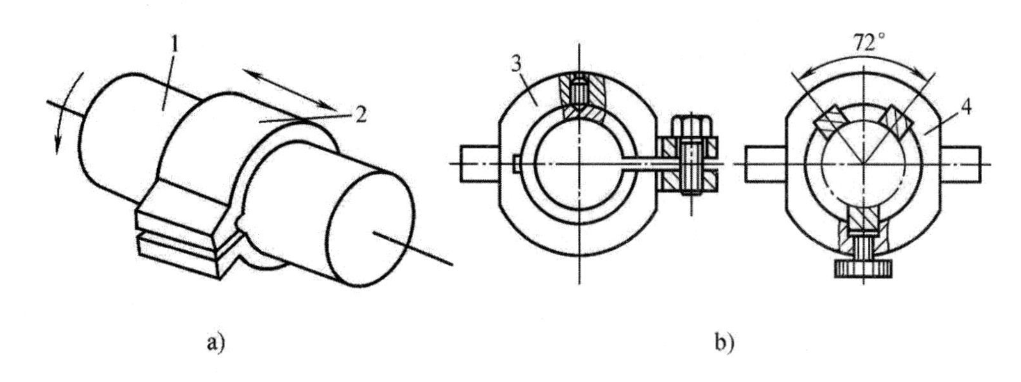

图3-27　研磨原理与研具

a）外圆研磨示意；b）外圆柱面研具

1—工件；2—研具；3—开口可调研磨环；4—三点式研具

（4）珩磨。外圆珩磨如图 3-28 所示。图 3-28a 所示为双轮珩磨示意图，珩磨轮相对工件轴心线倾斜一定的角度，并以一定的压力从相对的方向压向工件表面，工件（或珩磨轮）做轴向往复运动。在工件转动时，因摩擦力带动珩磨轮旋转，并产生相对滑动，起微量切削作用，它是类似于超精加工的方法。

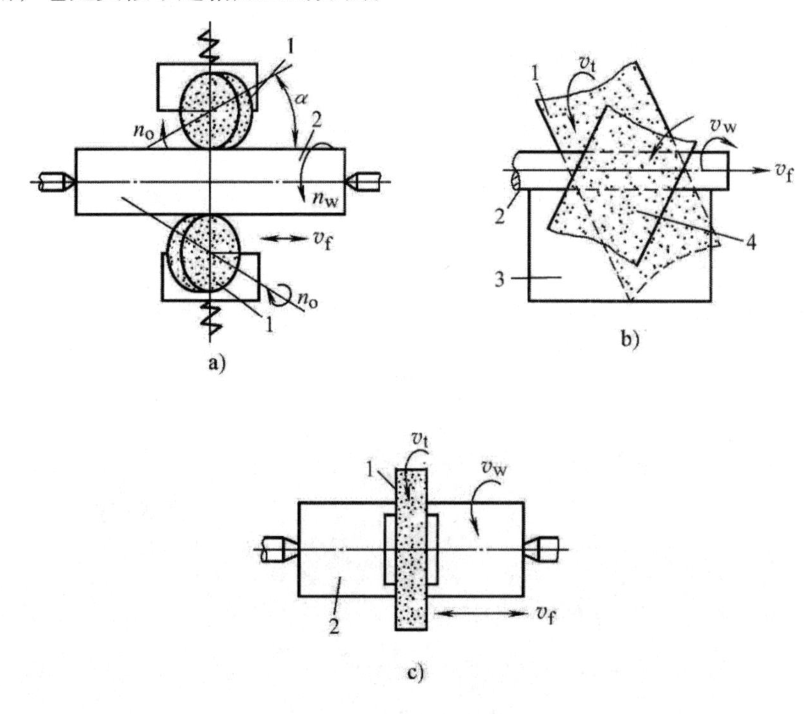

图3-28　外圆珩磨

a）双轮珩磨；b）无心珩磨；c）在两顶尖上珩磨

1—珩磨轮；2—工件；3—托架；4—导轮

图 3-28b 所示为无心珩磨示意图。这是在无心磨基础上发展起来的一种新型珩磨方式。对置的珩磨轮 1 和导轮 4，与工件 2 的轴线倾斜一个角度，它们起两个作用——工件的进

给和珩磨。由于径向和轴向切削分力互相平衡，故可保证工件以均匀的进给速度 vf 平稳移动，提高已加工表面的精度。这种无心珩磨的生产率相当于外圆磨，表面质量相当于研磨，可实现超精珩磨加工。

图 3-28c 所示为在两顶端尖上高速珩磨的示意图。当工件表面线速度 vw 提高到珩磨轮线速度 vt 时，若两者逆向回转，切削速度 vc 将是珩磨轮速度 vt 的两倍。这种珩磨方式可降低单位能耗和发热量，延长珩磨轮的寿命。

珩磨特点是：设备要求简单，加工表面的粗糙度值可达到 Ra0.04 ~ 0.01μm，但不适用于带肩轴类零件和锥形表面，不能纠正上道工序留下的形状误差和位置误差。

（5）滚压加工。滚压加工原理如图 3-29 所示。采用硬度比工件高的滚轮（图 3-29a）或滚珠（图 3-29b），对半精加工后的零件表面加压，使受压点产生塑性变形，工件表面上原有的波峰被填充到相邻的波谷中去（图 3-29c），其结果不但能降低表面粗糙度值，而且使表面的金属结构和性能发生变化，表面留下残余压应力。另外，表面层强度极限和屈服强度增大，显微硬度提高使零件疲劳强度，耐磨性和耐腐蚀性都有显著改善。

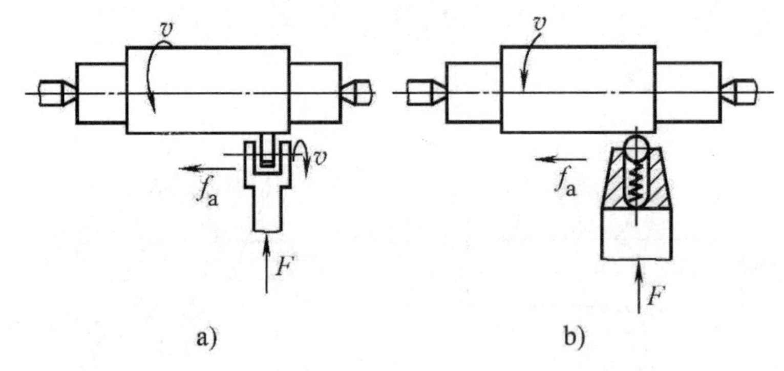

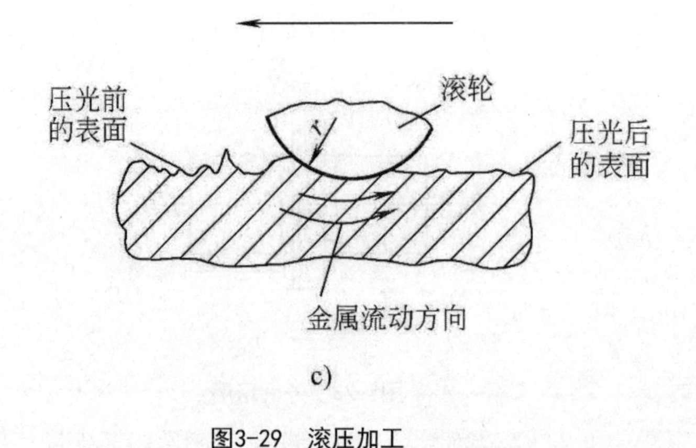

图3-29 滚压加工

a）滚轮；b）滚珠；c）辗光时表面的形成

滚压加工特点是：生产效率高，要求前道工序加工的表面粗糙度值不大于 Ra5μm，直径方向上留下余量 0.02 ~ 0.03mm；滚压前表面要清洁，滚压加工不能纠正上道工序留下的形状误差和位置误差；适用于材料组织均匀的塑性金属零件。

二、套筒零件的加工

（一）概述

1. 套筒零件的功能与结构特点

套筒零件是机械中常见的一种零件，通常起支承或导向作用。它的应用范围很广，例如支承旋转轴上各种形式的轴承，夹具上引导刀具的导向套，内燃机上的气缸套以及液压缸等，图 3-30 所示为套筒零件。

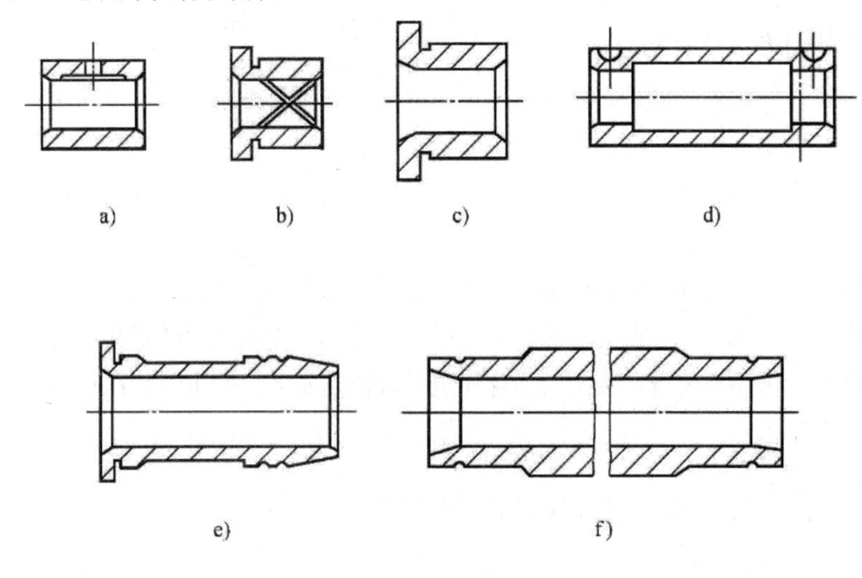

图3-30　套筒零件

a）、b）滑动轴承；c）钻套；d）轴承衬套；e）气缸套；f）液压缸

由于作用不同，套筒零件的结构和尺寸有着很大的差别，但结构上仍有共同特点：零件的主要表面为同轴度要求较高的内外旋转表面，零件壁的厚度较薄易变形，零件长度一般大于直径等。

2. 套筒零件的技术要求

套筒零件的主要表面是孔和外圆，其主要技术要求如下：

（1）孔的技术要求。孔是套筒零件起支承或导向作用最主要的表面。孔的直径尺寸精度一般为 IT7 级，精密轴套取 IT6 级。由于与气缸和液压缸相配的活塞上有密封圈，这一类孔的精度通常取 IT9 级。孔的形状精度应控制在孔径公差以内，一些精密套筒控制在孔径公差的 1/2 ～ 1/3。对于长套筒，除了圆度要求以外，还有圆柱度要求。为了保证零件的作用和提高其耐磨性，孔的表面粗糙度值为 Ra2.5 ～ 0.16μm，要求高的表面粗糙度值达 Ra0.04μm。

（2）外圆表面的技术要求。外圆是套筒的支承面，常采用过盈配合或过渡配合同箱体或机架上的孔相连接。外径尺寸精度通常取IT6 ~ IT7级，形状精度控制在外径公差以内，表面粗糙度值为 Ra5 ~ 0.63μm。

（3）孔与外圆轴线的同轴度要求。当孔的最终加工方法是通过将套筒装入机座后合件进行加工的，其套筒内、外圆间的同轴度要求可以低一些；若最终加工是在装入机座前完成，则同轴度要求较高，一般为 0.01 ~ 0.05mm。

（4）孔轴线与端面的垂直度要求。套筒的端面（包括凸缘端面）若在工作中承受轴向载荷，或虽不承受载荷，但在装配或加工中作为定位基准时，端面与孔轴线的垂直度要求较高，一般为 0.01 ~ 0.05mm。

3. 套筒零件的材料与毛坯

套筒零件一般用钢、铸铁、青铜或黄铜制成。有些滑动轴承采用双金属结构，以离心铸造法在钢或铸铁套内壁上浇注巴氏合金等轴承合金材料，既可节省贵重的非铁金属，又能延长轴承的寿命。对于一些强度和硬度要求高的套筒（如镗床主轴套筒、伺服阀套），可选用优质合金钢。

套筒的毛坯选择与其材料、结构、尺寸及生产批量有关。孔径小的套筒一般选择热轧或冷拉棒料，也可采用实心铸件；孔径较大的套筒常选择无缝钢管或带孔的铸件和锻件。大批量生产时，采用冷挤压和粉末冶金等先进毛坯制造工艺，既可节约用材，又可提高毛坯精度及生产率。

（二）套筒零件加工工艺过程与工艺分析

套筒零件由于功能、结构形状、材料、热处理以及尺寸不同，其工艺差别很大。按结构、形状可分为短套筒与长套筒两类。它们在机械加工中对工件的装夹方法有很大差别。对于短套筒（如钻套），通常可在一次装夹中完成内、外圆表面及端面加工（车或磨），工艺过程较为简单，精度容易保证。长套筒零件的加工比较复杂，下面以图 3-31 所示液压缸的加工工艺过程为例进行叙述和分析。

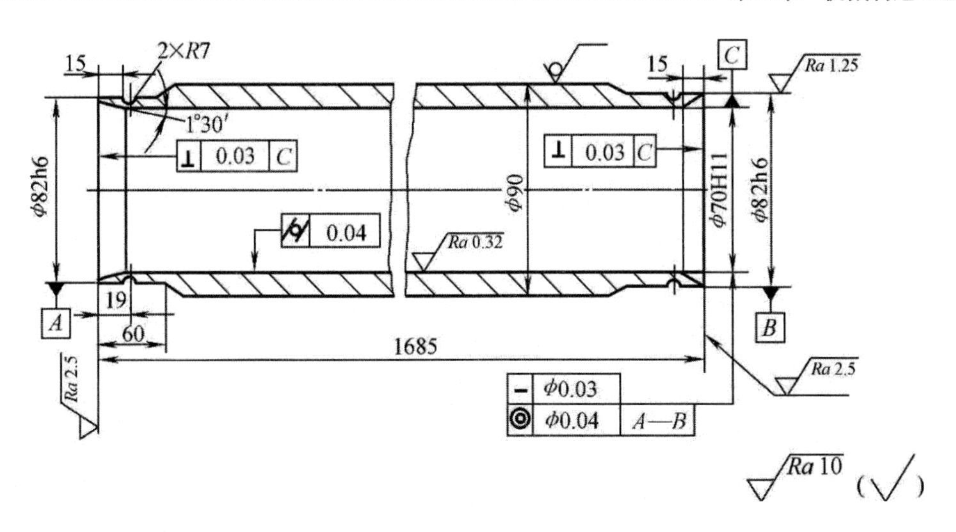

图3-31　液压缸零件图

1. 套筒零件加工工艺过程

加工液压缸的工艺过程见表 3-2。

表3-2　液压缸加工工艺

序号	工序名称	工序内容	安装
1	落料	无缝钢管	
2	车	1.车Φ82mm外圆到Φ88mm及M88mm×1.5mm螺纹（工艺用）	自定心卡盘夹一端，大头顶尖顶另一端
		2.车端面及倒角	自定心卡盘夹一端，搭中心架托Φ88mm处
		3.掉头车Φ82mm外圆到Φ84mm	自定心卡盘夹一端，大头顶尖顶另一端
		4.车端面及倒角，取总长1686mm（留加工余量1mm）	自定心卡盘夹一端，搭中心架托Φ88mm处
3	深空推镗	1.半精推镗孔到Φ68mm	一端用M88mm×1.5mm螺纹固定在夹具中，另一端搭中心架
		2.精推镗孔到Φ69.85mm	
		3.精铰（浮动镗刀镗孔）到Φ（70±0.02）mm，表面粗糙度值为Ra2.5μm	
4	滚压孔	用滚压头滚压孔至Φ70mm，表面粗糙度值为Ra0.32μm	一端螺纹固定在夹具中，另一端搭中心架
5	车	1.车去工艺螺纹，车Φ82h6mm到尺寸，车R7mm槽	软卡爪夹一端，以孔定位尖顶另一端
		2.镗内锥孔1°30′及车端面	软卡爪夹一端，中心架托另一端（指示表找正孔）
		3.调头，车Φ82h6mm到尺寸	软卡爪夹一端，顶另一端
		4.镗内锥孔1°30′及车端面，取总长1685mm	软卡爪夹一端，中心架托另一端（指示表找正孔）

2. 套筒零件加工工艺过程分析

（1）保证套筒表面位置精度的方法。液压缸零件内、外表面轴线的同轴度以及端面与孔轴线的垂直度要求较高，若能在一次装夹中完成内、外表面及端面的加工，则可获得很高的位置精度，但这种方法的工序比较集中。对于尺寸较大的，尤其是长径比大的液压缸，不便一次完成，于是将液压缸内、外表面加工分在几次装夹中进行。一般可以先终加工孔，然后以孔为精基准最后加工外圆。由于这种方法所用夹具（心轴）的结构简单，定心精度高，可获得较高的位置精度，因此应用甚广。以孔定位的方式，可采用锥套心轴。另一种方法，是先终加工外圆，然后以外圆为精基准最后加工孔。采用这种方法时，工件装夹迅速、可靠，但夹具较上述孔定位的复杂，加工精度也略差。

（2）防止加工中套筒变形的措施。套筒零件孔壁较薄，加工中常因夹紧力、切削力、残余应力和切削热等因素的影响而产生变形。为了防止此类变形，应注意以下几点：

①减少切削力与切削热的影响。采用大主偏角的刀具，内、外表面同时切削，使背向力互相抵消或夹紧在凸边上如图 3-32 所示。粗、精加工分开进行，使粗加工产生的变形在精加工中得到纠正。

②减少夹紧力的影响。工艺上可采取以下措施：改变夹紧力的方向，即径向夹紧改为轴向夹紧。

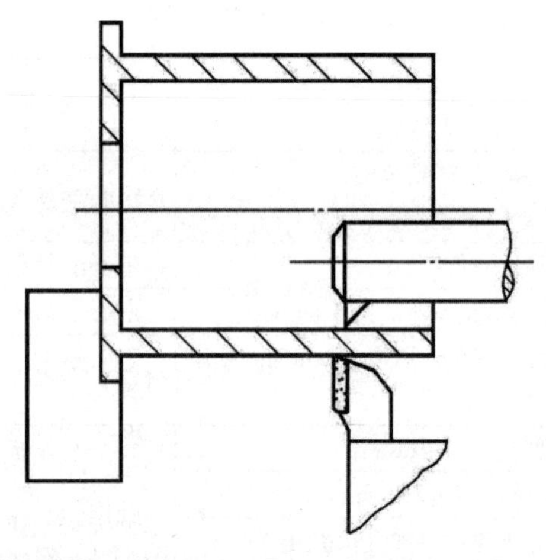

图3-32　减少切削力影响的安装加工方法

对于普通精度的套筒，如果需径向夹紧时，也应尽可能使径向夹紧力均匀，例如可采用开缝过渡套筒套在工件的外圆上，一起夹在自定心卡盘内（图 3-33）；也可采用软卡爪装夹，以增大卡爪和工件间的接触面积。软卡爪是未经淬硬的卡爪，形状与原来的硬卡爪相同，如图 3-34a 所示。使用时，把硬卡爪前半部 A 拆下，换下软爪，用螺钉联接。如果卡爪是整体式的，可以用旧的硬卡爪在夹持面上焊一块钢料或铜料。对换上的软爪的夹持面进行车削，车削卡爪的直径跟被夹持的零件直径基本相同，并车出一个台阶，以使工件端面正确定位。在车软爪之前，为了消除间隙，必须在卡爪内端夹持一段略小于工件直径的定位衬柱，待车好后拆除，如图 3-34b 所示。用软爪装夹工件，既能保证位置精度，也可减少找正时间，防止夹伤零件的表面。

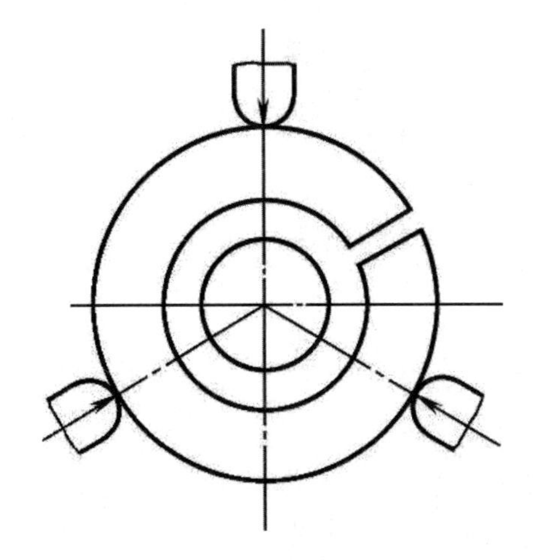

图3-33 采用开缝过渡套筒

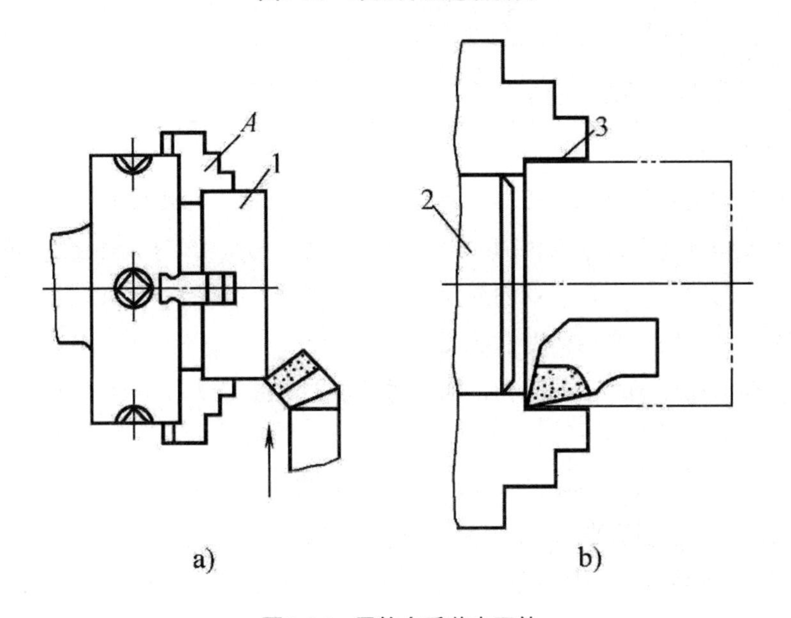

图3-34 用软卡爪装夹工件

a）软爪安装；b）带有焊层的车削方法

1—工件；2—衬柱；3—焊层

（三）套筒零件孔的加工方法

内孔是套筒零件的主要表面，套筒零件的加工方法有以下几种：钻孔、扩孔、镗孔、车孔、铰孔、磨孔、拉孔、珩孔、研磨孔及孔表面滚压加工。其中钻孔、扩孔、车孔与镗孔通常作为粗加工与半精加工，而铰孔、磨孔、珩孔、研磨孔、拉孔及滚压加工则为孔的精加工方法。孔加工方法的选择，需根据孔径大小、深度与孔的精度、表面粗糙度以及零件结构形状、材料与孔在零件上的部位而定。孔加工的常用工艺步骤见表 3-3。

表3-3 孔加工的工艺路线

序号	工艺步骤	经济精度IT	表面粗糙度Ra/μm	适用范围
1	钻	11~13	12.5	孔径小于20mm的未淬硬钢及铸铁的实心毛坯
2	钻—铰	9	3.2~1.6	
3	钻—粗铰—精铰	7~8	1.6~0.8	
4	钻—扩	11	12.5~6.3	同上（孔径大于20mm）
5	钻—扩—铰	8~9	3.2~1.6	
6	钻—扩—粗铰—精铰	7	0.6~0.8	
7	钻—扩—机铰—手铰	6~7	0.4~0.1	
8	粗镗	11~13	12.5~6.3	孔径较大的未淬硬钢及其他金属材料毛坯上已铸出孔或锻出孔
9	粗镗—半精镗	8~9	3.2~1.6	
10	粗镗—半精镗—精镗（铰）	7~8	1.6~0.8	
11	粗镗—半精镗—精镗—浮动镗刀快精镗	6~7	0.8~0.4	
12	粗镗—半精镗—磨孔	7~8	0.8~0.2	主要用于淬硬钢
13	粗镗—半精镗—精镗—金刚镗	6~7	0.4~0.05	用于钢铁材料的工件

1. 深孔加工

一般将孔的长度L与直径d之比大于5的孔，称为深孔，深孔在加工中常见的问题是：由于刀具的强度和刚性都比较差，加工中容易发生引偏和振动，孔的精度不易保证。其次刀具在近似封闭的状态下工作，切削温度高，刀具冷却、散热条件差，切屑排出困难，使刀具的寿命降低，工件表面粗糙度值增大。

为了解决在深孔加工产生的问题，加工时必须采取措施以保证零件的加工精度，常用的措施有：

（1）采取工件旋转，刀具仅做进给运动的方式进行孔的加工。

（2）采用压力输送切削液冷却刀具，强制排出切屑，带走热量。

（3）改进刀具结构，增加断屑措施，有良好的分屑、断屑和卷屑功能，又利于切屑顺利排出等。

2. 孔的光整加工方法

当套筒零件内孔的加工精度和表面质量要求很高时，可进一步采用精细镗、珩磨、研磨、滚压等孔的光整加工方法。

（1）精细镗孔。精细镗孔与一般镗孔方法基本相同，采用硬质合金刀具或者采用人工合成的金刚石刀具和立方氮化硼刀具。为了达到高精度与较低的表面粗糙度值的要求，采用回转精度高、刚度大的机床及高的切削速度，较小的切削余量和进给量。

（2）内孔珩磨。珩磨是低速、大面积接触的磨削加工，常用来加工气缸孔、阀孔、套筒孔等外形不便旋转的大型零件的孔以及细长孔。图3-35b是珩磨机简图。旋转和往复直线运动是珩磨的主运动，这两种运动的组合，使磨石上的磨粒在孔表面上的切削轨迹成交叉而不重复的网纹，如图3-35c所示。交叉网纹表面有利于润滑，可大大提高内孔表面的耐磨性。径向加压运动是磨石的进给运动，加压力越大，进给量就越大。

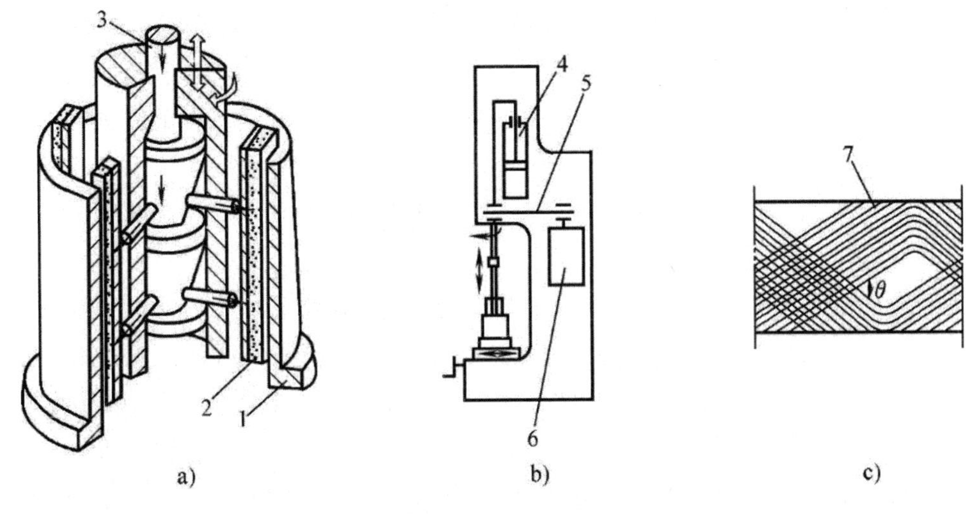

图3-35　珩磨原理

a）珩磨原理；b）珩磨机；c）珩磨形成的切削网纹

1—工件；2—磨石；3—进刀磨削压力；4—行程进给液压缸；5—链条；6—变速机构；7—网纹轨迹

（3）内孔研磨。内孔研磨的原理与外圆研磨相同。研具通常采用铸铁制的磨棒，磨棒表面开槽用来存放研磨剂。图 3-36 为研孔用的研具，图 3-36a 是粗研具，棒的直径可用螺钉调节；图 3-36b 为精研具，用低碳钢制成；图 3-36c 是可调研磨棒。

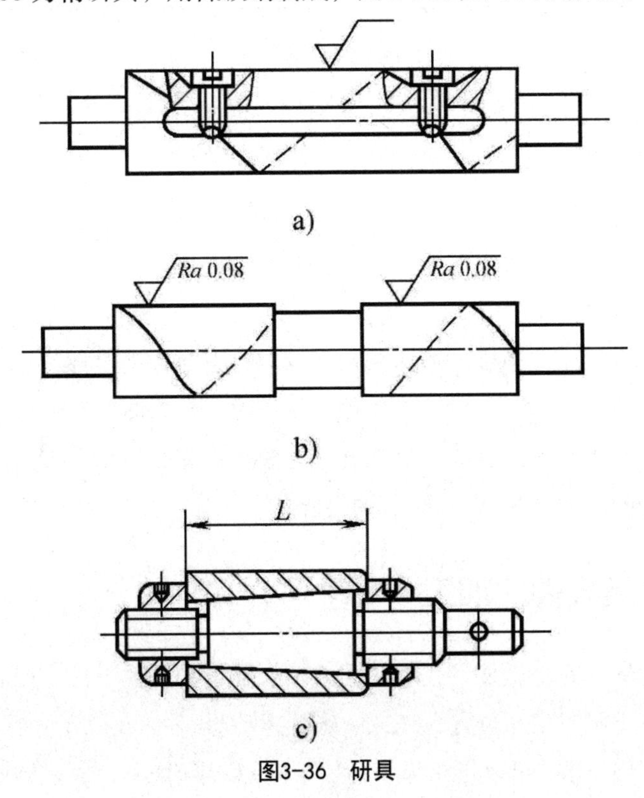

图3-36　研具

a）粗研具；b）精研具；c）可调研磨棒

孔研磨工艺的特点主要是提高内孔的表面质量，但它不能提高孔的位置精度，且生产率较低。

（4）孔滚压（或挤压）。孔的滚压加工原理与外圆滚压相同。对于淬硬套筒孔的精加工不宜采用滚压。而铸铁液压缸，也不可采用滚压工艺而选用研磨。

图 3-37 所示为一液压缸滚压头，滚压孔表面的圆锥形滚柱 3 支承在锥套 5 上，滚压时圆锥形滚柱与工件有 30′ 或 1° 的斜角。孔滚压前，通过调节螺母 11 调整滚压头的径向尺寸，旋转螺母 11 可使其相对心轴 1 沿轴向移动，向左移动时，推动过渡套 10，推力球轴承 9，衬套 8 及套圈 6 经销子 4 时，圆锥形滚柱 3 沿锥套的表面向左移动，结果使滚压头的径向尺寸缩小；当调节螺母向右移动时，由压缩弹簧 7 压移衬套，经推力球轴承使过渡套始终紧贴在调节螺母的左端面，当衬套右移时，带动套圈，经盖板 2 使圆锥形滚柱也沿轴向右移，而使滚压头径向尺寸增大。

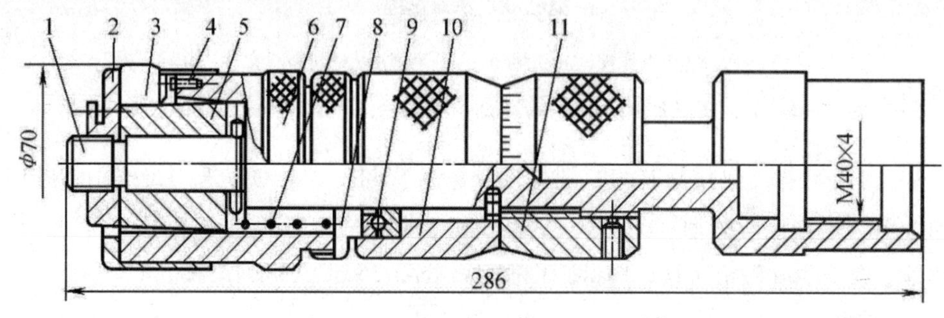

图3-37　滚压头

1—心轴；2—盖板；3—圆锥形滚柱；4—销子；5—锥套；6—套圈；7—压缩弹簧；8—衬套；9—推力球轴承

10—过渡套；11—调节螺母

径向尺寸调整好的滚压头，滚压过程中圆锥形滚柱所受的轴向力，经销子、套圈、衬套作用在推力球轴承上，最终是经过渡套，调节螺母及心轴传至与滚压头端 M40 × 4mm 螺纹相联的刀杆上。滚压完毕后，滚压头从孔反向推出时，圆锥形滚柱受到一个向左的轴向力，此力传给盖板 2，经套圈、衬套将压缩弹簧压缩，实现向左移动，使滚压头直径缩小，保证滚压头从孔中推出时不碰已滚压好的孔壁。滚压头完全退出孔壁后，在压缩弹簧力的作用下复位，使径向尺寸又恢复到原调整的数值。

三、箱体类零件的加工

箱体是机器和部件的基础零件，它支承着轴、轴承和其他零件，使它们按照一定的要求连接起来，保持正确的相互位置，完成一定的运动。

根据不同的使用要求，可以把箱体设计成不同的结构形式，如整体式和分离式箱体等。一般箱体的外形很不规则，内部成空腔型，形状比较复杂，内部空腔的中间隔以肋板，箱体壁较薄且不均匀。箱体的加工表面多，孔、平面的尺寸、形状和位置精度的要求较高。常见箱体零件如图 3-38 所示。

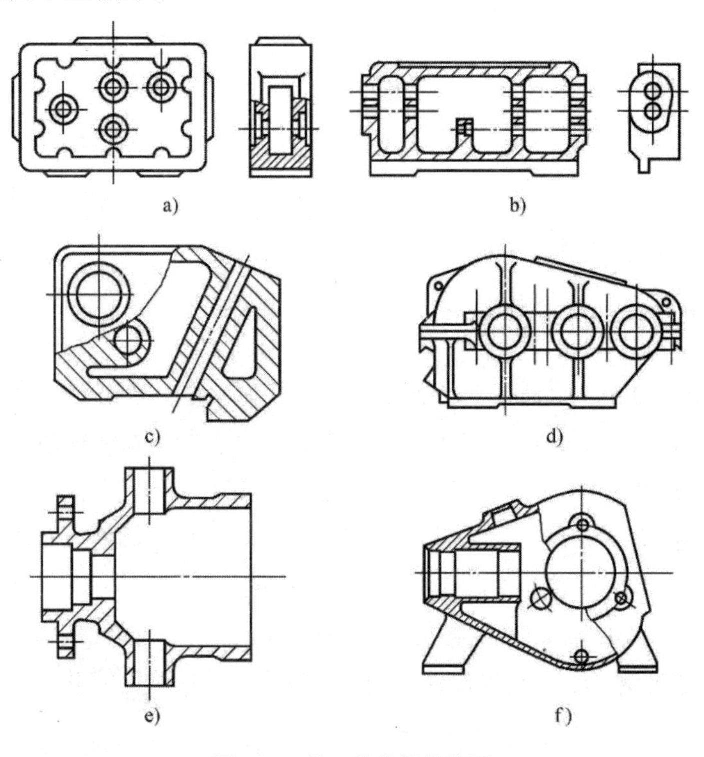

图3-38　常见箱体零件简图

a）组合机床主轴箱；b）车床进给箱；c）磨床尾座壳体；d）分离式减速箱；e）泵壳；f）曲轴箱

（一）箱体的技术要求

1. 孔的尺寸精度、形状精度和表面粗糙度

箱体上的孔大都与轴承配合，它起支承作用。对轴承孔的加工质量要求较高，一般情况下，重要的支承孔（如机床床头箱主轴孔）精度为 IT6 级，表面粗糙度为 Ra1.6 ~ 0.4μm，其余孔的精度为 IT6 ~ IT8 级，表面粗糙度为 Ra3.2 ~ 0.8μm。孔的形状精度一般不超过孔公差的 1/2 ~ 1/3。

2. 支承孔的孔距尺寸精度和相互位置精度

轴通过轴承支承在箱体轴承孔上，轴上安装齿轮，若中心距偏小，会使齿轮啮合时齿侧间隙过小，齿轮“咬死”；若中心距偏大，则齿侧间隙增大，传动中产生冲击，破坏传动精度。一般箱体的中心距允许偏差为 ±（0.025 ~ 0.06）mm。

孔与孔之间的位置精度是指支承孔之间的平行度、同轴线孔的同轴度等。这些偏差会使轴心线安装时倾斜，影响齿轮啮合传动，使轴的装配困难。也会使轴承内外滚道相对倾斜，引起回转轴线的径向和轴向跳动，加剧轴承的磨损。一般箱体的轴心线平行度公差在 100mm 长度上为 0.01 ~ 0.02mm。

3. 孔与平面的尺寸精度和相互位置精度

主要是指支承孔与装配基准面之间的尺寸精度和相互位置精度（如平行度）以及支承孔与端面的垂直度等。

4. 箱体上平面的加工精度及相互位置精度

箱体上的平面有装配基准面、加工中的定位基准面等，它们有较高的平面度要求，一般为 0.02 ~ 0.10mm，表面粗糙度值为 Ra1.6 ~ 0.4 μ m。否则，箱体在加工时会影响定位精度，再装配后会影响接触刚度和相互位置精度。

（二）箱体零件的结构工艺性

箱体上的孔以通孔、阶梯孔、不通孔、交叉孔等为主。通孔工艺性最好，通孔内又以孔长 L 与孔径 d 之比 L/d≤1 ~ 1.5 的短孔最好；阶梯孔的工艺性较差，孔径相差越大，工艺性也越差；相贯通的交叉孔的工艺性也较差，如图 3-39 所示，ϕ100+0.0350mm 孔与 ϕ70+0.030mm 孔相交，加工时，刀具进给贯通部分，由于同一圆周表面切削的不连续性使得贯通部分孔产生形状误差。如图 3-39b 所示工艺图上，可以将 ϕ70+0.030mm 孔预先不铸通，先加工 ϕ100+0.0350mm 孔后再加工 ϕ70+0.030mm 孔，这样可以保证交叉孔的质量。由于不通孔的工艺性最差，所以在箱体结构的设计中应尽量避免采用。

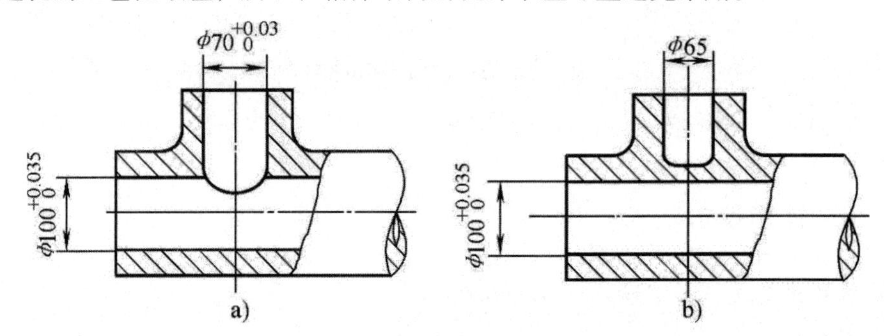

图3-39　相贯孔的工艺性

a）交叉孔；b）交叉孔毛坯

箱体上同轴孔的孔径排列方式有三种，如图 3-40 所示。图 3-40a 为孔径大小向一个方向递减，且相邻两孔直径之差大于孔的毛坯加工余量。这种排列方式便于镗杆和刀具从一端伸入同时加工同轴线上的各孔。对于单件小批生产，这种结构加工最为方便。图 3-40b 为孔径大小从两边向中间递减，加工时可使刀杆从两边进入，这样不仅缩短了镗杆长度，提高了镗杆的刚性，而且为双面同时加工创造了条件，所以大批生产的箱体，常采用此种孔径分布。图 3-40c 为孔径大小不规则排列，工艺性差，应尽量避免。

箱体内端面加工比较困难，结构上必须加工时，应尽可能使内端面尺寸小于刀具需穿过的孔加工前的直径，这样就可避免伤着另外的孔。箱体的外端面凸台应尽可能在同一平面上。

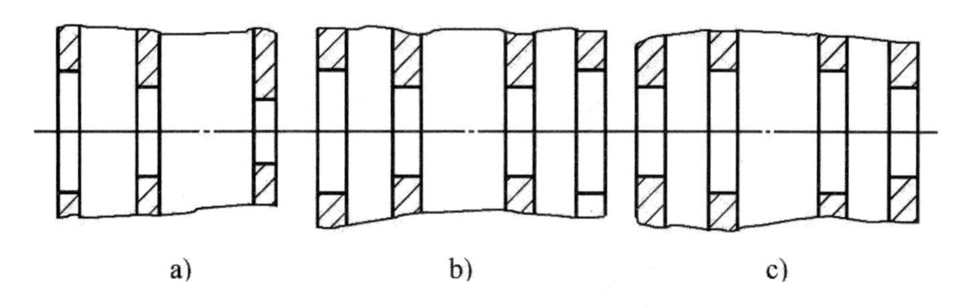

图3-40　同轴孔系孔的排列

a）孔径大小单向排列；b）孔径大小双向排列；c）孔径大小无规则排列

箱体装配基面的尺寸应尽可能大，形状应尽量简单，以利于加工、装配和检验。箱体上紧固孔的尺寸规格应尽可能一致，以减少加工中换刀的次数。

（三）箱体机械加工工艺过程与工艺分析

箱体零件的结构复杂，加工的表面多，根据生产批量的大小和生产条件确定其加工的方法。图 3-41 是车床主轴箱图，表 3-4 是主轴箱的生产工艺过程。

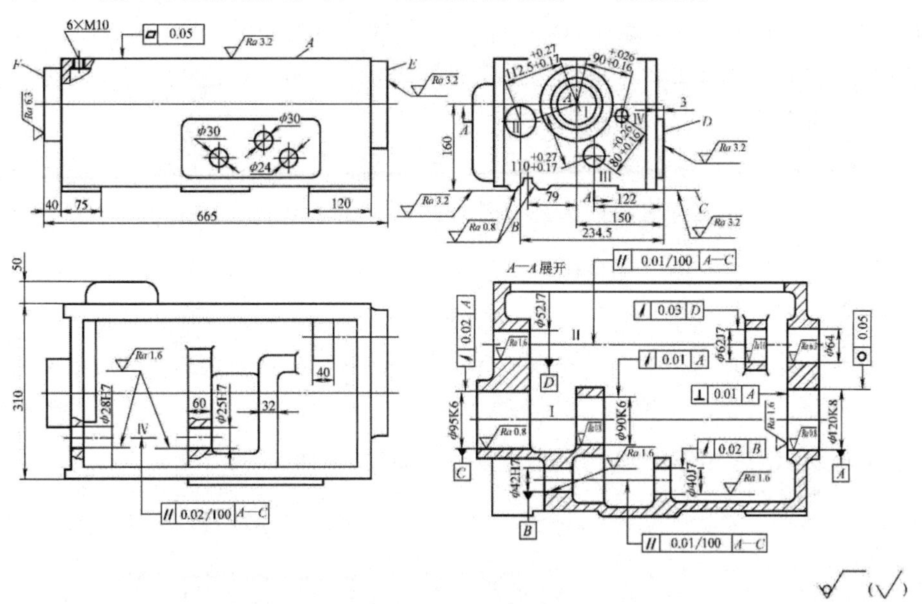

图3-41　车床主轴箱简图

表3-4　主轴箱生产工艺过程

序号	工序内容	定位基准
1	铸造	
2	时效	
3	漆底漆	
4	划线：考虑主轴孔有加工余量，并尽量均匀。画C、A及E、D面加工线	

续表

序号	工序内容	定位基准
5	粗、精加工顶面A	按线找正
6	粗、精加工B、C面及侧面D	顶面A并校正主轴线
7	粗、精加工两端面E、F	B、C面
8	粗、半精加工各纵向孔	B、C面
9	精加工各纵向孔	B、C面
10	粗、精加工横向孔	B、C面
11	加工螺孔及各次要孔	
12	清洗、去毛刺	
13	检验	

1. **粗基准的选择**

主轴孔是箱体加工中要求较高的加工表面，粗基准的选择应在保证各表面有足够加工余量的前提下，使主轴孔的加工余量、孔壁厚度均匀；同时，还应保证箱体内壁与装入的零件（主要是旋转的齿轮）之间有足够的空隙。

根据上述要求，可以选择箱体上的重要孔（如车床床头箱的主轴孔）为粗基准。因为箱体在铸造时，其内腔和主轴孔的泥芯是以一个整体放入箱体型腔的，如以主轴孔为粗基准，可以保证孔系的相互位置，也保证了孔与箱体不加工的内壁之间的相互位置。

以箱体主轴孔为粗基准的安装方式有以下两种：

（1）小批生产中一般采用划线找正法。在机械加工前，先对箱体毛坯进行划线。首先划出箱体毛坯主轴孔的轴心线，根据此线来检查各加工面上是否有足够的加工余量，若某一加工面上加工余量不够，则重新调整主轴孔轴线的位置，以作修正。在机床上进行加工时，就按线找正安装工件。图 3-42 为一箱体的划线示意图。首先用千斤顶将箱盖顶起，调整使主轴孔 I 的轴心线基本上与平板平行，垂直面基本与台面垂直。然后根据主轴孔毛坯面划出水平轴心线 A-A，调整千斤顶使 A-A 线与台面垂直，用上述同样方法划出主轴孔垂直轴心线 B-B，根据 B-B 线划出垂直方向各加工面的加工线。

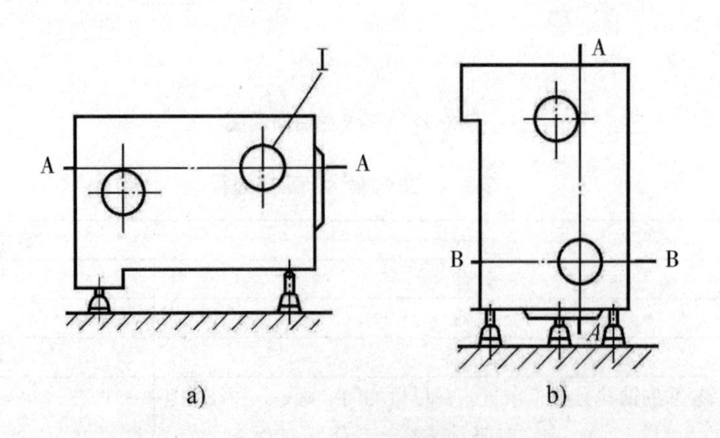

图3-42 箱体的划线

（2）大批生产中，可以将主轴孔直接放在夹具的定位元件上定位，以节省划线校正的大量工时。

2. 精基准的选择

精基准的选择与箱体的类型、结构形式和技术要求有很大的关系。一般情况下，应考虑基准重合的原则，即尽可能使定位基准与设计基准重合。选择的定位基准应有足够的面积，才能使定位和夹紧可靠。常用的基准选择方法有以下两种：

（1）以装配基准面为精基准。以箱体的底面和侧面作为精基准，可以符合基准重合原则。箱体的底面往往是箱体的装配基准，箱体上的孔的尺寸标注也是以底面和侧面为设计基准的。同时，底面的接触面积也较大，使得定位可靠、夹紧稳固；箱体口朝上，也便于观察、测量和换刀。

但是，当箱体中间壁上支承孔的精度要求较高，而两端面上孔的间距又较长时，加工中间壁上的支承孔时必须设置镗杆导向支承，以提高镗杆的刚性。这时，导向支承只能吊挂在夹具上面，称为吊架，吊架的装卸很不方便，每加工一个工件需装拆一次，使孔的加工精度受到影响。

（2）一面两孔定位。这种定位方法是大批生产中普遍采用的，尤其在自动线上加工箱体时都用此法定位。如图 3-43 所示，镗孔时箱体的口朝下，一次安装后，可以同时加工除底面以外的五个面和面上的孔，易于实现基准统一。另外，中间导向支承固定在夹具体上，刚度较好，有利于保证同轴线孔的位置精度。工件的装拆也比较方便。

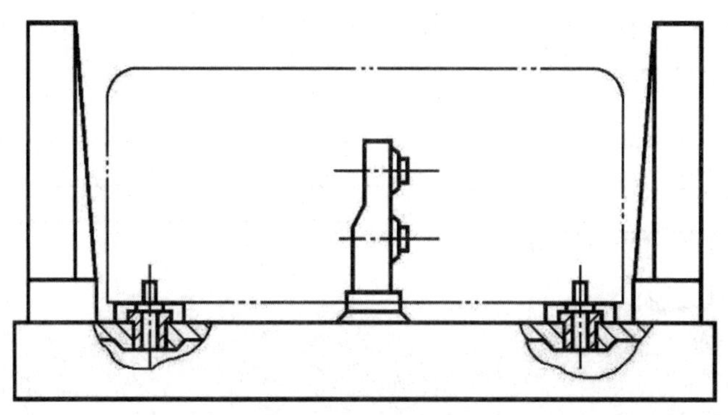

图3-43 一面两孔定位

必须指出，一面两孔的定位方式，因为以顶面为定位基准，使设计基准与定位基准不重合，产生了基准不重合误差，这样会给提高孔系加工精度带来一定困难。但可以采取下列措施来弥补：

①提高定位表面（箱体顶面）的加工精度。精铣或磨削顶面，以控制顶面至底面（设计基准）的尺寸精度和平行度。

②钻、扩、铰两个定位销孔。使孔的尺寸精度达到 H7，由于加工过程中无法观察、测量孔径和调整刀具，应采用事先调好尺寸的刀具，以保证孔的尺寸精度。

（四）箱体平面的加工

当端面尺寸不大时，可用刮端面的锪刀加工，如图 3-44 所示，镗床主轴带动镗杆旋转和轴向移动，镗杆支承在镗模架的镗套内，调节锁紧螺母的轴向位置，可以控制端面的轴向尺寸。

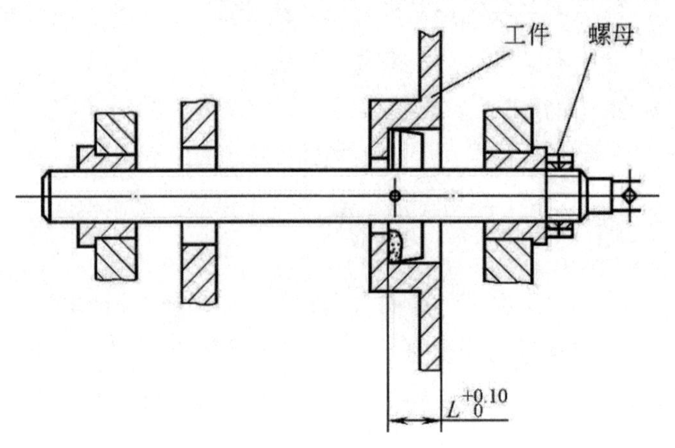

图3-44 加工箱体端面

镗杆的支承和导向也可以利用箱体上已加工的孔如图 3-45a 所示或在孔内增加一个衬套如图 3-45b 所示。

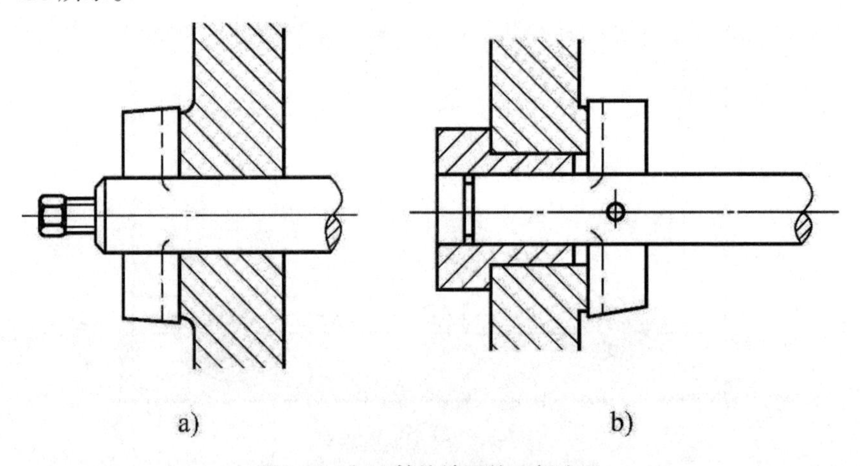

图3-45 加工箱体端面的刀杆支承

加工尺寸较大的端面，用锪刀有困难时，可采用镗床平旋盘径向滑座上的刀具进行加工，平旋盘旋转的同时，径向滑座作径向进给，使刀具作垂直于旋转轴线方向的进给，如图 3-46 所示。

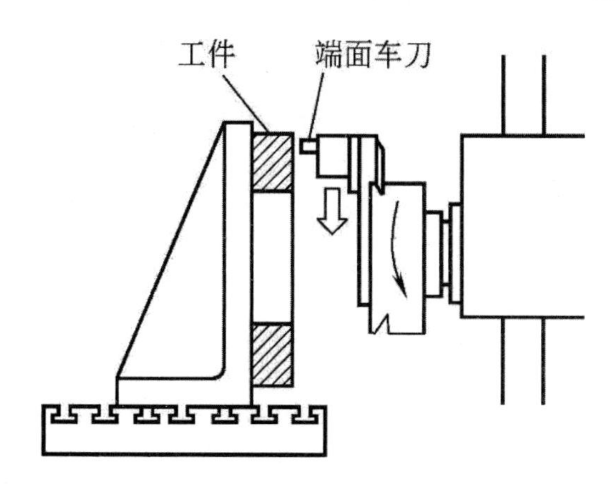

图3-46 在镗床上加工箱体端面

（五）箱体孔系的加工

1.同轴孔系的镗削

同轴孔系是指两个或者两个以上的孔位于同一个轴线上。

同轴孔系镗削的关键是：既要保证轴线上孔的尺寸精度和形状精度，又要满足各个孔间的同轴度要求。同轴孔系的镗削方法如下：

（1）悬臂式镗削法。按进给方式不同，悬臂式镗削可以分为两种：主轴进给镗孔和工件进给镗孔。

主轴进给镗孔时如图 3-47，主轴既做旋转运动，又做进给运动。适用于长度较短孔的加工。

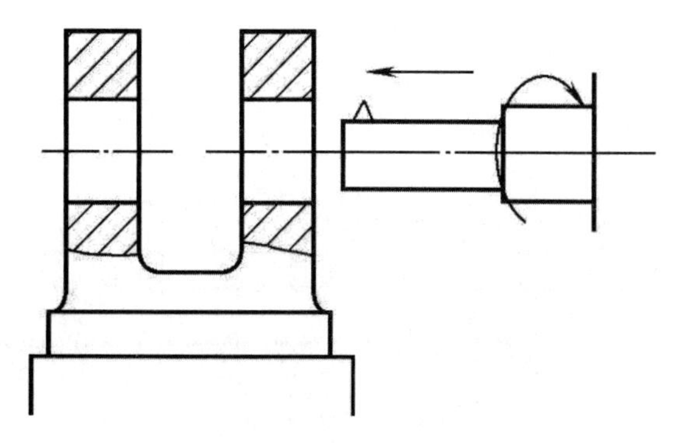

图3-47 主轴进给镗孔

工件进给镗孔时如图 3-48 所示，工件做进给运动，刀具做旋转运动，主轴和镗杆伸出长度不变，这种方式镗孔要比主轴送进镗孔的精度高。

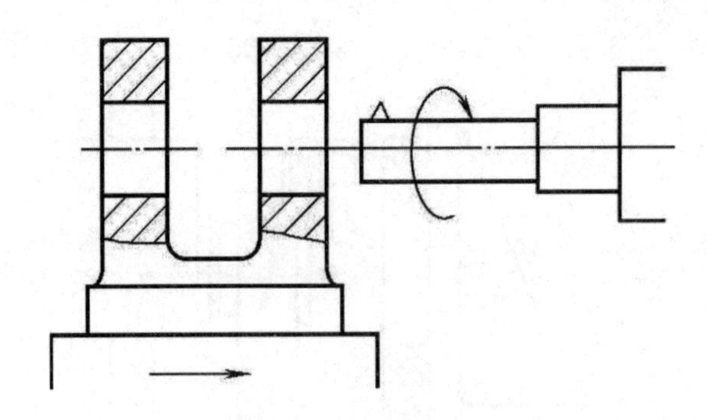

图3-48　工件进给镗孔

（2）多支承镗削。在镗削间距较大的同轴线孔时，因为主轴悬伸长度大，刚性差变形大，难以保证孔的加工精度，此时，可以采用辅助支承的镗削方法，以缩短悬伸长度，提高刀杆的刚度。常用的支承方式有两种：一种是利用已镗好的孔作为辅助支承如图 3-49 所示；另一种是利用镗床尾座的支承如图 3-50 所示，此法的缺点是调整较困难。

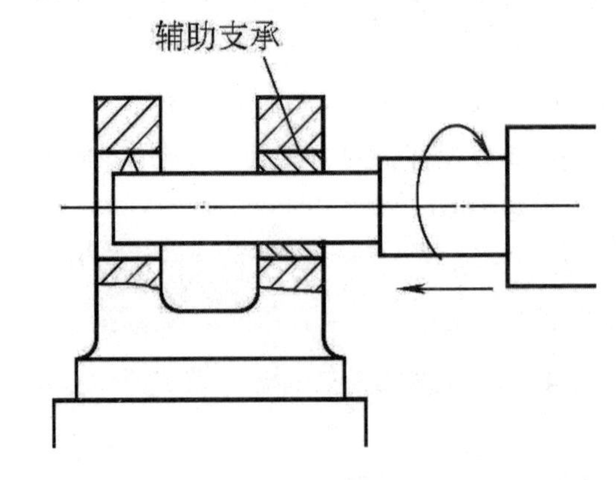

图3-49　采用辅助支承镗孔

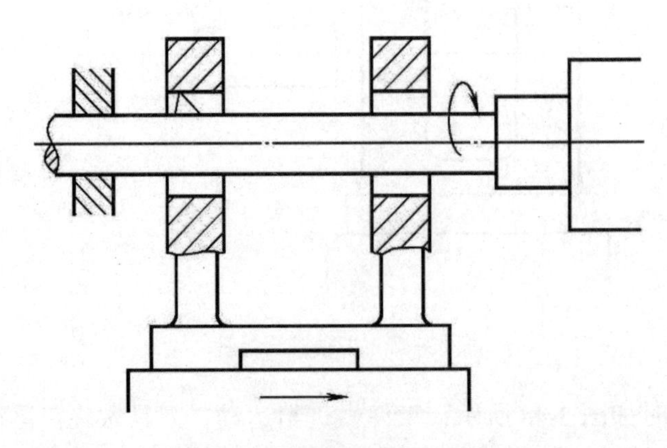

图3-50　利用镗床尾座支承镗孔

（3）调头镗削。如图 3-51 所示，工件在镗好一端的孔后，将工作台旋转 180°，再镗另一端的孔，与上述方法相比，操作方便，也不需长刀杆及支承套。

调头镗削要达到同轴度要求，必须进行精心的调整，调整方法如下：

①调整工作台回转 180° 的定位误差。如图 3-52a 所示，先使工作台紧靠在回转定位机构上，在台面上放一平尺，用装在主轴上的百分表找正其一侧面，将其固定，回转工作台 180° ，再测量平尺的另一侧面，微调回转定位机构，使回转定位误差小于 0.02mm/1000mm。

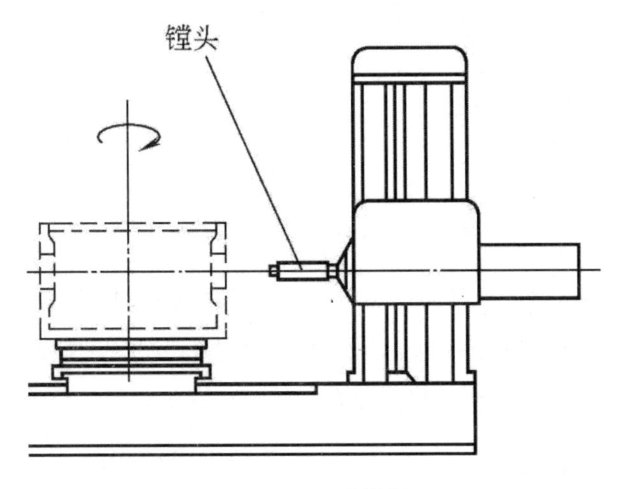

图3-51 调头镗削

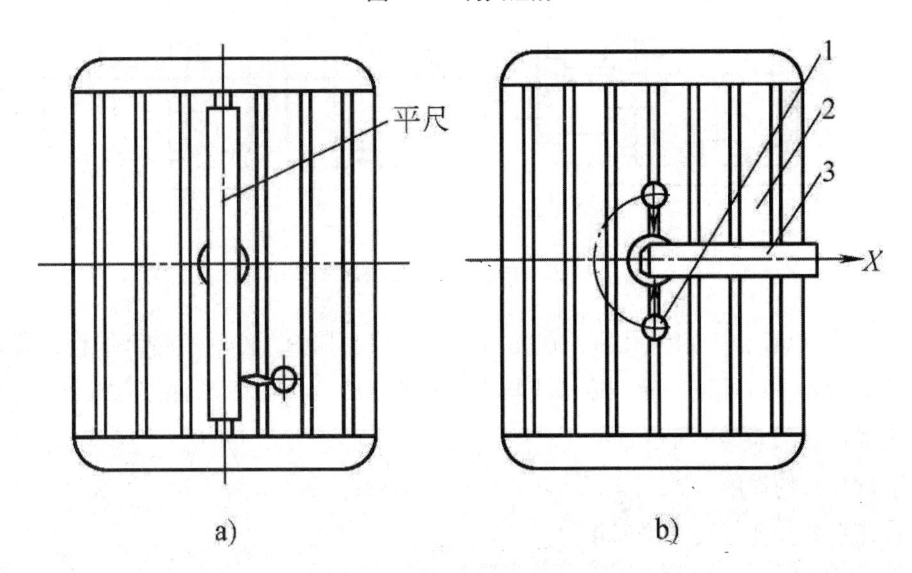

图3-52 调头镗削时工作台调整

1—指示表；2—镗床工作台；3—镗床主轴

②调整坐标原点。如图 3-52b 所示，将指示表 1 固定在工作台上，工作台 2 回转 180° ，先后测量主轴 3 两侧，使其误差小于 0.01mm，表示了主轴轴线通过工作台回转中心，这时，工作台在 X 轴上的坐标值为原点的坐标值。当镗完一端孔后，调头时应保证坐标值相等，方向相反，这样就可以达到同轴度的要求。

2. 垂直孔系的镗削

垂直孔系的镗削可以采用以下方法：

（1）将工件安装在回转工作台上，镗好一孔后，工作台回转 90°，镗削另一垂直孔如图 3-53 所示，此法的加工精度取决于镗床工作台的回转精度。

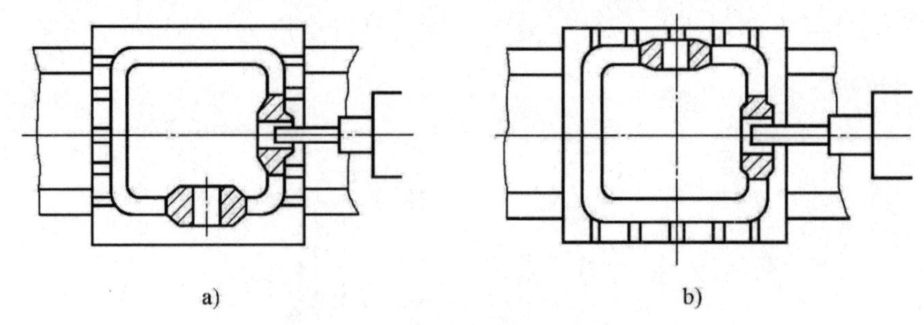

图3-53　用回转法镗削垂直孔系

（2）如果镗床回转精度较低时，可以在镗削第一个孔时镗削 A 面如图 3-54a 所示，使 A 面与孔轴线垂直，然后旋转工作台，校正 A 面使之与机床主轴轴线或机床导轨平行，保证镗出的第二个孔与 A 面平行，也就垂直于第一孔轴线。

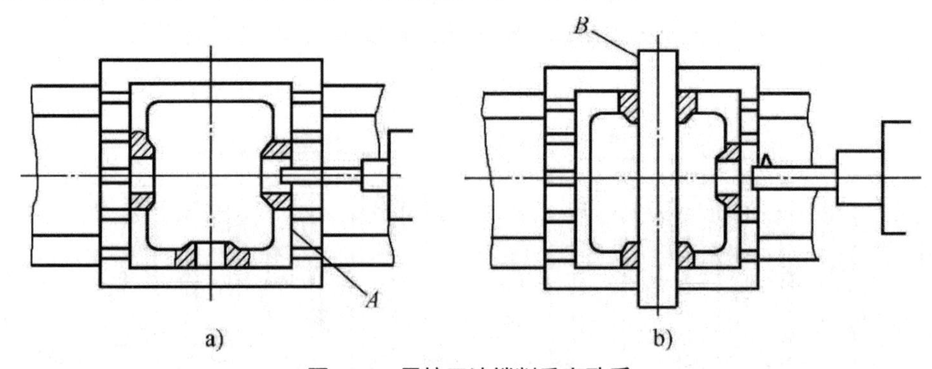

图3-54　用校正法镗削垂直孔系

（3）也可以在镗完第一孔后，在孔内插入一根心棒 B，然后旋转工作台，通过装在主轴上的指示表进行校正，使心棒轴线与主轴轴线垂直，以保证镗削的第二个孔轴线与第一孔轴线垂直如图 3-54b 所示。

3. 平行孔系的镗削

平行孔系的镗孔方法有下列几种：

（1）找正法

①划线找正。在加工前按照零件图在毛坯上划出各加工面和孔的位置轮廓线，根据孔的轮廓线进行找正。按划线找正的误差较大，为了提高划线找正的精度，可以采用试切法，如图 3-55 所示，先镗出孔 1，然后在孔 2 的位置试镗一个比图样尺寸小的孔，测量两孔的中心距，按误差大小和方向微调孔 2 的位置，再进行第二次试镗，再测量，再调整，直到两孔中心距达到图样要求，最后将孔 2 镗到图样规定尺寸。

②用心棒、量块找正。如图 3-56 所示，镗出孔 I 后，在孔 I 中插入心棒，利用心棒和量块来确定镗床主轴的位置，然后镗孔Ⅱ，此法可以得到较高的孔距精度，但操作不便，适用于小批生产。

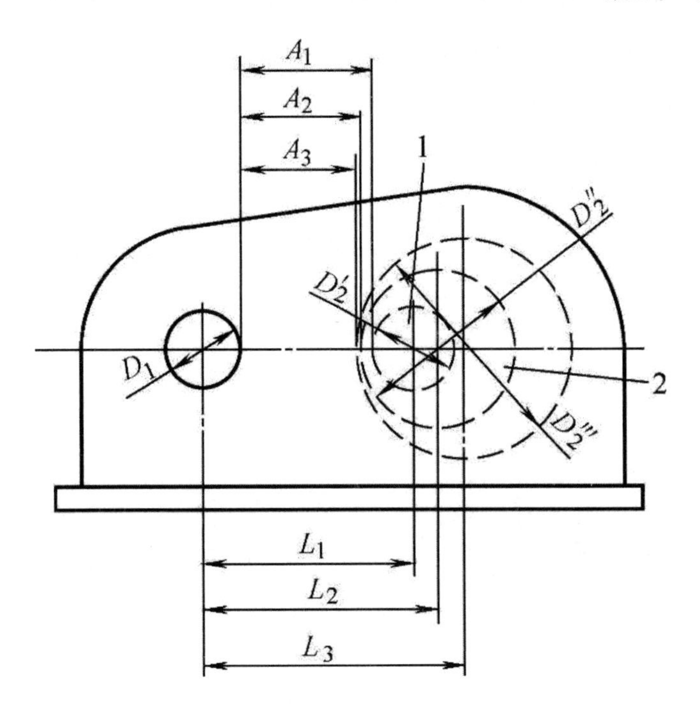

图3-55 试切法

1—孔1；2—孔2

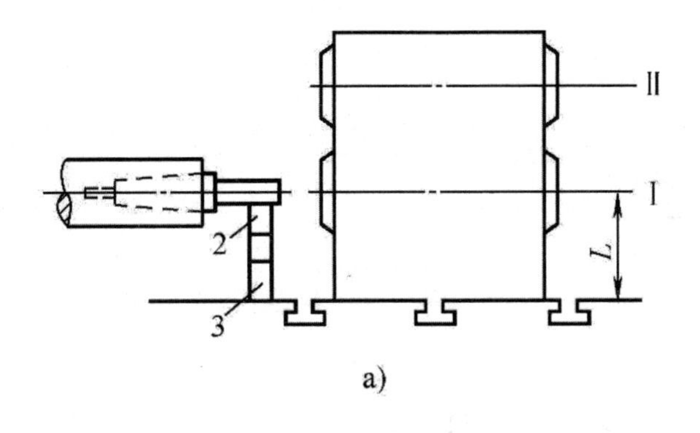

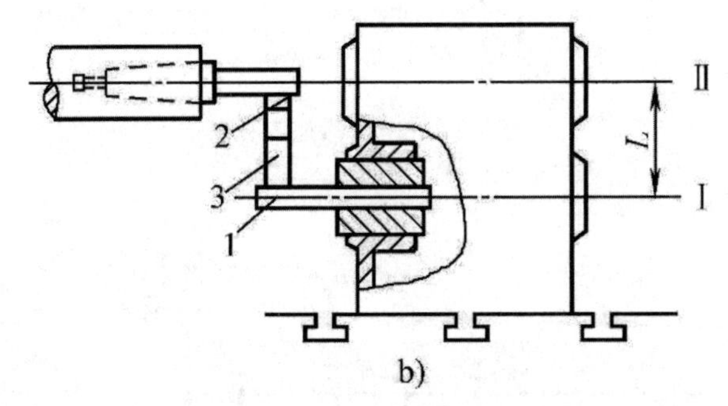

图3-56 用心棒、量块找正

1—磨棒；2—塞尺；3—量块

（2）坐标法。坐标法镗孔是利用量块、指示表或光学读数装置来控制镗床工作台的横向移动量和主轴箱的垂直方向移动量，从而达到要求的孔距精度，如图 3-57 所示。

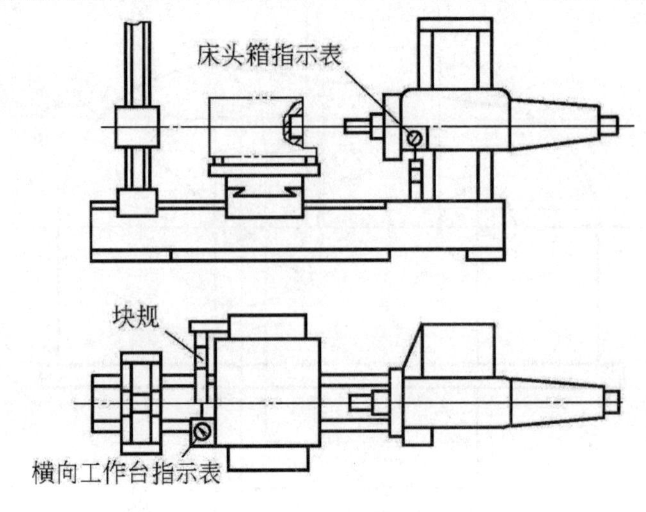

图3-57　坐标测量装置

（3）镗模法。工件在夹具中定位并夹紧，镗杆支承在模板的导向套内，由镗模的导向套引导镗刀杆在箱体零件的正确位置上镗孔如图 3-58 所示。镗杆与机床主轴采用浮动联接如图 3-59 所示。镗模法加工孔系的位置精度是靠镗模的制造精度来保证的。

用镗模法镗孔定位方便可靠，但镗模制造成本较高，适用于大批量生产。

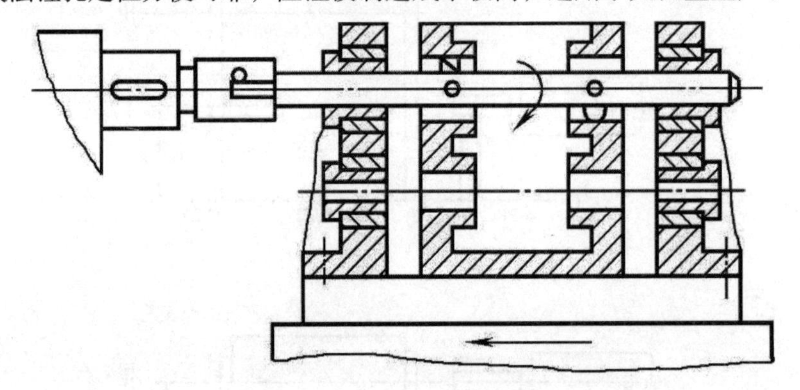

图3-58　用镗模加工孔系

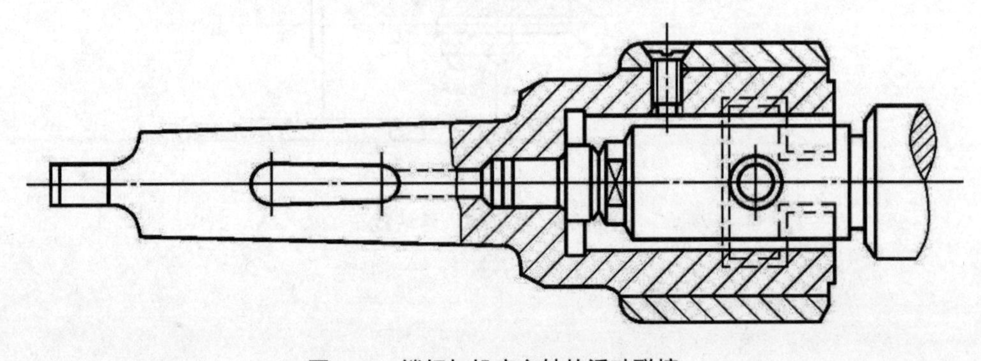

图3-59　镗杆与机床主轴的浮动联接

四、活塞的加工

（一）概述

1. 活塞的结构特点和技术要求

活塞是在气缸内做往复运动，当气缸里的混合气体（空气和燃料）燃烧并膨胀时，活塞受到高温气体的压力，经活塞销和连杆把压力传给曲轴。气体的吸入、压缩和废气的排出，也都由活塞的运动来完成。因此，活塞是在高温、高压和长期连续交变载荷的条件下工作的，为了适应这样的工作条件，活塞必须具备下列性能：

（1）高温高压下具有足够的强度和刚度。

（2）轻的结构重量。

（3）良好的导热性，热膨胀小。

（4）保证气缸内部空间密封。

图 3-60 所示为活塞零件图。活塞由头部（包括顶面、环槽、油孔、横槽等）和裙部（包括销孔、直槽、止口等）两部分组成。其结构特点：头部呈圆锥体，裙部呈扁锥体，而且内腔形状复杂，壁厚很不均匀；在活塞纵向截面上，头部尺寸小于裙部尺寸；在裙部横向截面上，销孔轴线方向尺寸小于垂直销孔轴线方向尺寸。

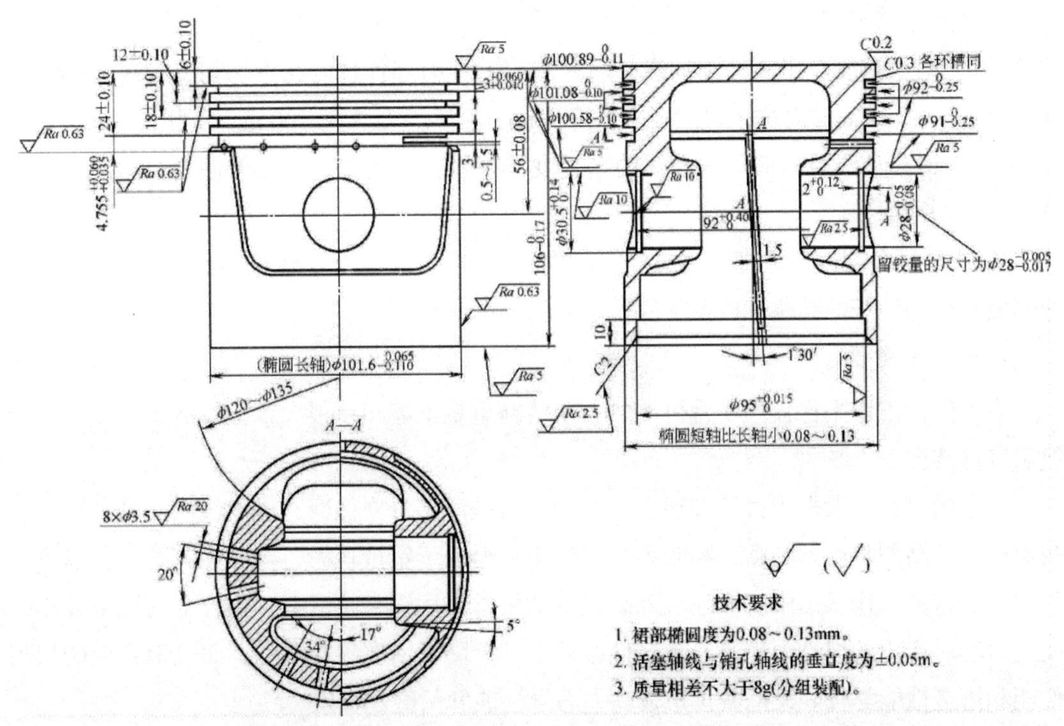

图3-60 活塞零件图

采用这种结构是为了补偿活塞工作时的热变形，使活塞受热膨胀后能保持圆柱体形状，与气缸内孔有比较均匀的工作间隙。但是这种结构给活塞加工带来了许多困难。

活塞的止口位于活塞底部，它包括止口内孔、锥面和端面，这些表面是活塞加工的工艺基准，从活塞的工作性能来看，对它并没有要求，而只是加工工艺上的需要。

按照国家标准，活塞一般按下列技术要求进行加工：

①活塞销与销孔的配合精度很高，销孔的尺寸精度一般为 IT6 级。

②活塞裙部外圆与气缸内孔的配合精度也较高，裙部外圆的尺寸精度通常为 IT7 级，高速发动机活塞的裙部外圆尺寸精度要求为 IT6 级。

③环槽宽度尺寸应能保证活塞环能随气缸内孔大小的变化而自由地胀缩。其宽度尺寸公差约为 IT8 级精度，表面粗糙度值为 Ra0.4 μ m。

④销孔轴线与顶面的距离尺寸主要是为了保证工作时压缩比。

⑤活塞头部外圆不与气缸内孔接触，其直径尺寸公差约为 IT9 级精度，表面粗糙度值为 Ra3.2 μ m。

2. 几何形状精度

（1）销孔的圆度和素线平行度误差不能超过 1.5 μ m。

（2）裙部横截面要求为椭圆，长轴在销孔垂直方向。

（3）裙部外圆为锥体，大端在下方。圆度和锥度公差在其尺寸的公差范围内。

3. 互相位置精度

（1）销孔轴线对裙部外圆轴线的对称度误差会引起气缸内孔不均匀磨损。一般当活塞直径小于 100mm 时对称度误差要求为 0.1mm，活塞直径大于 100mm 时为 0.15mm。

（2）销孔轴线对裙部外圆轴线的垂直度误差将会使活塞在气缸内偏斜，运动时产生倾侧力，加剧磨损。

（3）环槽两侧面应垂直于裙部外圆轴线，在 25mm 长度上垂直度公差不大于 0.05mm，两侧面对裙部轴线的圆跳动误差不应大于 0.05mm。

4. 活塞重量差

为了保证工作平稳，同一台机器的各个活塞重量不能相差很大，所以活塞应按重量分组后进行装配。

活塞的材料一般采用铸铁和铝合金两种。铸铁活塞价格低廉，成本较低，具有很好的耐磨性，较高的强度和刚度，膨胀系数也较小；但由于重量较大，导热性较差，所以主要是用于低速的工作状态中。汽油机和高速柴油机常采用铝合金活塞。铝合金的重量较小，高速运动时产生的惯性力也小，导热性好，有利于降低活塞顶面温度，而且铝合金的切削性能和铸造性能都较好；但其价格较高，力学性能和耐磨性较差。

用来制造活塞的铝合金种类有铜硅铝合金和高硅铝合金等。在合金中加硅可以提高活塞的耐磨性，但含硅量高的铝合金在加工时会影响刀具的寿命，特别是对精镗销孔、精车外圆和环槽等精加工工序的加工精度、生产率有一定影响。

铝合金活塞的毛坯一般采用金属模浇铸，其毛坯精度高，单边机械加工余量可减小到 1 ~ 1.2mm，销孔也可以铸出，材料利用率较高。铝合金活塞的毛坯需经过时效处理，以消除内应力和获得所需要的硬度。

（二）活塞加工工艺过程与工艺分析

活塞的工艺过程见表 3-5（按大量生产制订）。

表3-5　活塞工艺过程

序号	工序内容及要求	定位基面	机床设备
1	热处理：人工时效，消除内应力		
2	粗车止口端面、内孔及倒角	内孔表面	专用多刀车床
3	粗车头部、裙部外圆、环槽、顶部及倒角	止口内孔及端面	多刀半自动车床
4	粗镗活塞销孔	止口内孔及端面	双头粗镗机床
5	钻油孔	止口内孔及端面	专用多轴钻床
6	钻直槽孔，铣横槽及直槽	止口内孔及端面	两工位专用铣床
7	精车止口端面、内孔、倒角及钻顶面中心孔	头部外圆及顶面	普通车床（改装）
8	精车各环槽	止口内孔、端面及中心孔	专用车床
9	精车裙部及头部外圆、环槽口及倒角	止口锥面及中心孔	普通车床（改装）
10	精磨裙部外圆	止口锥面及中心孔	椭圆磨床
11	精车顶面及倒角、滚字	止口内孔及端面	普通车床
12	精镗活塞销孔	头部外圆及顶面	专用镗床
13	车销孔内锁簧槽	止口内孔及端面	普通车床
14	滚压活塞销孔	销孔及裙部外圆	立式钻床

由于活塞内腔形状复杂，厚度不均匀，径向刚性较差，在铸造和加工时内应力都会造成裙部变形，每一道加工工序也会产生夹紧变形，从而影响加工精度。因此，在制订活塞工艺过程时必须充分考虑活塞的结构特点和精度要求。制订活塞工艺过程的要点如下：

1. 精基准的选择

活塞各加工表面的互相位置精度要求主要有：孔轴线与裙部外圆轴线垂直且对称，环槽两侧面与裙部外圆轴线垂直等。从保证这些技术要求来看，应以裙部外圆表面作为精基准，但实际生产中一般都不用裙部外圆，而用止口作为统一基准，即精车外圆和精磨外圆工序采用止口锥面和顶面中心孔定位，其余工序都采用止口内孔、端面定位。

采用止口内孔、端面或止口锥面和顶面中心孔作为精基准具有下列优点：

（1）基准统一。它可以作为加工裙部、头部、顶面和销孔等主要表面的统一定位基准，有利于保证它们的相互位置精度，而且可以在一次装夹中车削外圆，顶面和环槽，实现工序集中。

（2）减少变形。活塞的径向刚性较差，裙部容易变形，采用止口和中心孔定位可以沿活塞轴向夹紧，从而减少变形，而且可以进行多刀切削，提高生产率。

（3）使用方便。采用止口定位会给多品种小批量生产和配件生产带来不少方便。当活塞品种改变时，只需更换止口定位元件即可。在配件生产中，由于气缸内孔磨损情况不同，同一台发动机的各个活塞外径往往需要加工成不同的修配尺寸，但各活塞的止口尺寸仍是相同的，这样就不需要换止口定位元件。

2. 粗基准的选择

由于活塞内腔表面是不加工的，而活塞零件要求内腔表面相对外形壁厚均匀，否则活塞的重量相对其轴线不对称，会影响活塞工作时的平稳性。因此，所选择的粗基准应能保证活塞的壁厚均匀，即用此粗基准加工出的止口相对于内腔不加工表面能保证较准确的位置。

对于铸造精度不高的毛坯，可以采用以内腔表面和顶面上铸出的外顶锥为粗基准的夹具（图 3-61）。加工时，夹具的柱塞 3 可在心轴的斜面推动下向外均匀伸出，支撑住活塞内腔表面；轴向位置由支承头 4 确定；另一端采用反顶尖使活塞定位并夹紧。这样定位较合理，且可多刀切削，能在一次装夹中粗车出止口，外圆，顶面和环槽，生产效率较高。但这种夹具的结构复杂，刚性较差，刀具调整较费时，当夹紧力不适当时会引起活塞变形。

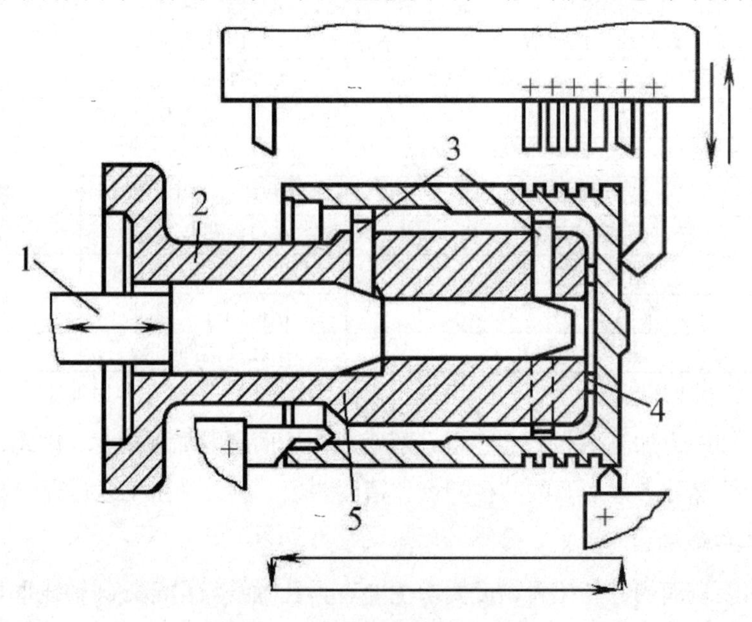

图3-61 粗基准采用内表面定位

1—心轴；2—套筒；3—柱塞；4—支承头；5—带斜面的套筒

对于金属模浇铸的毛坯，由于其铸造精度较高，故可以外圆和内腔底面（或外圆和顶面）为粗基准。加工时，可用长自定心卡盘夹持活塞外圆，再用轴向定位件控制内腔底面到止口端面的尺寸（或控制活塞总长度尺寸）来粗车止口。这样既能使活塞径向内外表面壁厚均匀些，又能保证顶面到内腔底面的轴向厚度，且所用工具简单，操作方便，夹紧可靠。

3. 精基准的修整

经粗加工的止口精度不是很高，而且在活塞的粗加工阶段切除余量多，夹紧力和切削力都较大，也会影响止口的精度。因此，在各主要表面的精加工之前，需要修整止口，提高精基准的精度。图 3-62 为精车止口，钻中心孔的示意图。车床的空心主轴中装有反中心钻（左旋），这样止口的内孔，端面、倒角和顶面中心孔就能在一次装夹中加工出来，容易保证它们之间的相互位置精度。

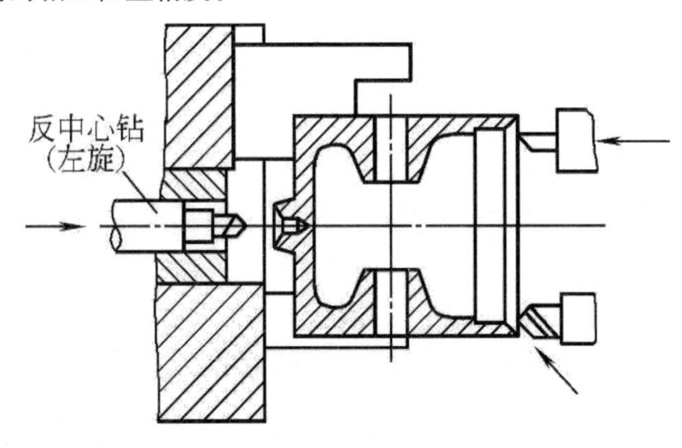

图3-62　精车止口、内孔示意图

4. 其他精基准的选择

如前所述，止口可作为活塞加工大多数工序的统一基准。但对于销孔精加工则需要考虑选择其他精基准，如精镗销孔时，为了直接获得销孔轴线与顶面的距离尺寸和避免用止口定位时产生夹紧变形，可以选择顶面和头部外圆作为定位基准；又如滚压销孔时，为了保持精镗孔获得位置精度，可以用销孔本身作为定位基准并采用 V 形块支承。

5. 加工顺序的安排

（1）加工阶段的划分。划分加工阶段时应将粗、精加工分开，这对于容易变形的活塞尤为重要，因为粗、精加工分开后，能使加工变形所引起的各种误差尽量减小。由表 3-5 知，活塞的加工工艺过程可分为粗、精加工两个阶段。工序 7 以前为粗加工阶段，包括对各主要表面如止口、外圆、环槽、顶面等进行粗加工，同时将一些要求不高，又要切除较多金属余量的表面如油孔、横槽、直槽等加工出来。从工序 7 开始为精加工阶段，在工序 7 中对精基准止口进行修整，为了保证后面精加工工序的定位精度。此外，为了避免精加工后的表面受到损伤，主要表面的精加工应尽量放在最后进行，如精磨裙部外圆放在第 10 工序，滚压销孔放在第 14 工序。

（2）工艺原则的确定。由于该活塞属于大量生产，故其加工工艺过程是按工序集中的原则，采用了较多的高效率专用机床和许多专用工、夹、量具，组成流水生产线。如第 3 工序的多刀半自动车床在一次装夹中同时加工出了外圆、环槽和顶面等，又如第 5 工序在专用多轴钻床上同时钻出了 10 个油孔。在活塞加工过程中的大多数工序都是由复合工序组成的。这是由于工序集中可以减少机床数量，并可相应地减少操作工人数和生产面积；并且可以采用自动化程度较高的专用机床和工、夹、量具，从而大大提高了生产效率，而且可以在一次装夹中加工尽可能多的表面，这样不仅减少了辅助生产时间，而且有利于保证各加工表面的相互位置精度。

（三）活塞特殊表面的加工

活塞裙部外圆、环槽和销孔的精度加工工序是活塞加工中的三道主要工序。

1. 裙部外圆精加工

该活塞的裙部横截面为椭圆曲线，纵向带有锥度或呈桶形。裙部外圆精加工除了要获得规定的形状、尺寸和表面粗糙度外，还需要提高与止口的同轴度，因为环槽、销孔等主要表面都以裙部外圆为设计基准。

裙部外圆精加工可以采用磨削或精车，现将其加工方法简述如下：

（1）偏心靠模磨削。为了磨出裙部横截面为椭圆曲线的活塞外形，活塞相对砂轮必须做径向附加运动，当活塞旋转一周时，其轴线应往复移动两次，移动量为椭圆长轴尺寸与短轴尺寸差的一半。

（2）仿形靠模车削。随着车削加工技术的不断发展，已经出现了许多类型的仿形车床。为了获得裙部横截面为椭圆曲线（或其他横截面）、纵向带有锥度（或各种中凸曲线）的活塞外形，采用立体靠模的仿形车床加工。其工作原理是根据采用的不同外形的立体靠模，由仿形刀架的随动控制装置来控制刀具的运动轨迹，以实现各种不同外形活塞的仿形加工。当然，外形不同的活塞需要设计制造不同的立体靠模。比较先进的仿形车床还配备了自动测量和自动补偿装置，以保证活塞外形的加工精度。这种加工方法的加工精度极高，其尺寸精度可达 5μm，表面粗糙度值为 Ra0.4μm，且生产效率高。

除了上述加工方法外，常见的还有双偏心连杆机构椭圆磨削、偏心套车削等。

2. 活塞环槽加工

环槽精加工方法如图 3-63 所示。在前后刀架上分别装有两组切槽刀进行半精加工和精加工；环槽宽度和槽间距离决定于切槽刀的宽度和夹板厚度。为了提高槽宽和槽间距离的精度，切槽刀和夹板的两侧面均需经过磨削，其厚度尺寸误差应限定在 0.005 ~ 0.01mm。为了保证环槽侧面与裙部轴线垂直，切槽刀应与活塞裙部轴线垂直，也就是要使刀架装夹刀具的基准面 A 与机床主轴的轴线垂直。这可在装夹刀具前用指示表找正，使其误差不超过 0.01mm。

切槽刀刃口的表面粗糙度对环槽侧面的表面粗糙度影响很大，因此要求刃口棱边宽度为 0.2 ~ 0.4mm，副后角为 0°，从而对环槽侧面起挤压修光作用，以减小其表面粗糙度也有一定影响，常用的切削液是煤油和柴油的混合液，可获得较好的效果。

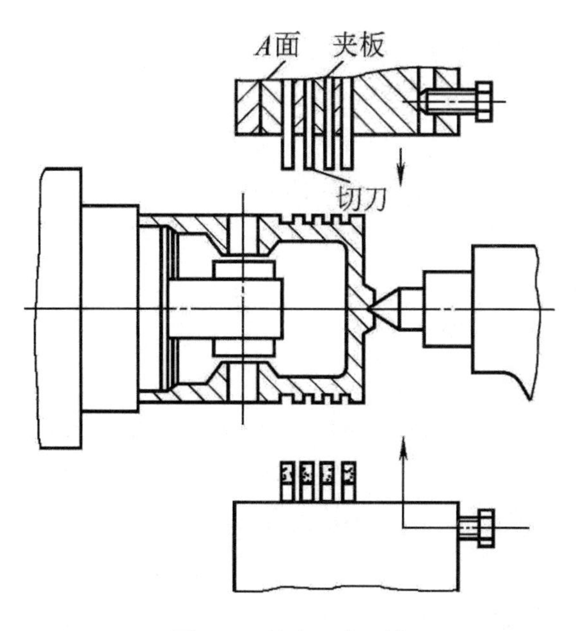

图3-63　精车活塞环槽

3. 销孔精加工

为了保证活塞与连杆的连接状况良好，对活塞销孔提出了很高的技术要求，一般活塞销孔的尺寸精度要求高于IT6级，表面粗糙度值为Ra0.1μm，圆度和素线平行度误差应不超过1.5μm。这样高的技术要求用一般的孔加工方法显然是难以达到的，所以活塞销孔经粗镗后，还要采用精镗和滚压两种高精度的加工方法，才能稳定地达到规定的技术要求。

销孔精镗工序是在金刚石镗床上进行的，机床主轴采用的是静压轴承，刚性好，回转精度高，所以达到很高的加工精度。精镗销孔的一个重要技术问题是选择定位基准问题。如前所述，为了直接获得销孔轴线与顶面的距离尺寸和减小夹紧变形，应选择顶面和头部外圆作为定位基准，因为这样有利于保证加工精度。

滚压加工是销孔加工的最终工序，主要是为了提高销孔的几何形状精度和获得较细的销孔表面粗糙度。滚压销孔用的滚压工具，由导向套、凸轮心轴、保持器和滚针等组成。滚压工具装在立式钻床的主轴锥孔中，活塞放在V形支座上。先将滚压工具前端的导向套插入活塞销孔中自动找正中心，然后开动机床使滚压工具旋转，同时向下做进给运动。

采用滚压加工销孔的加工精度很高，可达到IT6级以上尺寸精度和表面粗糙度Ra0.1μm；生产效率也较高，但滚压工具本身的制造精度要求很高，而且对前道精镗销孔工序也提出了较高的加工精度要求。

4. 活塞检验

活塞检验主要的项目有：

（1）加工表面的表面粗糙度和外观。

（2）销孔的尺寸和几何形状精度。

（3）销孔轴线对裙部外圆轴线的对称度、垂直度和销孔轴线到顶面的距离尺寸精度。

（4）裙部外圆尺寸和形状精度，并按裙部椭圆长轴尺寸分组。

（5）环槽的宽度、底径尺寸、环槽侧面对裙部外圆轴线的垂直度和圆跳动。

（6）称活塞重量，并按重量分组。

5. *活塞主要技术要求的测量方法*

活塞主要技术要求的测量方法如下：

（1）裙部外圆尺寸和椭圆形状的测量。由于裙部横截面为椭圆曲线，而纵向带有锥度，所以以它的检验复杂，通常在生产车间中进行测量时只检验裙部上、下端规定位置上的尺寸。其测量方法如图 3-64 所示。先用一个直径尺寸已知的标准件校正好指示表的零位，然后将活塞按图示位置放在测量工具上，读得的最大读数即为活塞外圆尺寸与标准件直径尺寸之差，因此可以得到裙部椭圆的长轴尺寸。将活塞转过 90° 再测量一次，就可得到裙部椭圆的短轴尺寸。两次读数的差值即为裙部椭圆的长、短轴尺寸之差。

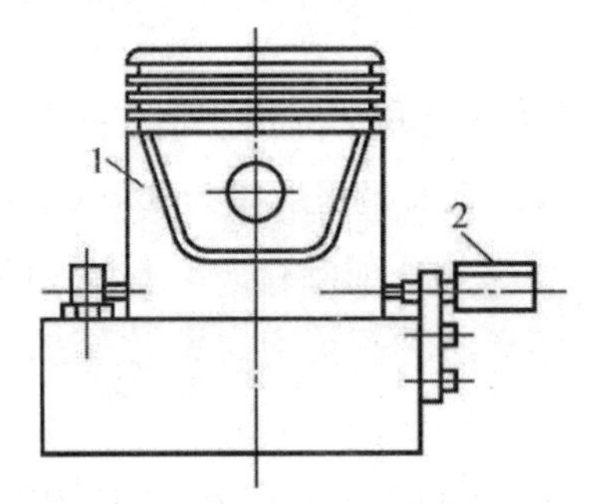

图3-64 裙部直径和椭圆度的测量

1—工件；2—指示表

对于裙部横截面是规定曲线，而纵向是中凸曲线等复杂形状的活塞，考虑到测量的复杂性和仪器的精密性，应采用外形轮廓测量仪器在计量室以抽验的方式来测量。

最后，可按活塞裙部椭圆的长轴尺寸进行分组。

需要特别注意的是：由于铝合金的线膨胀系数较大，测量时环境温度的变化会对测量结果有很大的影响，因此在测量过程中，要按环境温度的变化对测量尺寸进行修正。

（2）销孔轴线对裙部外圆轴线对称度的测量。可采用图 3-65 所示的测量方法。测量时，在销孔中插入适当尺寸的心轴 1，按图示位置使心轴 1 与两根圆柱 2 接触，记下指示表的最大读数。然后将活塞和心轴一起水平转过 180° ，用同样的方法记下活塞另一边的指示表最大读数。两次读数差值的一半就是销孔轴线对裙部外圆轴线的对称度误差，即：（l1-l2）/2。

（3）销孔轴线对裙部外圆轴线垂直度的测量。可采用图 3-66 所示的测量方法。测量时，在销孔中插入适当尺寸的心轴，按图示位置的心轴一端记下指示表的最大读数。然后将活塞和心轴一起水平转过 180° ，在心轴另一端记下指示表的最大读数。设两次测量点之间的距离尺寸为 L。则两次读数的差值就是销孔轴线在距离 L 上对裙部外圆轴线的垂直误差，即：（H1-H2）/L。

采用图 3-65 和图 3-66 所示测量方法的前提是活塞两挡销孔的尺寸、形状精度和裙部外圆轴线对止口端面的垂直度都能达到足够的精度。

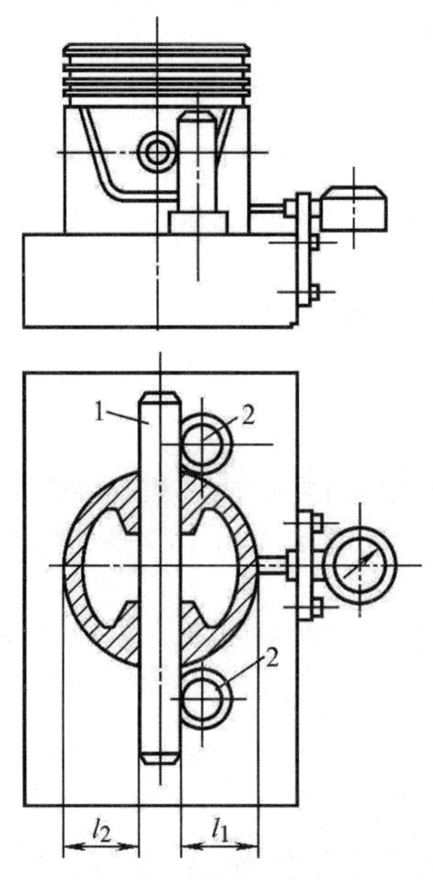

图3-65　销孔轴线对裙部外圆轴线对称度的测量

1—检验心轴；2—检验圆柱

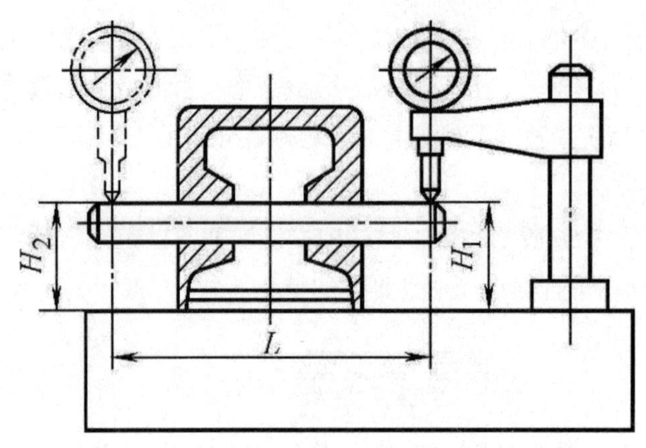

图3-66　销孔轴线对裙部外圆轴线垂直度的测量

其他测量项目则可采用塞尺、卡规、槽规或内径指示表等通用量具进行检验。

五、杆叉类零件的加工

（一）概述

连杆类零件和叉类零件广泛用于轻工机械，纺织机械，内燃机及切削机床中。杆类零件包括连杆（图3-67a、b、c）和手柄。它用于机器及仪器中传递摆动或回转运动。叉类零件包括拨叉（图3-67d）、铰链叉架（图3-67e）。在机床变速箱中，拨叉用来改变轴上滑移齿轮或离合器的位置，以达到传动零件的离、合目的。铰链叉架用作机构的联接零件。杆叉类零件为受力零件，一般承受冲击载荷，因此要求其具有一定的强度。

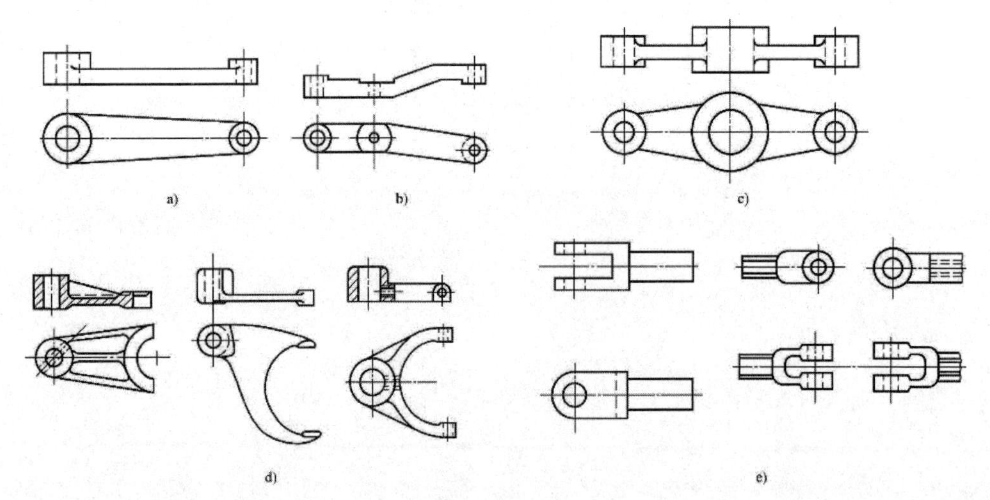

图3-67　杆叉类零件

杆类及叉类零件虽然用途不同，形状尺寸也有差异，但其结构上的共同特点是：形状很不规则，一般为细长杆件，刚性较差，在机械加工安装时应该注意夹紧力作用点的位置，防止产生变形。

杆类及叉类零件上的主要表面是孔，它是零件的设计基准，孔的尺寸精度为IT7 ~ IT10级。主要孔和辅助孔有孔距的要求，两孔轴线要求平行。端面与孔要求垂直。为了延长拔叉的使用寿命，两侧作用面还需淬硬至HR40 ~ 50。根据不同的工作条件，杆、叉类零件的毛坯种类一般可选用优质炭素结构钢35，45或40Cr等。毛坯可用锻件或精密铸造的铸件。由于杆类及叉类零件的外形较复杂，自由锻造达不到所需形状，如果在工作中不承受冲击载荷，生产批量也不大，则可以选用灰铸铁或可锻铸铁的铸件毛坯。

（二）杆叉类零件的加工工艺过程与工艺分析

为了保证杆类零件上主要孔对辅助孔、端面及槽的位置精度要求，杆类零件的加工工艺过程可以做如下安排：

1. 杆类零件上各孔端面在同一平面上，先应加工出平面，以它为定位基准，加工主要孔及辅助孔，并保证达到其相互位置的要求。然后以孔为基准，加工其余各加工面。

2. 杆类零件上各孔的端面不在同一平面上，先加工出主要孔及其一个端面，然后加工另一面，最后加工其余的表面。

由于杆类零件的刚性差，容易变形，在设计夹具的夹紧结构时必须注意夹紧点的距离小些，必要时采用辅助支承。

图3-68所示为连杆在加工两孔时的几种定位方式的示意图（其底平面已加工出来）。图b、c、d、e、f分别是五种定位方式，每种定位方式达到的定位精度不同，可以根据工件的技术要求来选择合适的方式。

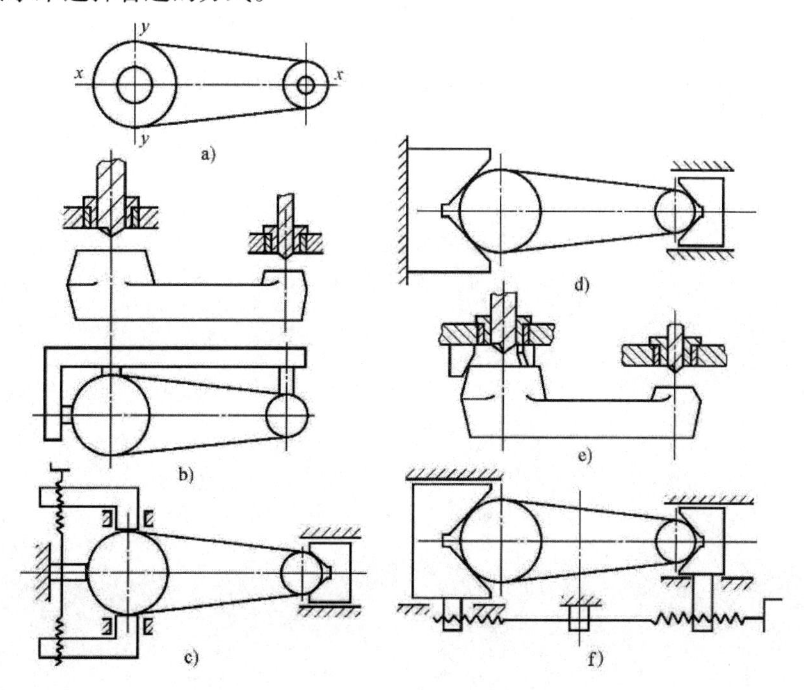

图3-68 连杆在加工两孔时的定位方式

叉类零件的加工工艺与杆类零件有共同之处。有些拨叉的叉口圆弧表面需经加工（接近半圆），为了便于机械加工，可以把两个零件合为一体，孔加工完毕后，在铣床上切断，拨叉孔加工时的定位方式见图 3-69。拨叉叉口的两端面由于工作需要淬硬，因此，两端面在半精加工之后需进行热处理，再以主要孔为基准，精磨两端面。使之达到厚度上的尺寸精度及与主要孔轴线垂直的位置要求。

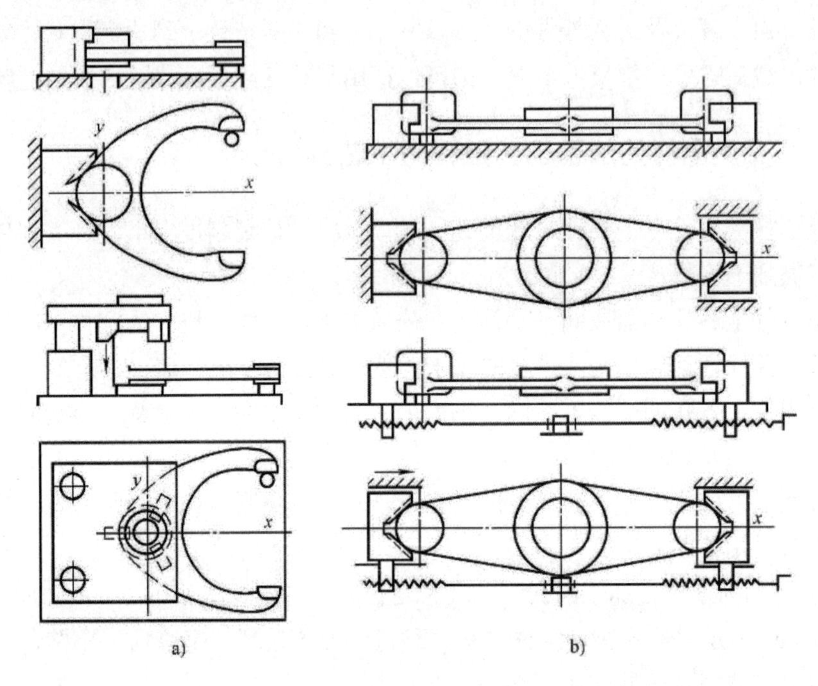

图3-69　拨叉孔加工时的定位方式

图 3-70 是机床变速箱中的一拨叉零件，表 3-6 是根据该零件的技术要求制订的加工工艺过程。

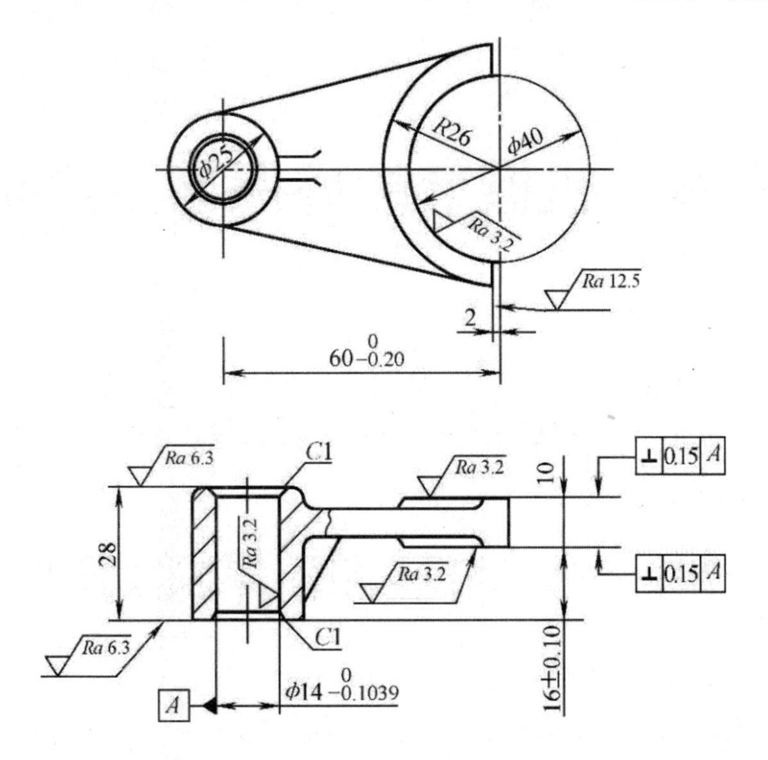

图3-70　拨叉零件图

表3-6　拨叉加工工艺过程

序号	工序名称	工序内容	定位基准
1	铸铁	每料2件	
2	热处理	消除内应力退火	
3	车	车直径40.3H8（工艺需要）车10两端面	两直径25外圆及端面
4	铣	铣28下端面保持尺寸16 铣28上端面保持尺寸28	直径40.3H8孔及直径25端面
5	钳	钻、铰直径14H8孔	直径40.3H8孔。直径25端面及外圆侧母线
6	铣	切开成2件	两直径14H8及28一端面
7	钳	倒直径14H8孔角	直径14H8孔及端面

第四章 机械节能环保与安全防护

现代工业不仅注重生产合格的产品，而且越来越重视节能、环保及安全防护。因此，学习一些常用的机械润滑、机械密封和安全防护知识是非常必要的。

第一节 机械润滑基础知识

机械装置在运行过程中，各个相对运动的零部件的接触表面会产生摩擦及磨损。摩擦是机械运转过程中不可避免的物理现象，在机械零部件众多的失效形式中，摩擦及磨损是最常见的。为了减少运动零部件的摩擦及磨损，延长其使用寿命，需要对其正确地进行润滑。

一、润滑的概念

在发生相对运动的各种摩擦副的接触面之间加入润滑剂，从而使两摩擦面之间形成润滑膜，将原来直接接触的干摩擦面分隔开来，变干摩擦为润滑剂分子间的摩擦，达到减小摩擦，减低磨损，延长机械设备的使用寿命的措施就是润滑。润滑的作用是：降低摩擦，减少磨损，防止腐蚀，提高传动效率，改善机器运动状况，延长机器的使用寿命。

润滑根据润滑剂的不同，可分为流体润滑、固体润滑和半固体润滑 3 类。

（一）流体润滑

流体润滑是指使用的润滑剂为流体，它包括气体润滑和液体润滑两种。其中，气体润滑是指使用气体润滑剂的润滑，如使用空气、氢气、氦气、氮气、一氧化碳和水蒸气等；液体润滑是指使用液体润滑剂的润滑，如使用矿物润滑油、合成润滑油、水基液体等。

（二）固体润滑

固体润滑是指使用的润滑剂为固体的润滑，如使用石墨、二硫化钼、氮化硼、尼龙、聚四氟乙烯、氟化石墨等。

（三）半固体润滑

半固体润滑是指使用的润滑剂为半固体的润滑。润滑剂是由基础油和稠化剂组成的塑性润滑脂，有时根据特殊需要，还可加入各种添加剂。

二、润滑剂的种类

润滑剂是用于润滑、冷却和密封机械摩擦部分的物质。润滑剂根据来源进行分类，可分为矿物性润滑剂（如机械油）、植物性润滑剂（如蓖麻油等）、动物性润滑剂（如牛脂、鲸鱼油等）和合成润滑剂（如硅油、脂肪酸酰胺、油酸、聚酯、合成酯、羟酸等）；润滑剂根据外形进行分类，可分为油状液体润滑剂、油脂状半固体润滑剂和固体润滑剂。

润滑剂的主要作用是降低摩擦表面的摩擦损伤。在一般机械中，通常采用润滑油（或润滑脂）来润滑摩擦表面。润滑油、润滑脂均属于润滑剂。

三、润滑油

润滑油是指用在各种类型汽车、机械设备上以减少摩擦，保护机械及加工件的液体或半固体润滑剂，它主要起润滑、辅助冷却、防锈、清洁、密封和缓冲等作用。润滑油按用途进行分类，可分为机械油（如高速润滑油）、织布机油、道轨油、轧钢油、气轮机 油、压缩机油、冷冻机油、气缸油、船用油、齿轮油（见图 4-1）、机压齿轮油、车轴油、仪表油、真空泵油等。

图4-1　齿轮油

（一）润滑油的主要性能指标

润滑油的主要性能指标是黏度、黏度指数、油性、极压性能、闪点和凝点等。

1. 黏度

它是润滑油抵抗剪切变形的能力。黏度是润滑油最重要的性能指标之一。国家标准将温度在 40℃时的润滑油运动黏度数字的整数值作为其牌号。

2. 黏度指数

润滑油的温度升高，其黏度会明显地降低。黏度指数就是衡量润滑油黏度随着温度变化程度的指标。润滑油的黏度指数越大，润滑油的黏度受温度变化的影响越小，润滑油的性能也越好。

3. 油性

油性也就是润滑性。油性是指润滑油湿润或吸附于干摩擦表面的性能。润滑油的吸附能力越强，其油性越好。

4. 极压性能

它是润滑油中的活性分子与摩擦表面形成耐磨、耐高压化学反应膜的能力。重载机械设备，如大功率齿轮传动、蜗杆传动等，要使用极压性能好的润滑油。

5. 闪点

它是润滑油在规定条件下加热，由蒸气和空气的混合气与火焰接触发生瞬时闪火时的最低温度。闪点是表示油品蒸发性的一项指标。同时，闪点又是表示石油产品着火危险性的指标。油品的危险等级是根据闪点划分的,闪点在45℃以下为易燃品,45℃以上为可燃品,在油品的储运过程中严禁将油品加热到它的闪点温度。在黏度相同的情况下，闪点越高越好。因此，用户应根据使用温度和润滑油的工作条件选择润滑油。一般认为，闪点比使用温度高 20 ~ 30℃时可安全使用。通常情况下，润滑油的闪点温度是 120 ~ 340℃。

6. 凝点

凝点是指润滑油在规定的冷却条件下，润滑油停止流动的最高温度。润滑油的凝点反映其最低使用温度，也是表示润滑油低温流动性的一项重要质量指标，对于生产、运输和使用都有重要意义。凝点高的润滑油不能在低温下使用。相反，在气温较高的地区则没有必要使用凝点低的润滑油。因为润滑油的凝点越低，其生产成本越高，会造成浪费。一般说来，润滑油的凝点应比使用环境的最低温度低 5 ~ 7℃。但是在选用低温的润滑油时，应结合润滑油的凝点、低温黏度及黏温特性全面考虑。因为低凝点的润滑油，其低温黏度和黏温特性也有可能不符合要求。

（二）润滑油的组成

润滑油一般由基础油和添加剂两部分组成。其中，基础油是润滑油的主要成分，决定着润滑油的基本性质。润滑油的基础油主要是矿物基础油、合成基础油以及生物基础油；添加剂是为了改善基础油的性能，以及满足不同的使用条件而有意添加的物质，它是润滑油的重要组成部分。添加剂是近代高级润滑油的精髓，科学合理地加入添加剂，不仅可以改善润滑油的物理、化学性质，而且可以赋予润滑油新的特殊性能，或加强其原来具有的某种性能，满足更高的要求。添加剂的种类很多，按添加剂的作用进行分类，可分为清净分散剂、摩擦缓和剂、极压抗磨剂、抗氧化剂、防腐蚀剂、防锈剂、油性剂、金属钝化剂、抗泡沫剂、降凝剂、黏度指数改进剂等。

（三）润滑油的选用

1. 选用润滑油时，首先要考虑润滑油的黏度。润滑油的黏度不仅是重要的使用性能，而且也是确定润滑油的种类和牌号（黏度）的依据。

2. 如果机械设备的工作载荷大，应选用黏度大、油性或极压性良好的润滑油；反之，如果载荷小，应选用黏度小的润滑油。间歇性的或冲击力较大的机械运动，容易破坏油膜，应选用黏度较大或极压性能较好的润滑油。

3. 如果机械设备润滑部位的摩擦副运动速度高，应选用黏度较低的润滑油。如果选用高黏度的润滑油反而增大摩擦阻力，对润滑不利。如果机械设备润滑部位的摩擦副运动速度低，可选用黏度较大的润滑油。

4. 考虑环境温度和工作温度。如果环境温度低，应选用黏度较小的润滑油；反之，应选用黏度较高的润滑油。如我国东北、新疆地区，冬季气温低，应选用黏度低的润滑油；而广东、海南等地，全年气温较高，应选用黏度高的润滑油。如果工作温度高，则应选用黏度较高、闪点较高、氧化安定性较好的润滑油，甚至选用固体润滑剂，才能保证可靠、多级润滑。

5. 在潮湿的工作环境里，或者与水接触较多的工作条件下，应选用抗乳性较强、油性和防锈性能较好的润滑油。

6. 根据使用对象选择润滑油。国产润滑油，不少是按机械及润滑部位的名称命名的，如汽油机油用于汽油发动机。

四、润滑脂

润滑脂（见图 4-2）是在基础油中加入增稠剂与润滑添加剂制成的半固态机械零件润滑剂。因为润滑脂常温下其外形呈黏稠的半固体油膏状且多半呈深浅不一的黄色（或乳白色），与常见的奶油、牛油很像，因而得名黄油（或牛油）。润滑脂主要用于机械的摩擦部位，起润滑和防止机械磨损的作用，也可用于金属表面，起填充空隙、防止金属腐蚀的保护作用，以及密封防尘的作用。

图4-2 润滑脂

（一）润滑脂的分类

润滑脂的种类很多，也有多种分类方法。按基础油进行分类，润滑脂可分为矿物油润滑脂和合成油润滑脂；按用途进行分类，润滑脂可分为减摩润滑脂、防护润滑脂和密封润滑脂；按特性进行分类，润滑脂可分为高温润滑脂、耐寒润滑脂、极压润滑脂；按稠化剂的类别进行分类，润滑脂分为皂基润滑脂和非皂化润滑脂。其中，皂基润滑脂又分为单皂基润滑脂（如钠基、锂基、钙基润滑脂等）、混合皂基润滑脂（如钙钠基润滑脂）和复合基润滑脂（如复合钙、复合锂、复合铝基润滑脂等）；非皂化润滑脂分为烃基润滑脂、无机润滑脂、有机润滑脂等。

（二）润滑脂的特点

与润滑油相比，润滑脂具有如下特点：

1. 润滑脂具有良好的黏附性，能黏附在摩擦副表面上，不易产生流失或飞溅。
2. 润滑脂承压抗磨性强，在大负荷和冲击载荷下，仍能保持良好的润滑性能。
3. 润滑脂的使用周期较长，无须经常补充，可减少维护工作量。
4. 润滑脂具有更好的密封性和防护作用。
5. 润滑脂的使用温度范围较宽。

但润滑脂的散热能力差，不能像润滑油那样可对摩擦副表面进行冷却；润滑脂流动性差，内摩擦阻力大，运转时功率损失也大。另外，当固体杂质混入其中时不易清除。这些缺点都使得润滑脂在使用范围上受到一定限制。

润滑脂主要应用于一般转速、温度和载荷条件下，尤其是滚动轴承的润滑多采用润滑脂。

（三）润滑脂的组成

润滑脂主要由稠化剂、基础油、添加剂及填料 4 部分组成。一般润滑脂中稠化剂占

10% ~ 20%，基础油占 75% ~ 90%，添加剂及填料占 5% 以下。

基础油是润滑脂中起润滑作用的主要成分，它对润滑油的使用性能有较大的影响。通常采用中等黏度及高黏度的矿物油作为基础油，也有一些为满足在苛刻条件下工作的机械润滑及密封的需要，采用合成润滑油作为基础油，如酯类油、硅油、聚 α-烯烃油等。

稠化剂是润滑脂的固体组分，它能在基础油中分散和形成骨架结构，并使基础油被吸附和固定在骨架结构中，它的性质和含量决定了润滑脂的黏稠程度以及抗水性和耐热性。常用的稠化剂有皂基稠化剂、烃基稠化剂、有机稠化剂、无机稠化剂等。稠化剂的种类不同，润滑脂的基本性能也不同，使用较广泛的稠化剂是皂基稠化剂。

添加剂是添加到润滑脂中用以改进其使用性能的物质，它可以改进基础油本身固有的性能或增加基础油原来不具有的性能。添加剂主要有稳定剂、抗氧化剂、金属纯化剂、防锈剂、抗腐蚀剂和极压抗磨剂等。

填料主要是指石墨、二硫化钼等固体润滑剂等。

（四）润滑脂的性能指标

由于润滑脂的组成和结构特性与润滑油不同，因此，润滑脂具有一些特殊使用性能。目前，评定润滑脂使用性能的指标主要是稠度、滴点、高温性能、抗磨性、抗水性、防锈性、胶体安定性、氧化安定性、机械安定性等。

1. 稠度是润滑脂的浓稠程度。适当的稠度可以使润滑脂容易加注并保持在摩擦副表面上，以保持持久的润滑作用。

2. 滴点是指润滑脂在规定的试验条件下，由固态变为液态时的温度。为了使润滑脂在润滑位置长期地工作而不流失，滴点应高于润滑位置的工作温度 15 ~ 30℃或更高。滴点越高，润滑脂的耐热性越好。

3. 高温性能好的润滑脂可以在较高的使用温度下保持其附着性能，其变质失效过程也比较缓慢。

4. 抗磨性是指润滑脂通过保持在摩擦副部件之间的油膜，防止金属和金属相接触而磨损的能力。

5. 抗水性是指润滑脂在水中不溶解，不从周围介质中吸收水分，不被水洗掉等的能力。抗水性差的润滑脂，遇水后其稠度会下降，甚至乳化而流失。

6. 防锈性是指润滑脂阻止与其相接触的金属材料被腐蚀、锈蚀的能力。

7. 胶体安定性是指润滑脂在储存和使用过程中，避免胶体分解、防止润滑油析出的能力。

8. 氧化安定性是指润滑脂在储存和使用过程中抵抗氧化的能力。

9. 机械安定性是指润滑脂在机械工作条件下抵抗稠度变化的能力。

（五）润滑脂的选用

选用润滑脂时，应根据润滑部位的工作温度、运动速度、承载负荷和工作环境这些条件来选择。

1. 工作温度

一般来说，润滑部位的工作温度对润滑脂的使用效果和使用寿命影响很大，如轴承的工作温度升高 10 ~ 15℃，则润滑脂的使用寿命下降一半。如果对润滑脂使用寿命影响最大的是工作温度，则应选用适宜滴点的润滑脂。即摩擦副的工作温度越高，选用的润滑脂的滴点越高；摩擦副的工作温度越低，选用的润滑脂的滴点越低。同时，工作温度高的摩擦副，应选用抗氧化安定性好、热蒸发损失少、滴点高、分油量少的润滑脂；工作温度低的摩擦副，应选用低温起动性能好、黏度小的润滑脂。

2. 运动速度

摩擦副的运动速度越大，润滑脂的黏度下降得越大，会导致润滑脂润滑作用减弱，其使用寿命缩短。因此，如果摩擦副的运动速度对润滑脂的使用效能影响较大，就应选用适宜黏度的润滑脂。一般来说，摩擦副的运动速度越大，选用的润滑脂的黏度越大；反之，应选用低黏度的润滑脂。

3. 承载负荷

一般来说，承载负荷较小的摩擦副应选用稠度较小的润滑脂；重负荷摩擦副应选用稠度较大的润滑脂。

4. 工作环境

它是指气温、湿度、水、灰尘、腐蚀介质等。如果摩擦副直接与水接触，就应选用抗水性强的润滑脂。

五、润滑方法与润滑装置

在合理选择润滑剂后，还必须采用合理的方法将润滑剂输送到机械的各个摩擦部位，并对各个摩擦部位进行监控、调节和维护，才能确保机械设备始终处于良好的润滑状态。

（一）油润滑的方法和相关装置

油润滑的方法主要有手工加油润滑、滴油润滑、油环润滑、油浴与飞溅润滑、喷油润滑、压力强制润滑、油雾润滑等。

1. 手工加油润滑

此润滑方法供油不均匀、不连续，主要用于低速、轻载、间歇工作的开式齿轮、链条及其他摩擦副的滑动面润滑。

2. 滴油润滑

它采用油杯供油，利用油的自重将润滑油送至机械设备的摩擦部位。油杯多用铝（或铜）制造，杯壁和检查孔用透明塑料制造，以便观察杯中油位情况。常用滴油油杯有针阀式油杯、均匀滴油杯和油绳式油杯等。

3. 油环润滑

如图 4-3 所示，将油环挂在水平轴上，油环下部浸入油中，依靠油环与轴的摩擦力带动油环旋转，并将润滑油带至轴颈上，该润滑方法适用于低速旋转的轴以及润滑轴承。

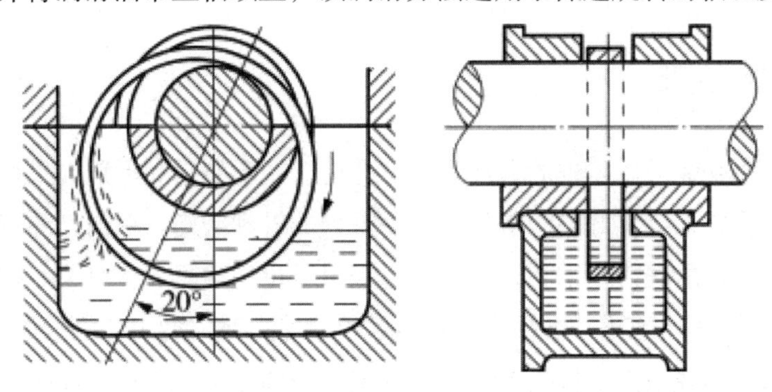

图4-3　油环润滑方法

4. 油浴与飞溅润滑

利用旋转构件（如齿轮、蜗杆或蜗轮等）将油池中的油带至摩擦部位进行的润滑方法称为油浴润滑。旋转件浸入油中一定深度，旋转体将油飞溅起散落到其他零件上进行的润滑方法称为飞溅润滑。油浴与飞溅润滑操作简单、可靠，主要用于润滑闭式齿轮传动、蜗杆传动和内燃机等。

5. 喷油润滑

润滑油通过喷嘴喷至机械的摩擦部位，既能实现润滑又能对摩擦部位进行冷却。对于 v 大于 10m/s 的齿轮传动，可采用喷油润滑，将润滑油喷到齿轮啮合的齿间隙中。

6. 压力强制润滑

它是利用油泵、阀和管路等装置将油箱中的油以一定压力输送到多个摩擦部位对其进行强制循环润滑的方法。压力强制润滑方法适用于润滑点多且集中、负荷较大、转速较高的重要机械设备，如内燃机、机床主轴箱等常采用此润滑方法。

7. 油雾润滑

油雾润滑是利用压缩空气的能量，将液态的润滑油雾化成 1 ~ 3μm 的小颗粒，悬浮在压缩空气中形成一种混合体（油雾），润滑油在自身的压力能下，经过传输管线，输送到各个需要的部位，提供润滑的一种新的润滑方式。目前，油雾润滑已成功应用于冶金行业中的轧机、铝箔轧机生产线等的滚动轴承、滑动轴承、齿轮轴承、齿轮、蜗轮、链条及活动导轨等各种摩擦副中，而且该润滑方法在改善摩擦副的运行条件和摩擦副性能上以及节约能源和改善环境污染上显示出了很大的优越性。

（二）脂润滑的方法和相关装置

润滑脂的加脂方式有人工加脂、脂杯加脂和集中润滑系统供脂等方法。对于单机设备上的轴承、链条等摩擦部位，如果润滑点不多时，大多采用人工加脂和脂杯加脂；对于润滑点较多的大型机械设备、成套设备等，如矿山机械、船舶机械和生产线，可采用集中润滑系统。集中供脂装置一般由储脂罐、给脂泵、给脂管和分配器等部分组成。

六、润滑管理

润滑管理是指企业采用先进的管理方法，合理选择和使用润滑剂，采用正确的换油方法以保持机械摩擦副保持良好的润滑状态等一系列的管理措施。目前，随着现代工业装备水平的提高，对先进的润滑技术和管理技术也提出了更高的要求。有关专家曾预测，世界能源的 35% 左右损失在摩擦、磨损上。例如，在我们日常生活中，路上奔跑的汽车可能因为一个轴承的缺油烧损而要损失上千元的修理费用和运输收入；在隆隆的钢铁生产流水线上，可能因为一个关键轴承的烧损而导致整个流水线停产，因而连锁导致几百万的经济损失。因此，企业设立合理的润滑管理组织机构，配备必要的专职或兼职润滑管理技术人员，合理分工、明确职责，严格选择润滑用油，认真搞好润滑管理工作意义重大。

（一）提高润滑管理水平的意义

1. 可以大大减少摩擦运动副和整机备件的成本，减少压库资金。

2. 可延长摩擦运动副和整机的使用寿命，减少维修人员和维修成本。

3. 可减少磨损阻力，降低能耗，节约电力或油料成本。

4. 可减少因摩擦运动副磨损而导致的停产换件的时间和次数，大大提高生产效益。

（二）润滑管理的基本内容

1. 确定润滑管理组织，拟定润滑管理的规章制度、岗位职责条例和工作细则。

2. 贯彻设备润滑工作的“五定”管理，即定点、定质、定量、定期和定人。

（1）定点。根据设备润滑卡上指定的润滑部位、润滑点和检查点（油标、窥视孔等），实施定点加油、添油和换油，并检查油面高度和供油情况。

（2）定质。各润滑部位所加润滑油（或脂）的牌号和质量必须符合润滑卡片上的要求，不得随便采用代用材料掺配使用。

（3）定量。按照润滑规定的要求，将合理的润滑油（或脂）数量添加到润滑部位和油箱、油杯中。

（4）定期。按照润滑规定的时间间隔添加（或换）润滑油（或脂）。一般来说，设备的油杯、手泵、手按油阀以及机床的导轨、光杠等应每班加油 1 ~ 2 次；脂杯、脂孔每星期加脂 1 次或每班拧进 1 ~ 2 转；油箱每月检查加油 2 次，或定期抽样化验，按质换油。

（5）定人。按润滑卡片上的分工规定，各司其职。

3. 编制设备润滑技术档案（包括润滑图表、卡片、润滑工艺规程等），指导设备操作工、维修工正确地进行设备润滑。

4. 组织好各种润滑材料的供、储、用。抓好润滑油（或脂）管理计划、质量检验、润滑油（或脂）代用、节约使用润滑油（或脂）以及润滑油（或脂）回收等几个环节，实行定额用润滑油（或脂）。

5. 编制设备年、季、月的清洗换油计划。

6. 检查设备的润滑状况，及时解决设备润滑系统存在的问题，如补充、更换缺损润滑元件、装置、加油工具、用具等，改进加油方法。

7. 采取措施，防止设备泄漏。总结、积累治理漏油经验。

8. 组织润滑工作的技术培训，开展设备润滑的宣传工作。

9. 组织新润滑油（或脂）、新添加剂、新密封材料、润滑新技术的试验与应用，学习和推广国内外先进的润滑管理经验。

第二节　机械密封基础知识

机械密封是指由至少一对垂直于旋转轴线的端面在流体压力和补偿机构弹力（或磁力）的作用下以及辅助密封的配合下保持贴合并相对滑动而构成的防止流体泄漏的装置。机械密封的目的是阻止润滑剂和工作介质泄漏，防止灰尘、水分等杂物侵入机器。机械密封件属于精密、结构较为复杂的机械基础元件之一，是各种泵类、反应合成釜、压缩机、潜水电动机等设备的关键部件。

一、机械密封的分类

机械密封分为静密封和动密封两大类。其中，静密封是指两零件结合面间没有相对运动的密封，如减速器上、下箱体凸缘处的密封，轴承盖与轴承座端面的密封等。实现静密封的方法主要有：靠结合面加工平整并有一定宽度，加金属或非金属垫圈、密封胶等。动密封可分为往复动密封、旋转动密封和螺旋动密封等。旋转动密封又可分为接触式密封和非接触式密封两类。下面主要介绍接触式密封和非接触式密封的特点和应用。

二、接触式密封

接触式密封主要有毡圈密封、唇形密封圈密封和机械密封等。

（一）毡圈密封

毡圈（见图 4-4）是标准化密封元件，毡圈的内径略小于轴的直径。密封时，将毡圈装入轴承盖的梯形凹槽中，一起套在轴上，利用毡圈自身的弹性变形对轴表面形成压力，密封住轴与轴承盖之间的间隙，如图 4-5 所示。装配前，毡圈应放入黏度稍高的油中浸渍。毡圈密封结构简单，易于更换，使用成本低，适用于轴的线速度小于 10m/s、工作温度低于 125℃的轴上密封。常用于脂润滑轴承的密封，且轴颈表面粗糙度值 Ra ≤ 0.8 μ m。

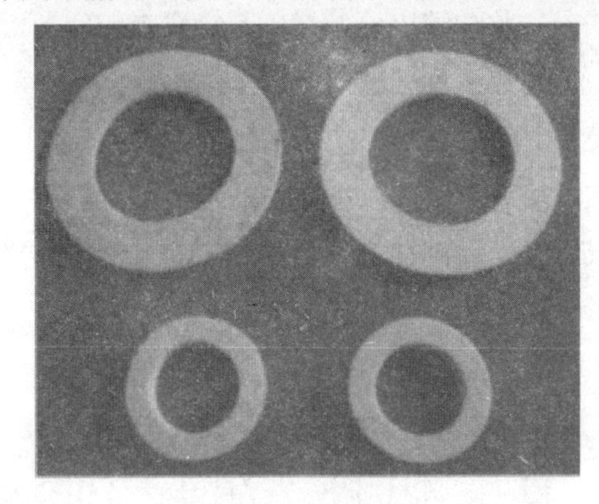

图4-4　毡圈

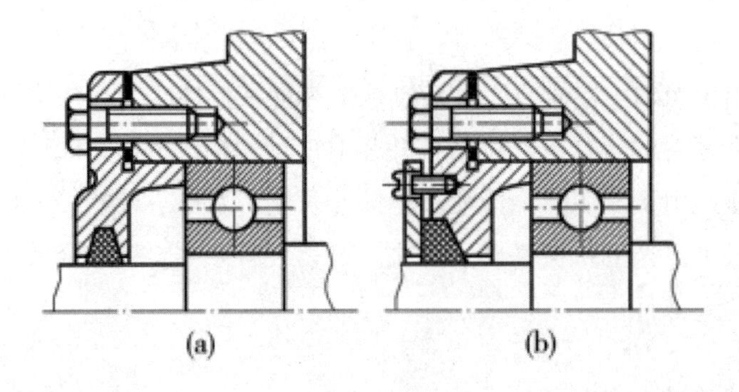

图4-5　毡圈密封

（二）唇形密封圈密封

唇形密封圈一般由橡胶 1、金属骨架 2 和弹簧 3 组成，如图 4-6（a）所示。密封时，依靠唇形密封圈的唇部 4 自身的弹性和弹簧的压力压紧在轴上实现密封。唇口对着轴承安装方向 [见图 4-6（b）]，主要用于防止漏油，反向安装两个唇形密封圈 [见图 4-6（c）] 既可防止漏油又可防尘。

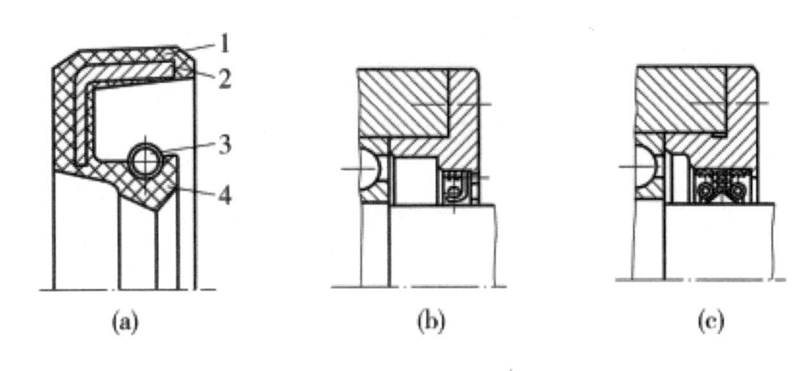

图4-6　唇形密封圈密封

唇形密封圈密封效果好，易装拆，主要用于轴线速度小于20m/s、工作温度低于100℃的油润滑的密封。

（三）机械密封

如图4-7所示，动环1固定在轴上随轴转动，静环2固定在轴承盖内。在液体压力和弹簧压力的作用下，动环与静环的端面紧密贴合，就形成了良好的密封，故此密封方法又称为端面密封。

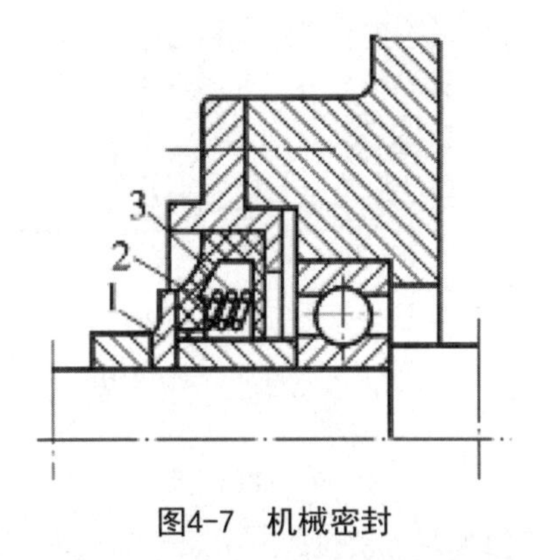

图4-7　机械密封

机械密封已经标准化，它具有密封性好、摩擦损耗小、工作寿命长和使用范围广等优点，用于高速、高压、高温、低温或强腐蚀条件下工作的转轴密封。

三、非接触式密封

非接触式密封主要有缝隙沟槽密封和曲路密封等。

（一）缝隙沟槽密封

图4-8为缝隙沟槽密封结构示意图。间隙 δ=0.1 ~ 0.3mm。为了提高密封效果，常在轴承盖孔内设置几个环形槽，安装时填充润滑脂进行密封。缝隙沟槽密封适用于干燥、清洁环境中脂润滑轴承的外密封。

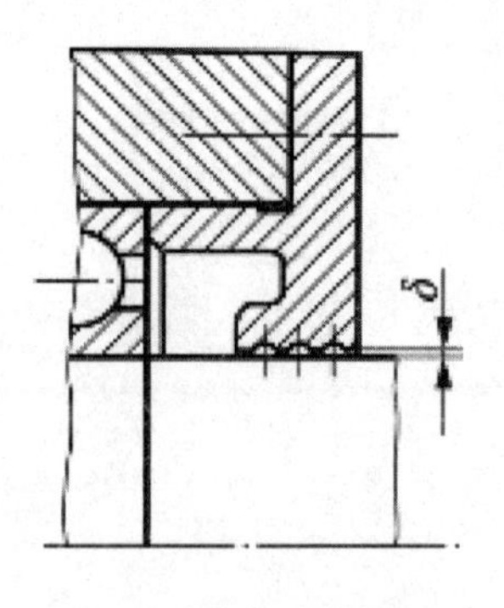

图4-8 缝隙沟槽密封

（二）曲路密封

如图 4-9 所示，在轴承盖与轴套间形成曲折的缝隙，并在缝隙中填充润滑脂，就可形成曲路密封，它又称为迷宫式密封。曲路密封无论是对油润滑还是对脂润滑都十分可靠，且转速越高，密封效果越好，密封处的轴线速度可达 30m/s。

另外，为了使密封效果更好，可以将几种密封形式进行组合使用，以提高密封效果，如图 4-10 所示。

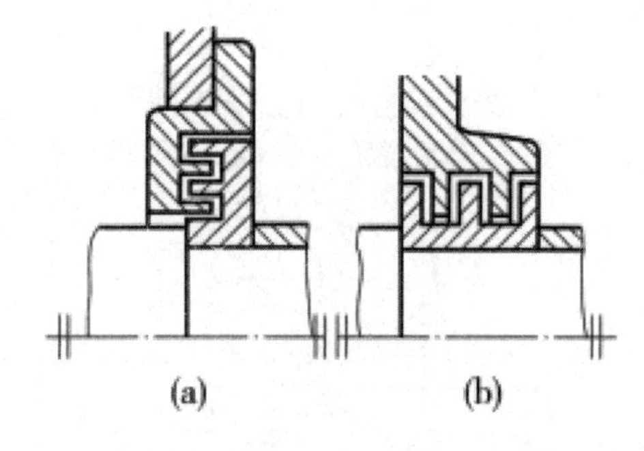

图4-9 曲路密封

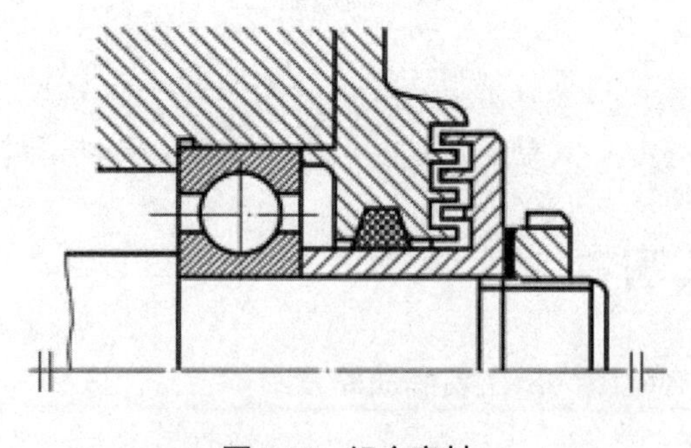

图4-10 组合密封

第三节　机械环保与机械安全防护基础知识

一、机械环保知识

（一）机械对环境的污染

环境污染按性质进行分类，可分为化学污染、物理污染和生物污染。部分机械产品在运行过程中会产生机械振动、噪声等物理污染；使用过程中的润滑油（或脂）、机油、金属切削液等会发生泄漏，对环境产生化学污染。

（二）机械振动及其控制

机械振动是物体或质点在其平衡位置附近所做的往复运动。机械振动的强弱用振动量来衡量，振动量可以是振动体的位移、速度或加速度。机械振动是自然界和工程界常见的物理现象。例如，桥梁和建筑物在阵风或地震作用下的振动、飞机和船舶在航行中的振动、机床和刀具在加工时的振动、各种动力机械的振动等。在机械工程领域内，为确保机械设备安全可靠地运行，可对机械结构的振动进行监控和诊断。

在许多情况下，机械振动被认为是消极因素。同时，由于现代机械结构日益复杂，运动速度日益提高，机械振动的危害也更为突出。例如，机械振动会影响精密仪器设备的功能，降低加工精度和光洁度，加剧构件的疲劳和磨损，从而缩短机器和结构件的使用寿命；机械振动还可能引起结构件变形和破坏，有的桥梁因振动而坍塌，飞机机翼的颤振、机轮的抖振往往造成事故，车船和机舱的振动会劣化乘载条件，强烈的振动和噪声会形成严重的公害。

生产过程中的机械振动源有：

1. 铆钉机、凿岩机、风铲等风动工具。

2. 电钻、电锯、林业用油锯、砂轮机、抛光机、研磨机、养路捣固机等电动工具。

3. 内燃机车、船舶、摩托车等运输工具。

4. 拖拉机、收割机、脱粒机等农业机械。

如果机械设备出现超过允许范围的振动，就需要采取减振措施。为了减小机械设备本身的振动，可配置各类减振器，如汽车采用弹簧钢板（见图 4-11）来减小振动。为了减小机械设备振动对周围环境的影响，或减小周围环境的振动对机械设备的影响，可采取隔振措施，如磨床、空气锤采用减振沟来相互隔离，减小振动，并消除相互之间的影响。另外，在设计和使用机械时必须防止共振，如为了确保旋转机械安全运转，轴的工作转速应处于其各阶临界转速的一定范围之外。

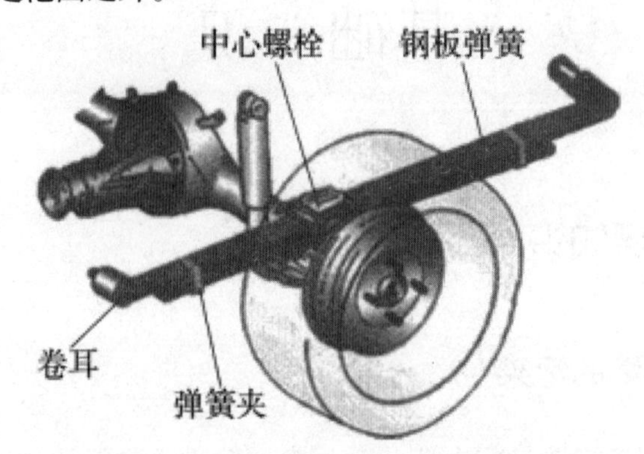

图4-11　汽车钢板弹簧减振器结构图

（三）噪声及其控制

噪声是发声体做无规则振动时发出的声音。从环境保护的角度看，凡是妨碍到人们正常休息、学习和工作的声音以及对人们要听的声音产生干扰的声音，都属于噪声。噪声污染主要来源于交通运输、车辆鸣笛、工业噪声（如机械转动、锻造、冲压、天车吊装、摩擦等）、建筑施工、社会噪声（如高音喇叭、早市和人的大声说话）等。

人们一般用分贝（dB）来衡量噪声的强弱等级。0dB 是人们刚刚能听到的最微弱的声音；10 ~ 20dB 相当于微风吹落树叶的沙沙声；20 ~ 40dB 相当于轻声细语，是比较理想的安静环境；40 ~ 60dB 相当于普通室内谈话，会对睡眠和休息有影响；60 ~ 70dB 会干扰谈话，影响工作效率；70 ~ 90dB 会很吵闹，严重影响听力，并引起神经衰弱、头疼、血压升高等疾病；90 ~ 100dB 会吵闹加剧，听力受损；100 ~ 120dB 难以忍受，待一分钟即可暂时致聋；120dB 以上会导致极度聋或全聋。日常生活中，我们在使用家电产品时，也会产生噪声，如洗衣机、缝纫机产生的噪声为 50 ~ 80dB，电风扇的噪声为 30 ~ 65dB，空调机、电视机的噪声约为 70dB。

噪声除对人的听力造成损伤外，还会给人体其他系统带来危害。由于噪声的作用，会产生头痛、脑涨、耳鸣、失眠、全身疲乏无力以及记忆力减退等神经衰弱症状，长期在高噪声环境下工作的人与低噪声环境下的情况相比，高血压、动脉硬化和冠心病的发病率要高 2 ~ 3 倍，可见噪声会导致心血管系统疾病。噪声也可导致消化系统功能紊乱，引起消化不良、食欲不振、恶心呕吐，使肠胃病和溃疡病发病率升高。此外，噪声对视觉器官、内分泌机能及胎儿的正常发育等方面也会产生一定影响。

一般声音在 30dB 左右时，不会影响正常的生活和休息。而当声音达到 50dB 以上时，人们就有较大的感觉，很难入睡。通常将声音达到 80dB 或以上判定为噪声。

控制噪音必须从噪声源、噪声传播途径、噪声接受者3个方面进行系统控制。第一，降低噪声源，这是治本，如用液压设备代替气压设备，用斜齿轮代替直齿轮，用焊接代替铆接，改进机械设备，使用先进的阻尼材料，在噪声源附近配置消声器（见图4-12）等，都可减少噪声；第二，在噪声传播途径上降低噪声，控制噪声的传播，改变声源已经发出的噪声传播途径，如采用吸音、隔音、音屏障、隔振、种树等措施，以及合理布局车间内的机械设备和厂房窗户等措施，也能减少噪声对人体的影响；第三，对噪声接受者或受音器官进行噪声防护，在噪声源、噪声传播途径上无法采取有效措施时，或采取的降噪措施仍不能达到预期效果时，就需要对接受者或受音器官采取防护措施，如长期在职业性噪声中暴露的工人可以戴隔音耳塞、耳罩、耳棉或头盔等护耳器。

图4-12　汽车发动机上的消音器

（四）机械三废的减少及回收

在工业生产过程中，难免会产生废气、废水和固体废弃物，它们合称三废。必须采取如下一些措施进行有效控制，才能逐步减少三废排放。

1. 生产过程中注意防止三废泄漏。例如，切削加工过程中，采用切削液循环利用，铁屑有效回收，在机床上设置集油盘等，都可有效地减少三废排放。

2. 采用高效发动机，提高燃料利用率；不轻易使用丙酮、氯仿、氟利昂、汽油等易挥发性清洗剂；不在生产区焚烧废弃物等都是减少废气排放的有效措施。

3. 三废又称为“放在错误地点的原料”。因此，三废不可随意倒入下水道以及随意丢弃。例如，不能再使用的切削液、更换下来的机油、机械设备用过的废电池等应集中保存，送相关专业部门集中处理，使其变废为宝，回收利用。

二、机械安全防护知识

（一）机械传动装置存在的潜在危险因素

机械传动装置是现代生产和生活中不可缺少的装备，它们不仅给人类带来了高效、快捷和方便的工作方式，也带来了一些潜在的危险因素，如撞击、挤压、切割、触电、噪声、高温等伤害。在日常生产和生活中，机械传动装置可能对人类造成潜在伤害的零部件是：

1. 旋转零部件与成切线运动部件间的咬合处存在潜在伤害因素。例如，齿轮与齿轮、动力传输带与带轮、飞轮上的凸出物、链条与链轮等，如图 4-13 所示。

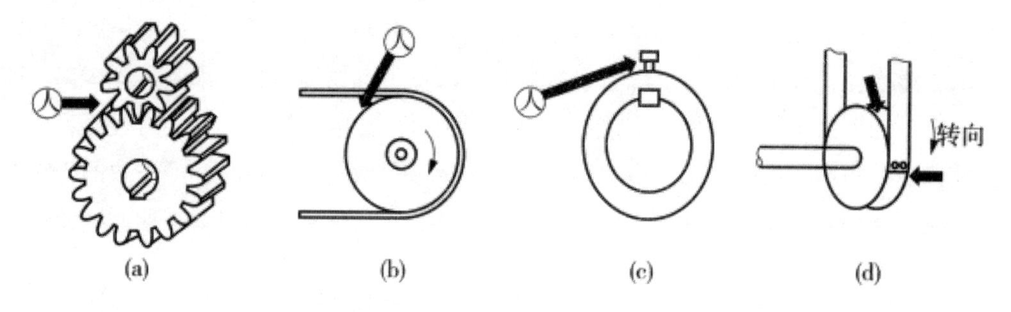

图4-13　机械传动装置存在的潜在危险

2. 旋转轴存在潜在伤害因素，如联轴器、心轴、卡盘、丝杠等。

3. 旋转的凸块和孔存在潜在伤害因素，如风扇叶片、凸轮、飞轮、砂轮等。

4. 转向相反的旋转部件的咬合处存在潜在伤害因素，如齿轮系、轧辊等。

5. 旋转部件与固定部件的咬合处存在潜在伤害因素，如手轮或飞轮与机床床身、旋转搅拌机（见图 4-14）与无防护外壳等。

6. 操作机床类机械设备时，存在潜在伤害因素，如冲床的滑块与冲头、空气锤的锤体、刨床的滑枕与刨刀、剪切机的刀片、切割机床的锯齿（见图 4-15）等，如果操作不当，会造成人身伤害事故。

图4-14　旋转搅拌机存在的潜在危险

图4-15　切割机床存在的潜在危险

7. 旋转部件与滑动部件之间存在潜在伤害因素，如某些平板印刷机面上的机构、纺织机床等。

（二）机械伤害的类型

机械伤害是指机械零件、工具、工件或飞溅的固体、流体物质的机械作用而产生的伤害。

机械伤害的类型有多种，其基本形式有挤压伤害、剪切伤害、切割或切断伤害、缠绕伤害、吸入或卷入伤害、冲击伤害、刺伤或扎穿伤害、摩擦或磨损伤害、高压流体喷射伤害等。

1. 挤压伤害

这种伤害是在两个零部件之间产生的，其中的一个或两个是运动零部件，如图4-16所示。挤压伤害中最典型的是压力加工机械伤害，当压力机的冲头下落时，如果人的手正在安放工件或调整模具，就会使手受伤。此外，在操作螺旋输送机、塑料注射成型机等时，也会发生挤压伤害。

图4-16 挤压伤害

2. 剪切伤害

典型的剪切伤害就是在操作剪切机械设备时，如果操作不当就会造成人身伤害。其他具有锐利刃部的机械也会存在相同的剪切伤害可能性。

3. 切割或切断伤害

在生产过程中，当人体与机械上尖角或锐边做相对运动时，就有可能产生切割或切断伤害。尤其是当机械上有锐边、尖角的部件做高速转动时，其危险性更大。

4. 缠绕伤害。有的机械设备表面上的尖角或凸出部分能缠住人的衣服、头发，甚至皮肤，当这些尖角或凸出部分与人之间产生相对运动时，就有可能产生缠绕危险。典型的缠绕伤害就是某些运动部件上的凸出物、传动带接头、车床的转轴（见图4-17），以及进行加工的工件可将人的手套、衣服、头发，甚至擦机器用的棉纱等缠绕住，从而对人造成严重的伤害。

图4-17 机械设备缠绕伤害

5. 吸入或卷入伤害。典型的吸入或卷入伤害常发生在风力强大的引风设备上。例如，一些大型的抽风或引风设备开动时，能产生强大的空气旋流，将人吸向快速转动的桨叶上，而发生人体伤害，其后果是很严重的。

6. 冲击伤害。它主要来自两个方面：一方面是比较重的往复运动部件的冲击，典型的冲击伤害就是人受到往复运动的刨床部件的冲击碰撞；另一方面是飞来物及落下物的冲击。冲击伤害所造成的伤害往往是严重的，甚至是致命的。如果高速旋转的零部件、工具、工件等固定不牢固而松脱，会甩出去，虽然这类物件的质量不大，但由于其转速高、动能大，对人体造成的伤害也是很大的。

7. 刺伤或扎穿伤害。操作人员在使用锋利的切削刀具时，或者是靠近高速甩动的金属切屑时，就有可能会对人体造成刺伤或扎穿伤害。

8. 摩擦或磨损伤害。此类伤害主要发生在旋转的刀具、砂轮等机械部件上。当人体接触到正在旋转的这些部件时，就会与其产生剧烈的摩擦而给人体带来伤害。

9. 高压流体喷射伤害。机械设备上的液压元件超负荷，压力超过液压元件允许的最大值时，就有可能使高压流体喷射而出，并对人体产生高压流体喷射伤害。

（三）预防机械伤害的措施

机械伤害的风险除了与机械的类型、用途、使用方法有关外，还与操作人员的职业素质与职业技能、工作态度以及对机械伤害的正确认识有关。为了杜绝机械伤害，企业和相关操作人员可以从以下方面采取措施：

1. 树立“预防第一，安全第一”意识，根据行业特点和企业实际，建立科学合理的安全制度。例如，机械加工厂规定：必须穿戴工作服上岗，不留长辫子，不穿高跟鞋，不戴手套操作旋转机床，车间配置安全检查员，严格交接班制度等。

2. 定期对机械设备操作人员进行安全培训，提高安全操作技能和规范意识，提高避免机械伤害的能力。

3. 尽可能消除机械设备存在的机械危害因素。

4. 采取合理的安全措施，如提供安全装置，对机械设备的危险部位进行隔离，让人不能接近机械设备的危险部位；或者是设置保护机构，避免操作人员受到伤害。

5. 在机械设备的危险部位设置警示牌，提醒相关人员不要靠近。例如，车间中设置“起重臂下严禁站人”“当心触电”“当心机械伤人”“当心表面高温”等警示牌，如图 4-18 所示。

6. 不断对机械设备进行更新改造，减少机械危害因素。

图4-18　机械危险部位警示牌

第五章　机械创新设计

第一节　机械创新设计概述

设计是人类社会最基本的生产实践活动之一，是人类创造精神财富和物质文明的重要环节。创新设计是技术创新的重要内容。对于机械设计来说，几乎所有的机械设计过程都存在创新的成分，没有创新设计的能力，就无法完成实际的机械产品设计。

所谓机械创新设计，就是利用机械工程和其他相关学科的有关知识，针对一个具体的应用问题展开创新性的思考，构思新的机构、新的工作原理，从而设计开发出新的产品，或在原有基础上达到新的、更高的性能指标。

机械创新设计一般可以分为三种不同的类型。

一、开发性设计

该种设计将根据设计任务书的功能要求，提出新的原理方案，通过产品规划、原理方案设计、技术设计和施工设计的全过程完成全新的产品设计，这种设计将实现一种没有先例的全新机械产品。

二、内插式设计

这种设计是在现有的两种或两种以上的方案中进行综合，是最为常用的一种设计方法。在进行这种方法设计时一般已经有一些现成的经验，产品可以借鉴和类比，其实就是对原有的设计原理进行归纳、综合，只要精心设计、认真进行一些改进，加上少量的实验研究，就能够有把握完成设计，取得成功。

三、外推式设计

在进行设计时，有一些设计经验可以借鉴，但这些经验只是局部性的，存在一定的未知部分，依靠经验无法完成整个设计，需要进行外推研究，即通过理论探讨、实验研究进行外推部分的开发研究。

机械创新设计应具有或部分具有如下两个特点：

一、独创性

上述的开发性设计就应该具有这样的特点，这就要求设计者采用与其他设计者不同的思维模式，打破常规的思维模式，提出与其他设计者不同的新功能、新原理、新机构、新材料、新外观，在求异和突破中实现创新。

二、实用性

机械设计的创新必须具有实用性，创新的结果需要通过实践来检验其原理和结构的合理性，不能为了创新而创新，需要得到使用者的支持和认可。因此，在创新设计的过程中要考虑市场、用户、经济性，说到底是要被用户接受才能产生实际的社会价值。

目前我国机械类专业的机械设计课程设计一般都是选择变速箱作为设计题目，鉴于变速箱涉及的机械设计问题具有典型性和普遍性，采用变速箱设计对学生进行基本设计能力的培养是十分有效的，但目前的情况是，学生在进行变速箱的设计时，一般都有一个详尽的课程设计指导教材，并且变速箱的设计过程、设计方法确实已经完全模式化了，无法有效实现对学生的机械创新设计能力的培养。其实，在实际的机械设计中，设计者要完全依靠自己的设计能力、设计思想完成设计过程，为此，应该在实际的课程设计教学过程中引入机械创新设计的教学环节。

第二节 机械创新设计的一般过程

要进行机械创新设计的能力培养，首先要抛开课程设计指导教材，将设计的主动权交给学生，让他们成为主动的设计者。为此，应以收集的若干与机械设计及相关领域的科研方向为设计课题，这些课题兼顾基础性、知识性、前沿性，设计工作量虽不是很大，但思维创新的空间较为广阔，给学生创造性思维留出了余地。设计中应用的设计原理、结构理论不设固定的模式，只提供一个设计思想及所要达到的预期目标，或一个简单的示意性原理图或结构图，具体的设计过程由学生自己来完成。

所谓的机械创新设计，其实就是面对一个实际问题展开的实际机械设计，其设计的过程与实际中开发一个新产品的过程具有相通性。大致可以分为如下几个主要阶段。

一、调查研究、制订开发计划书

由用户提出要求，用户和设计人员通过讨论、调查分析，共同制订开发计划书。内容包括产品的国内外现状、用途、功能、基本结构形式、主要设计参数、动力源形式、技术经济指标、成本和利润要求、计划进度等。

二、初步设计阶段

这一阶段要确定主要的结构形式，进行机构、零部件的初步设计。对于一些无成功经验可以借鉴的部分，要通过进行模型试验研究和技术分析，验证原理的可行性、可靠性，发现存在的问题，并探索解决的方法。这一阶段最终要通过分析、计算，绘制出必要的结构草图。

三、绘制装配图和零部件图

在上一阶段工作的基础上，根据对零件的功能要求、加工工艺要求，将零件的形状、尺寸、机械安装尺寸、配合公差等全部确定下来，并绘制出整机的装配图，在此基础上绘制出所有的零件图，编制技术文件和设计说明书，并不断审核和修改，最终定稿。

四、样机试制和技术经济评价

对设计图纸进行全面的审核和改进之后，开始进行样机加工制作，装配完成后进行样机试验，对出现的问题进行分析、改进，然后进行全面的技术和经济性评价，与开发计划书进行比对，研究进一步提高综合性能的方法和措施。

五、产品定型、投放市场

在样机达到要求的基础上，进行产品的定型设计，开始小批量生产，投放市场，接受用户反馈信息，进行进一步完善，之后方可定型产品、进行批量生产。

需要说明的是，上述设计过程的各个阶段互相关联，当其中一个阶段发现问题时，必须进行返回修改。整个设计过程是一个不断修改、返工、完善的优化过程。另外，在有些设计中，并非需要经过上述设计过程的所有步骤，有时可以根据具体情况跳过某一个步骤，这要根据实际情况进行操作。

第三节　机械创新设计的常用方法

与实际的机械设计方法相似，常用的机械创新设计方法大致可以分为以下几种。

一、综合创新

综合，就是将研究对象、现有理论、现有成果进行综合归纳，构思出新设计的一种方法。在机械创新设计中，我们可以看到很多通过综合取得的成功范例，比如，同步带传动机构（图 5-1）就是从平带传动、V 带传动、多楔带传动逐渐发展起来的一种传动形式，同步带实际上是将齿轮传动和皮带传动综合而实现的一种新的传动形式。

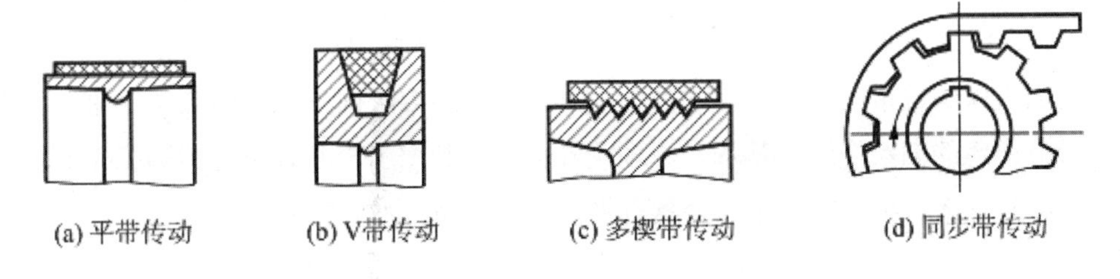

图5-1　同步带传动的演变过程

再比如，液压缸是液压系统中的执行元件，它的作用是将液体的压力升高，将液体的压力能转换为机械能。在液压缸的设计中，有一种增压缸创新设计就是利用综合法实现的。如图 5-2 所示，该增压缸由两个直径不同的缸体组成，其实就是将两个缸体串联，形成一个整体，将其功能组合起来，实现新的功能。

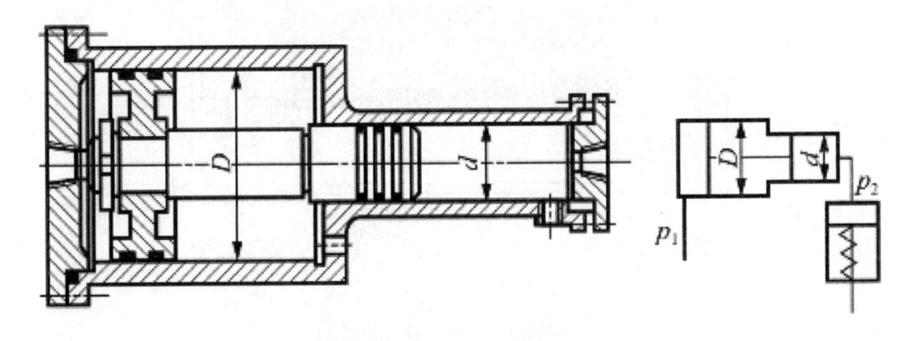

图5-2　增压缸原理

二、移植创新

所谓移植创新，就是利用、借鉴某一领域的科学技术成果或思想，用以变革或改进已有的事物或开发新产品。移植机械创新设计，就是利用其他的创新结构、原理改进所要进行的机械设计产品，形成机械创新的成果。移植创新具有以下特征：移植是借用已有的技术成果针对新目的进行再创造，可以使已有的技术在新的应用领域得到延续和拓展；移植实际上是各种事物的技术和功能相互之间的转移和扩散；移植领域之间的差别越大，则移植创造的难度也就越大，成果的创新性也就越明显。

图 5-3 所示为一学生的创新作品，题目为“高层建筑火灾逃生装置”，该装置的原理就是一种移植创新。基本原理为：该装置固定在高层建筑靠近窗口的位置，当发生火灾时，逃生者将绳索套固定在身上，跳出窗外，在人体重力的作用下，旋转轴转动，人体下降，当下降的速度逐渐提高时，转轴的速度也将提高，这时，离心摩擦块在旋转离心力的作用下将与摩擦外筒的内壁产生压紧力，这个压紧力与圆周速度的二次方成正比，在摩擦力矩的作用下，人体下降的速度将稳定在一个适当的数值，从而保证逃生者安全、自动地下落，并且不会因人体的重量太大而产生快速的下落，也不会因人体重量小而无法下落。该装置是一个十分出色的创新作品，其基本原理实际上就是利用了离心式离合器的工作原理，将这种原理经过一次移植，产生了一个具有创新性的作品。

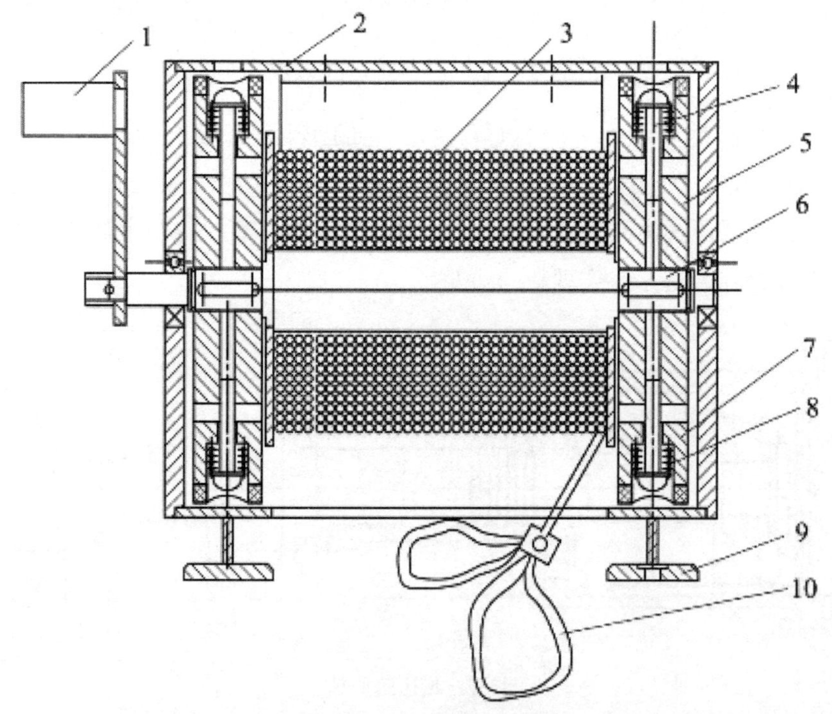

图5-3　火灾逃生装置

1—手柄；2—摩擦筒体；3—绳索；4—离心摩擦块导杆；5—导杆固定块；6—旋转轴；7—离心摩擦块；8—弹簧；9—固定座；10—绳索套

三、概念创新

所谓概念创新，就是采用完全不同于旧有原理实现原有功能、甚至进一步提高其功能的创新。比如：常规的机械切削加工一般是依靠刀具对工件的切削过程实现的，这种切削要求刀具材料硬度必须大于工件材料硬度。但有些情况下需要加工的工件硬度很高，一般的刀具无法完成这样的切削任务。为了解决这一问题，如果沿用常规的切削加工原理继续思考，就很难找到解决的方法，或者即使能够制作出硬度很高的刀具，其成本也是很大的。为此，出现了激光加工、线切割、电火花加工等一系列加工方法。比如，电火花加工就是一种全新的思路所构建的加工方法，它已经完全跳出了传统的刀具切削原理，是一种完全的概念创新。

如图 5-4 所示，电火花加工的原理为：工具电极（常用铜、石墨等）和工件分别接脉冲电源的两极，并浸入绝缘工作液（常用煤油或矿物油）中，工具电极由自动进给调节装置控制，以保证工具与工件在正常加工时维持一很小的放电间隙（0.01 ~ 0.05 mm），当脉冲电压加到两极之间时，便将当时条件下极间最近点的液体介质击穿，形成放电通道，由于通道的截面积很小，放电时间极短，致使能量高度集中，放电区域产生的瞬时高温足以使材料熔化甚至蒸发，以致形成一个小凹坑。第一次脉冲放电结束之后，经过很短的间隔时间，第二个脉冲又在另一极间最近点击穿放电。如此周而复始高效率地循环下去，工具电极不断地向工件进给，它的形状最终就复制在工件上，形成所需要的加工表面。

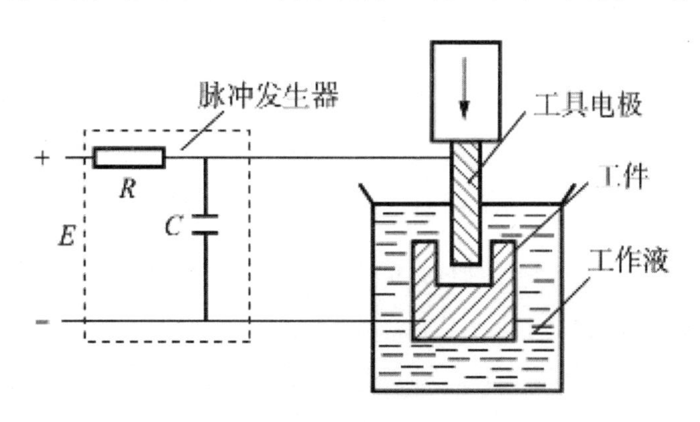

图5-4　电火花加工原理

四、学科交叉创新

科学技术发展到今天，各门学科之间的融合越来越频繁，学科之间的联系日益密切。学科之间的交叉为创新思维提供了新概念、新原理、新方法，交叉边缘学科往往都是最为活跃的领域其实就说明了这一点。机械设计也是如此，当在创新设计过程中出现困难的时候，多学科的研究者进行交流可能就会产生突破性的进展。比如，仿生学在工程中的应用。

人类从飞鸟想到开发出飞机，从蝙蝠的声呐探测开发出雷达系统，从对海豚皮肤的研究到人造海豚皮的发明，从人手的基本原理发明机械手，这些都是将生物界的自然现象引入工程领域而产生的创新成果，是学科交叉创新的范例。

五、技术组合创新

所谓技术组合创新，就是通过将若干成熟的技术，通过有机的组合而形成一种具有新功能的创新设计成果。在这样的组合中，每一种技术都是成熟的、可靠的，设计时只要能够使各技术之间有效衔接，就可完成预定的功能，虽然单独看每个技术模块没有什么先进性和创新性，但组合起来后将具有整体的创新性。如图 5-5 所示的针式打印机打印头移动及色带驱动机构，就是一种通过现有技术的组合而形成的创新机构，里面涉及的传动机构单元都是现有的成熟技术，但组合起来之后，就形成了一种全新的功能。

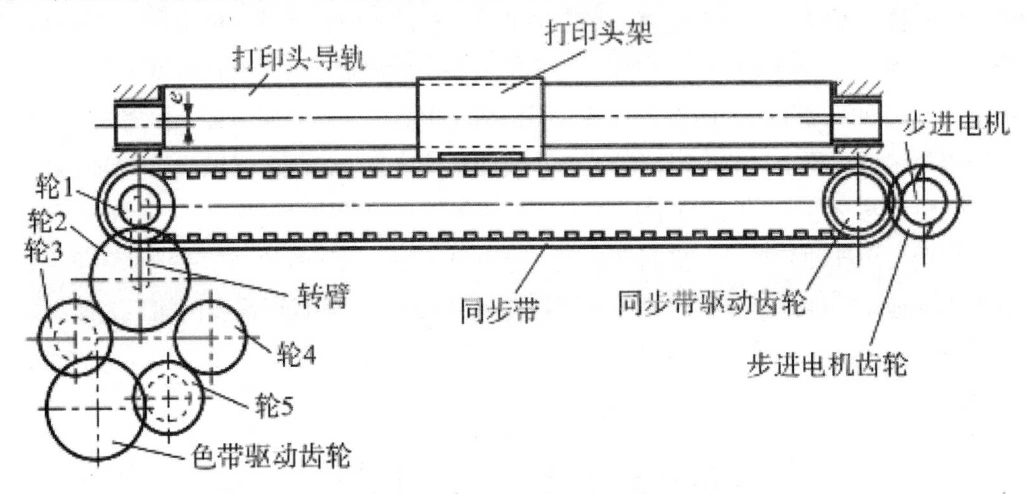

图5-5　打印头移动及色带驱动机构

需要说明的是，上述各种创新设计的方法并不是完全独立的，其实它们之间也是存在着交叉现象。在具体的设计中，不要拘泥于一定要在某一种方法内进行创新设计，而是要根据实际情况灵活地应用。

第四节　机械创新设计的评价

因为创新本身就是在做前人没有做过的工作，创新作品的评价是较为困难的，但对机械设计创新作品的评价还是有一些基本原则的。一般来说可以从如下几个方面来进行评价。

一、选题是否具有实际意义

机械创新设计的选题应该来自生产或生活实际的需要，因为机械设计是属于工程应用科学技术领域，在这个领域，所有创新的驱动力就是应用价值，一个再好的创意，如果没有实际应用点，都将是没有真实意义的。

二、功能是否具有完整性

机械创新设计所产生的作品应具有一定的功能，这种功能是否完整、是否达到预定的要求、是否能够产生价值，应该成为机械创新产品评价的关键指标之一。一个作品不管它在其他方面如何出色，但抛开功能的实现，都将是没有意义的。当然，功能的完整性也包括整体的完整性和局部的完整性两种，有些创新本身就是一种局部创新，这时只要强调局部功能的完整性就可以了。在对功能进行评价时，可以通过类比的方法来确定这种功能的先进性。

三、创新性是否显著

创新设计的一个主要的要求是它的创新性，创新分为不同的方面，如功能创新、原理创新、外观创新、结构创新等。创新的程度也分为很多不同的层次，有整体创新和局部创新等。对于创新性的评价应在全面查阅相关研究成果的基础上进行，绝不能自说自话，否则是没有说服力的。由于机械设计的创新目标是实际应用价值，因此，创新的评价应该实事求是，绝不能为了创新而创新，有意义的创新一定是要能够使产品产生综合性能和经济性能的提升。此外，创新是否具有先进性也是评价一个机械创新产品的重要方面，所谓先进性就是利用最先进的科学理论和技术手段来实现预定的创新目标，从而使产品发生质的进步。

四、经济性是否达到最佳

经济性是所有机械产品的根本，机械创新设计也一样要遵循这一规则。如果不能满足经济性要求，任何创新产品都将难以进入实际的应用领域。对机械创新产品的经济性评价应结合相关的同类产品进行比较分析，以性价比作为比较的依据，从而给出客观的评价依据。

五、其他综合性能指标是否达到最佳

机械产品的性能除了功能和经济性以外，还有许多辅助的性能指标，如造型、色彩、可靠性、安全性、操作性、环保性、运输性、噪声等，这些辅助指标也是衡量一个创新产品是否具有实际价值的关键方面。

在进行评价时可以是模糊的评价方法，如选择专家和用户组成的评价小组，通过口头或文字的评价方法进行评价，取得统一的评价意见；也可以通过引入定量的评价体系进行评价，可以将作品的不同方面进行归纳，建立评价指标系列，对每一个评价指标进行分数定义。比如，功能创新性：5—很好，4—好，3——般，2—尚可，1—较差，0—差；经济性：5—很好，4—好，3——般，2—尚可，1—较差，0—差；等等。通过这样的过程，可以将整个创新作品的综合性能通过一个具体的数值表达出来，将其与同类产品进行对比就可以实现更加直观的定量化评价。常用的评价指标系列见表 5-1。

表5-1 常用的评价指标体系

功能创新	节能性	体积大小
原理创新	可操作性	重量大小
经济性	维修性	加工性
安全性	寿命	运输性
可靠性	色彩	标准化程度
外观性	环保性	……

第六章　机械系统精度设计

在机械产品的设计过程中，一般要进行三方面的计算：运动分析与计算、强度和刚度的分析与计算、几何精度的分析与计算。其中几何精度的分析与计算就是机械系统的精度设计。

第一节　概述

机械产品的精度设计是机械设计与制造中的重要环节，尺寸精度是机械零件基本几何精度的主体，形状和位置精度是基本几何精度的重要组成部分。机器的几何精度的分析与计算是多方面的，但归结起来，设计人员总是要根据给定的整机精度，最终确定出各个组成零件的精度，如尺寸公差、形状和位置公差，以及表面粗糙度等参数值。

一、精度设计在机械设计中的地位及其发展

通常，精度影响产品性能的各个方面，如噪声水平、运转平稳性、加工经济性、外观宜人性等。精度设计是否正确、合理，对产品的使用性能和制造成本，对企业生产的经济效益和社会效益都有着重要的影响，有时甚至起决定作用。精度提高必然带来产品成本费用的提高，现实生产中是以满足功能要求且考虑生产过程的经济性来控制精度的。客观上，精度设计分别在两个领域中进行，即产品设计过程中的精度设计和零件加工、装配工艺设计过程中的精度设计。通常需要协调两方面问题：一是精度选择相对较低，产品使用时其质量不能达到最好，工厂潜力没能充分挖掘；另一个是对于较低的用户要求而选用了较高的精度等级，造成损失。

产品的质量、成本、寿命及效益都与精度设计有着密切关系。对于公差值的确定，传统精度设计主要依靠尺寸链原理来实现。随着科学与生产技术的发展，计算机等多学科的先进技术在机械制造业中得到了广泛的应用，CIMS 和 CAD/CAM 已取得了重大的突破和引人注目的成就，而机械零件的精度设计尚处于人工或半人工处理阶段，这种状况显然无法与 CAD/CAM 集成，无法与 CIMS 发展相适应。自从 1978 年挪威学者 O.Bjorke 在

Computer Aided Tolerancing 一书中提出计算机辅助公差技术以来，国内外许多学者在此领域做了大量的研究工作，并取得了一些成果。国内对公差设计的研究工作主要集中在对尺寸公差模型的研究上。例如，对非线性尺寸链应用的研究，从尺寸链中封闭环与组成环之间的数学关系出发，提出了非线性尺寸链的概念，并以误差和全微分原理为基础，总结了规范化的尺寸链误差分析计算的统一求解方法；对并联尺寸链解算的探讨，提出了采用精度系数来评定并联尺寸链中各独立尺寸链的精度；对机构精度设计的研究，重点分析了精度分配的多重卷积算法和价值分析法，产生了一些研究成果和应用软件。

在大多数情况下，产品的输出特性都可以用其构成零部件的几何参数来描述，因而，产品输出特性的变化与零件几何精度方面也可以建立起相应的数学方程。部分著作中提出的机械产品精度并行设计数学模型，其目的就是建立产品输出特性的波动量与加工公差之间的关系。在总结已有设计成果的基础上，建立产品输出特性的波动量与原始设计参数之间的关系是值得研究的方向，它有利于在更高水平上的再设计。

计算机辅助精度设计技术的研究方向可分为两个方面：一方面是用计算机实现计算机辅助精度设计的研究；另一方面是基于规则推理的精度设计专家系统的研究。在数字化迅猛发展的今天，产品几何技术规范（GPS）正在使互换性与技术测量的理论体系从理想几何形面为基础向数字模型为基础的技术测量方向过渡，这一切也将促使计算机技术在互换性与测量领域加速发展。

二、机械精度设计的分类、决定因素及主要内容

机械精度设计的评价指标是误差，相对误差越小，精度越高。从研究角度出发，机械精度可以有三种不同的分类方法，如表 6-1 所示。

表6-1　机械精度设计的分类

依据特征	分类结果
误差性质	静态精度设计和动态精度设计
设计对象	零件精度设计、机构精度设计和机器精度设计
设计公差和工序公差的关系	分布精度设计和并行精度设计

根据零件设计精度制造出的零件，装配成机器或机构后，还不一定能达到给定的精度要求。因为机器在运动过程中，所处的环境条件（如电压、气温、湿度、振动等）及所受的负荷都可能发生变化，造成相关零件的尺寸发生变化；或者相对运动的零件耦合后，其几何精度在运动过程中也能发生改变。事实上，由于现代机械产品正朝着机光电一体化的方向发展，这样的产品，其精度问题已不再是单纯的尺寸误差、形状和位置误差等几何量精度问题，而是还包括光学量、电学量等及其误差在内的多量纲精度问题，其分析与计算与传统的几何量精度分析更为复杂和困难。

本章主要研究机械精度设计的基本工具——尺寸链及其应用。在此基础上，简要介绍统计尺寸公差和计算机辅助精度设计的主要方法和步骤。

第二节　尺寸链的基本概念

质量驱动是当今设计的潮流。构造各种尺寸链是直接反映几何形状描述参数之间相互关系的技术手段之一，而尺寸链原理与应用就是在设计、加工、装配几个环节中研究各种参数（尺寸公差、形状和位置公差）相互依赖、相互制约的关系，从而保证合理、经济、方便地满足用户对产品质量的要求。

一、尺寸链的有关术语

尺寸链是在机器装配或零件加工过程中，由相互连接的尺寸形成的封闭尺寸组。尺寸链所研究的主要对象是机械零件之间的几何参数，包括长度尺寸与角度尺寸微小变化的关系。这些尺寸的微小变化最终体现为对机器质量各个相应性能指标的影响。

如图 6-1 所示，半联轴器的轴向尺寸由法兰边缘厚度 A0、法兰全长 A1 和法兰肩 A2 组成一个简单的封闭尺寸链。显然，尺寸链至少有 3 个尺寸组成，它们的大小相互影响，具有封闭性。

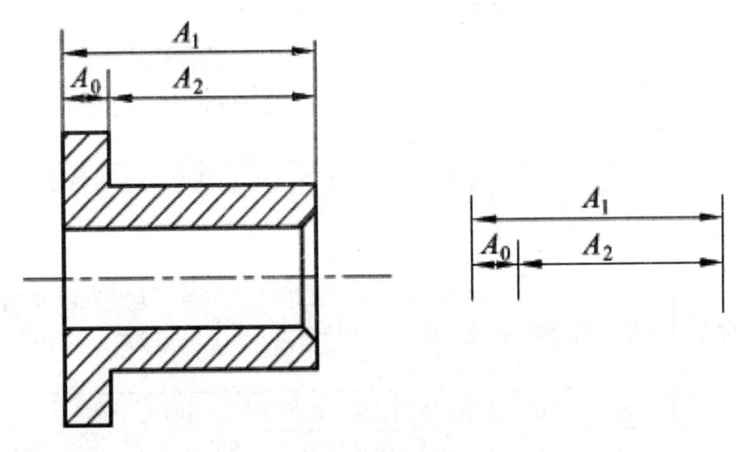

图6-1　尺寸链图

研究尺寸链过程中涉及的基本术语及其定义与说明如表 6-2 所示。

表6-2 尺寸链的基本术语及其定义与说明

基本术语	定义与说明
环	构成尺寸链的各个尺寸，可分为封闭环和组合环
封闭环	加工或配置过程中最后自然形成的尺寸
组成环	尺寸链中除封闭环以外的其他环。 根据组成环对封闭环影响的不同，又分为增环和减环。在装配尺寸链中的组成环，根据需要还可以采用补偿环的形式。虽然补偿环作为一种特殊的组成环，本身也有公差，而且增加补偿环同时也增加了组成环数，但是其补偿量是以其基本尺寸的可变量来实现的。所以，补偿环本身公差大小并不需要太严，精度也不需要太高
增环	与封闭环同向变动的组成环称为增环，即当该组成环尺寸增大（或减小）而其他组成环不变时，封闭环的尺寸也随之增大（或减小）
减环	与封闭环反向变动的组成环称为减环，即当该组成环尺寸增大（或减小）而其他组成环不变时，封闭环的尺寸也随之减小（或增大）
传递系数	各组成环对封闭环影响大小的系数，称为传递系数，用 ξ 表示

二、尺寸链的分类

尺寸链的研究对象是一个误差彼此制约的广义尺寸系统，其基本关系就是组成环及封闭环之间的相互影响关系。对尺寸链进行分类，有利于从不同需要，有针对性地研究特定领域的某些问题。可以从不同角度对尺寸链进行分类，表 6-3 所示是常见的分类方法。

表6-3 尺寸链分类一览表

分类依据	分类形式	特点与说明
组成环的几何性质	线性尺寸链	各环均为长度尺寸，长度环的代号用大写斜体英文字母A、B、C…表示
	角度尺寸链	各环均为角度，角度环的代号用小写斜体希腊字母 α 、β 、γ …表示
组合环的空间位置	直线尺寸链	各个组成环平行
	平面尺寸链	如图6-3所示，床身2上的齿条与走刀箱3上的齿轮，通过床鞍1及两块过渡导板组成一个平面尺寸链，其封闭环A0反映齿轮副的啮合间隙
	空间尺寸链	组成环位于几个不平行平面内的尺寸链
尺寸链结构形式	串联尺寸链	两个尺寸链之间有一个公共基准面，大多数轴类零件的轴向尺寸会形成若干个串联尺寸链
	并联尺寸链	两个尺寸链之间有一个或几个公共环
	混联尺寸链	由若干个并联尺寸链和串联尺寸链混合组成的复杂尺寸链
生产中的应用	装配尺寸链	组成环为不同零件设计尺寸所形成
	零件尺寸链	全部组成环为同一零件尺寸所形成
	工艺尺寸链	车外圆、铣键槽、磨外圆、保证键槽深度的工艺过程形成的尺寸链

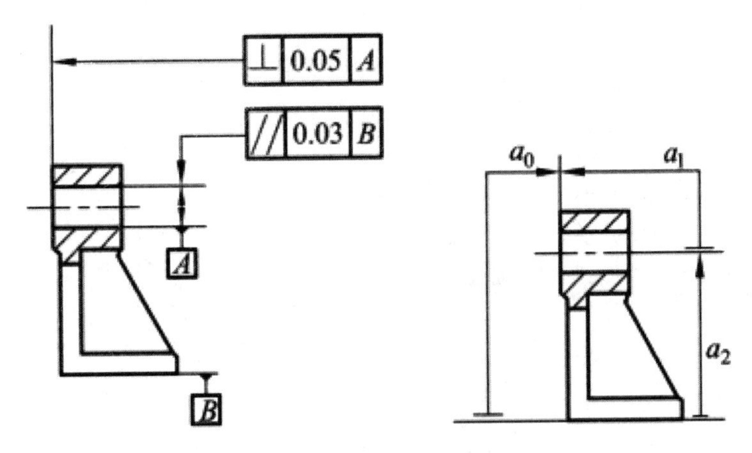

图6-2　角度尺寸链

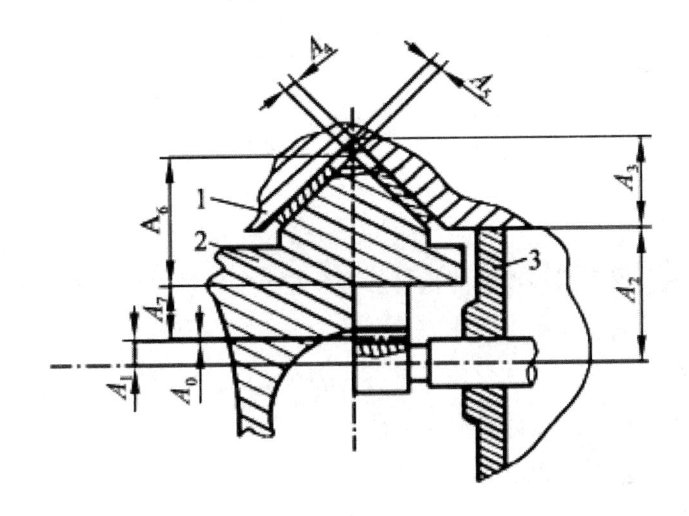

图6-3　平面尺寸链

1—床鞍；2—床身；3—走刀箱

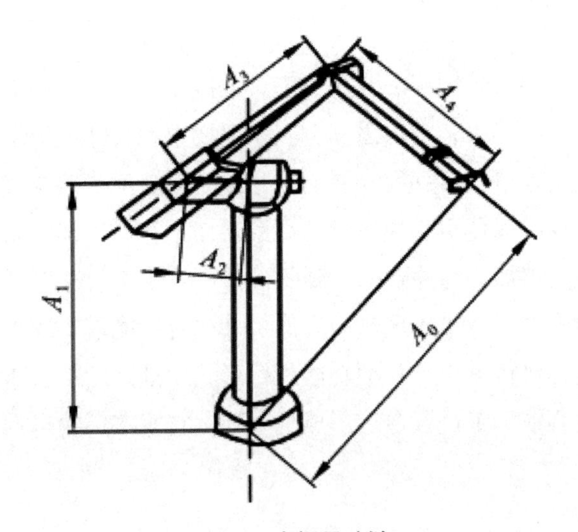

图6-4　空间尺寸链

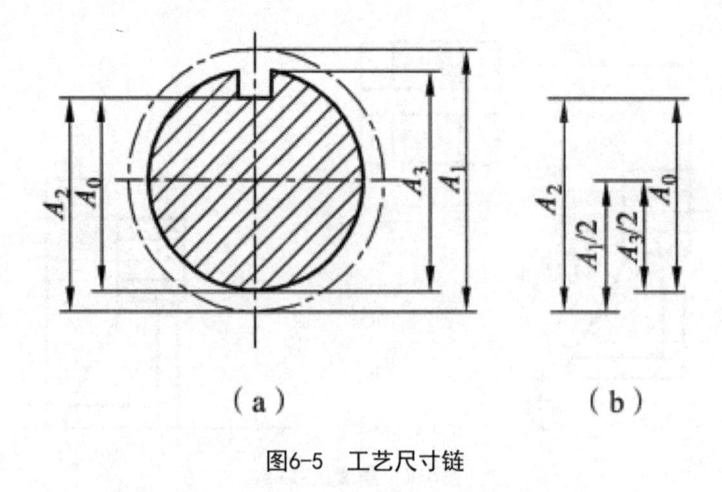

图6-5　工艺尺寸链

第三节　尺寸链的建立

尺寸链由正确实现机器各项功能指标的客观载体的特征参数组成。尺寸链原理是控制工艺误差、保证设计精度的科学。建立尺寸链的基本关系是解算尺寸链，是进行精度设计的关键。只有正确的构造尺寸链，选择具有代表意义的封闭环，才可能在精度设计中正确分配组成环公差、合理协调设计对象各项精度指标的要求。

建立尺寸链时一般需要以下 3 个步骤：确认封闭环、查明组成环和绘制尺寸链简图，下面分别详细进行叙述。

一、确认封闭环

一个尺寸链中只有一个封闭环。对于装配尺寸链而言，封闭环就是产品上有装配精度要求的尺寸，如同一个部件中各零件之间相互位置要求的尺寸或保证相互配合零件配合性能要求的间隙或过盈量。对于零件尺寸链而言，封闭环应为公差等级要求最低的环，一般在零件图上不进行标注，以免引起加工中的混乱。而工艺尺寸链的封闭环是在加工中最后自然形成的环，一般为被加工零件要求达到的设计尺寸或工艺过程中需要的余量尺寸。

分析机器的装配形式，找出体现最终自然尺寸或者性能需要的封闭环是构造尺寸链必须完成的第一步，也是将机械设计各项功能指标形式化处理的第一步。一般而言，封闭环是尺寸链中在装配过程或加工过程最后形成的一环，它直接反映机器或零部件的主要性能指标。

装配尺寸链分析

选择二级圆柱齿轮减速器中间轴上所采用的深沟球轴承 61808 及其相关零件组成的装

配结构。为了确保运动件和静止箱体侧壁之间的间隙，避免运动过程中有可能发生的干涉现象，试分析装配尺寸链，确定其封闭环。

首先确定主功能指标对应的尺寸链链环，即封闭环。如图 6-6（a）中的间隙 A0 是实际装配各个零件后自然形成的间隙，最终体现的就是各种公差要求的组合约束，即机器整体性能指标得以实现的依托。同时，A0 也是尺寸链组成环精度分配的出发点。一般地，反映机器质量的性能指标并不唯一，而是由若干个指标综合来体现机器的质量要求。但是，这些指标中的每一个只能唯一地由一个相应的尺寸链封闭环与之对应。事实上，可以将这些指标转化为各种尺寸链的封闭环。

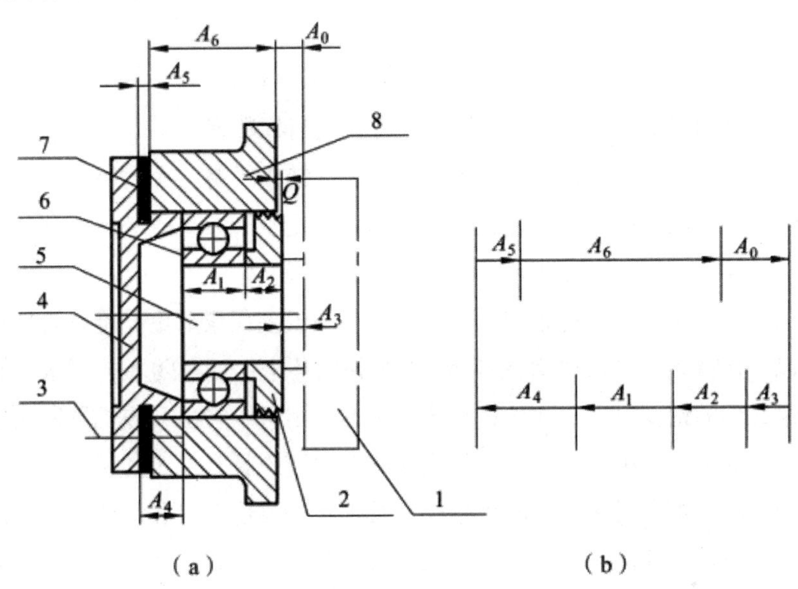

图6-6　尺寸链构造图

1—零件；2—甩油盘；3—螺栓联接；4—端盖；5—零件轴颈；

6—轴承；7—密封垫；8—箱体

其次确定与主功能指标相关的其他指标对应的链环。例如，图 6-6（a）中的侧面间隙 A0 作为检验轴上零件 1 与箱体内壁的干涉性指标，图 6-6（a）所示的另一个功能指标就是要确保甩油盘 2 有足够的间隙 Q 将油甩回箱内，这两个指标经转换就可以形成如图 6-7（a）所示的关联尺寸链的两个封闭环 A0 与 Q。

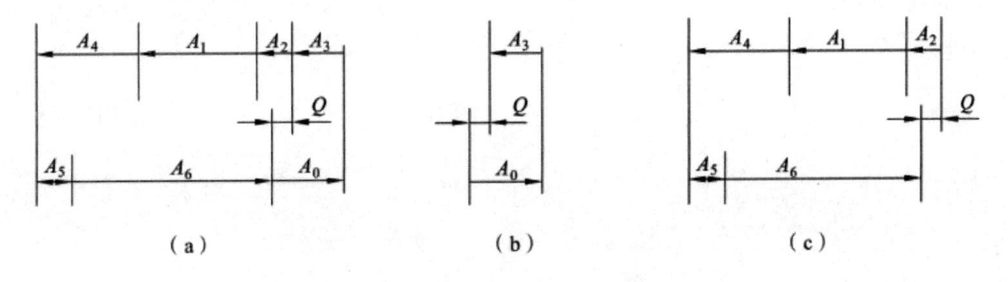

图6-7　功能指标与尺寸链转换

第三确立封闭环与组成环的函数关系。在装配尺寸链中，各组成环的尺寸是在产品零件加工过程中得到的，其数值在公差范围内，并符合其尺寸分布规律的随机变量。由尺寸链方程决定的封闭环尺寸，则是一组组成环尺寸随机变量的函数，所以，它也是一个随机变量。因此，封闭环尺寸及其公差的确定，可以采用概率统计的方法。在一定的条件下，用这种方法得到的结果，较为符合实际情况。

显然，不同的尺寸链构造，可以实现不同的功能指标，它们转化得到的封闭环可以由不同的尺寸链基本关系式表达，例如：

图 6-6（b）中，A0=Fa（A1，A2，A3，A4，A5，A6）（6-1）

图 6-7（b）中，Q=Fb（A0，A3）（6-2）

图 6-7（c）中，Q=Fc（A1，A2，A4，A5，A6）（6-3）

由此可见，封闭环是构造尺寸链和解算尺寸链的目标数据。

第四分解关联尺寸链，保证分解后的每一个尺寸链中只有一个封闭环。如图 6-6（a）所示，为了保证箱体内零件 1 运转过程中不与箱体 8 发生干涉，就必须保证装配后自然形成的尺寸 A0，所以，在该尺寸链中选择 A0 作为封闭环。

显然，图 6-6（b）中尺寸链组成环比较多，各项误差积累严重，难以直接达到封闭环的要求，所以，选择该尺寸链中组成环 A2 作为补偿环来保证封闭环的要求，同时可以减轻封闭环对组成环的精度要求。此外，从图 6-6（a）中可以看出，该机器同时还有密封性要求，即保证图 6-6（a）中零件 2 内侧伸入箱体 8 内壁应具有一定的长度 Q。如果组成环公差选择不当，就很难同时满足这两个指标的要求，需要建立关联尺寸链，如图 6-7（a）所示。如何分解关联尺寸链为单一的多个尺寸链，并决定它们的计算顺序也是非常重要的问题，这实际上也决定了各个封闭环对应的性能指标的优先保证顺序。例如，图 6-7（a）可以分解为图 6-7（b）和图 6-7（c）。

对于单一零件而言，在它的各个形体特征组成的尺寸链中，封闭环一般应该是通过后续加工产生或可以保证的尺寸，而不应该是初始形成的形面，否则制造工艺难于实现。如图 6-8 所示的轴承端盖，可以选择尺寸 A0 作为封闭环构造尺寸链，从而保证安装长度指标的要求。

封闭环的选择，最终要确保封闭环体现的是各种公差要求的组合约束，是各项功能指标得以实现的直接载体。

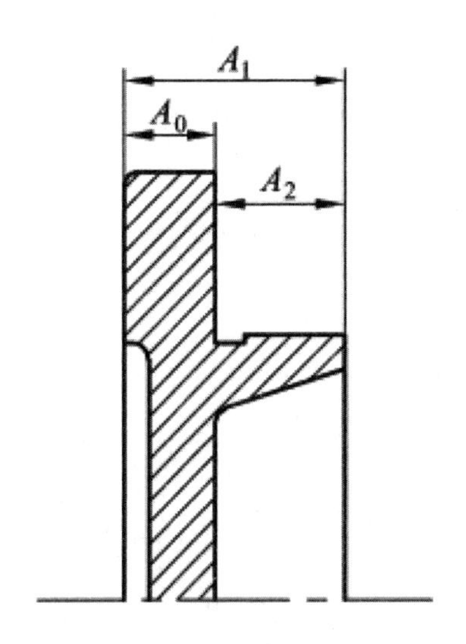

图6-8 正确选择封闭环举例

二、查明组成环

在建立尺寸链时应遵守“最短尺寸链”原则，即对于某一封闭环，若存在多个尺寸链，则应选择组成环数最少的尺寸链进行分析计算。可以利用尺寸链的封闭性特点发现尺寸链的组成要素。所谓尺寸链的封闭性，是指尺寸链中的组成环首尾相接与封闭环可以形成一个闭环的链型结构，因此，从封闭环两端相连的任一组成环开始，依次查找相互联系而又影响的封闭环的尺寸，直至封闭环的另一端为止，其中的每一个尺寸都是尺寸链的组成环。值得注意的是，每个零件由很多几何要素组成，但是，并不一定是所有特征要素都参与组成尺寸链。为了便于查询尺寸链的组成环，应以功能为线索，实现功能的若干参与功能链的零件体素特征作为相应尺寸链的组成环。

为了进一步说明尺寸链组成环的选择，请参考图 6-6（a）。由密封性与干涉性这两项功能指标转换得到的封闭环参数为 Q 和 A0。影响该封闭环尺寸的所有组成环首尾相连，形成如图 6-7（a）所示的关联尺寸链。根据每一个尺寸链只有一个封闭环的原则，分解这一关链尺寸链时，可以有几种情况，如图 6-6（b）、图 6-7（b）和图 6-7（c）所示。如果选用式（6-1）和式（6-3）联立计算，则要求 A1、A2、A3、A4、A5 这些参数既要满足式（6-1），也要满足式（6-3），从而增加了公共环数目，使关系复杂化，不利于计算。而且式（6-3）比式（6-2）组成环的数目多，因此，在同样封闭环公差情况下，对组成环精度的要求更严，使精度分配实现困难。当选用式（6-2）与式（6-1）解算时，尺寸链组成环数和公共环数均减少了，故简化了计算，使精度分配实现相对容易。

【经验总结】最短尺寸链原则的实现技巧：尺寸链组成环与封闭环的选择要恰当，而且应该合理标注相关零件的尺寸，使装配尺寸链遵循最短原则。

例如，图 6-9 所示的轴段，在参与其上零件的轴向定位尺寸链时，若以 A、B 两端面作为长度定位基准面，就应该选择图 6-9（a）而不是图 6-9（b）所示的尺寸标注形式。因为前者只有 A2 一个尺寸列入装配尺寸链，而后者则有 A1 和 A2 两个尺寸列入装配尺寸链。

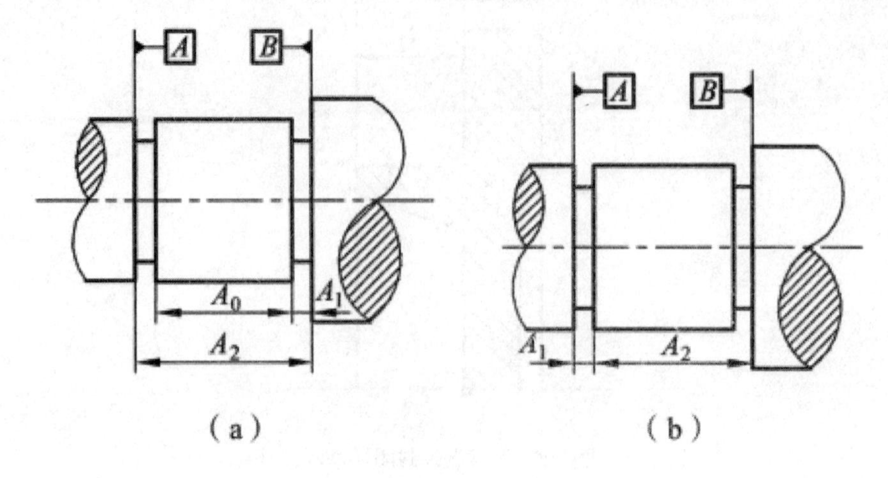

图6-9　尺寸标注形式选择

三、绘制尺寸链图

从封闭环的某一端开始，依次绘制出所有组成环，直至封闭环的另一端形成的封闭图形成为尺寸链图。

尺寸链图只表达尺寸之间的相对位置关系，因此，不需要按比例画出。在尺寸链图中，常用带单箭头的线段表示各环，箭头仅表示查找尺寸链组成环的方向。其中不仅包括长度尺寸，还包括角度尺寸及其他相关的形状和位置公差。所有这些都将以影响尺寸的传递系数统一其量纲，反映组成环对封闭环影响的大小程度和方向，便于尺寸链解算。之所以这样，是因为功能指标常常受到各种几何形体特征误差的综合影响，因此在构造尺寸链时，“尺寸”必须拓宽其含义，不仅要考虑常规的长度尺寸，还必须要考虑影响尺寸链组成环的形状和位置误差。

如在图 6-9（a）中，轴向零件的精确定位除了各个组成要素的轴向长度尺寸外，各个轴上零件的端面平面度或端面对轴线的垂直度都会影响零件的实际轴向位置，因此，类似于轴、孔配合中的作用尺寸，这些零件的轴向定位取决于组成载体各自的尺寸及形状、位置的综合作用，而组成特征载体的尺寸、形状和位置在其各自设计公差范围的具体位置并没有表现出来。

参考文献

[1] 车建明，李清主编；王玉果，范胜波副主编 . 机械工程基础 第 3 版 [M]. 天津：天津大学出版社 , 2022.06.

[2] 郭卫东编 . 现代机械工程系列精品教材 机械原理 [M]. 北京：机械工业出版社 , 2022.04.

[3] 丁宇宁 . 机械工程 CAD 高级实训教程 [M]. 上海：上海交通大学出版社 , 2022.02

[4] 刘建勋 . 工程机械的维修保养研究 [J]. 科技创新与应用 ,2021,(第 11 期)：65-67.

[5] 吴雪松 . 工程机械的绿色设计与制造 [J]. 世界有色金属 ,2021,(第 1 期)：130-131.

[6] 陈子豪 . 工程机械管理与维修措施分析 [J]. 中国航班 ,2023,(第 16 期).

[7] 刘志强 , 魏海泉 . 工程机械设备的管理与养护策略研究 [J]. 建材发展导向 ,2023,(第 5 期)：182-185.

[8] 韩亚飞 . 公路工程机械化施工成本管理 [J]. 建材发展导向 ,2023,(第 4 期)：97-99.

[9] 部拥军 , 杨宇 , 吴铭 . 冶金工程机械设备安全管理及发展 [J]. 有色金属设计 ,2023,(第 1 期)：24-27.

[10] 胡雷 . 工程机械设备管理现状及对策研究 [J]. 中国航班 ,2022,(第 31 期)：188-191.

[11] 设备（机械）工程师 [M]. 北京：机械工业出版社 , 2021.12.

[12] 贾光政，张瑞杰 . 机械工程类专业创新创业实践教程 [M]. 北京：石油工业出版社 , 2021.12.

[13] 田付新编 . 中国工程机械工业年鉴 2021[M]. 北京：机械工业出版社 , 2021.11.

[14] 洪捐 . 机械工程前沿技术 [M]. 北京：中国科学技术出版社 , 2021.11.

[15] 李铁成，孟逵 . 机械工程基础 第 5 版 [M]. 北京：高等教育出版社 , 2021.11.

[16] 龚晨 . 工程机械发展现状研究 [J]. 海峡科技与产业 ,2022,(第 9 期)：83-85.

[17] 孙鹏 . 工程机械设计与探讨 [J]. 品牌研究 ,2020,(第 29 期)：239.

[18] 陈志宏 . 工程机械维修与管理 [J]. 新型工业化 ,2020,(第 5 期)：37-39.

[19] 连潇，曹巨华，李素斌主编 . 机械制造与机电工程 [M]. 汕头：汕头大学出版社 , 2022.01.

[20] 梁延德编 . 现代机械工程系列精品教材 机械制造基础 [M]. 北京：机械工业出版社 , 2022.01.

[21] 杨履冰 . 工程机械再制造标准探究 [J]. 大众标准化 ,2022,(第 24 期)：87-89.

[22] 朱江涛 . 工程机械液压泵故障树分析 [J]. 内燃机与配件 ,2022,(第 22 期)：82-84.

[23] 李永华 . 工程机械对抗周期 [J]. 中国经济周刊 ,2022,(第 22 期).

[24] 李洪新 , 于亮 . 轨道交通工程机械设备的管理策略 [J]. 爱情婚姻家庭 ,2022,(第 15 期)：164-165.

[25] 李占国 . 工程机械自动润滑技术探究 [J]. 设备管理与维修 ,2022,(第 14 期)：90-92.

[26] 宋少林 . 工程机械中的机电一体化技术 [J]. 科海故事博览 ,2022,(第 10 期)：1-3.

[27] 魏晓荣 . 工程机械轻量化方法与设计探究 [J]. 机械工业标准化与质量 ,2022,(第 9 期)：32-35.

[28] 邹玉堂，路慧彪，刘德良编 . 机械工程图学 第 2 版 [M]. 北京：机械工业出版社 , 2021.08.

[29] 刘强作 . 现代机械工程系列精品教材 智能制造概论 [M]. 北京：机械工业出版社 , 2021.08.

[30] 刘苏，王静秋主编 . 现代工程图学 机械类、近机械类专业适用 第 3 版 [M]. 北京：科学出版社 , 2021.08.

[31] 朱亮，王进，邓丽娟编 . 互联网下机械工程的柔性生产理论与研究 [M]. 哈尔滨：哈尔滨工业大学出版社 , 2021.12.